Quantum Mechanics : With Problems and Exercises

解きながら学ぶ
量子力学

武藤哲也 著

共立出版

まえがき

「量子コンピュータ」や「量子暗号」，果ては「量子テレポーテーション」など，「量子」のつく言葉が様々なメディアで取り上げられるようになって久しい．しかし，「量子」という言葉については，「最新の技術に関係するらしいけれど，実際のところ，あまりよくわからない」というのが，大方の感想なのではないだろうか．量子力学は，その「量子」について体系的に扱う学問だが，理工系の大学・学部で初めて学ぶ量子力学は，やはり難しく，わかりにくい学問の1つであろう．わかりにくい概念をわかりにくい学問で扱うのだから，初学者が戸惑うのも当然のことかもしれない．

量子力学が現代物理学の根幹を成す重要な学問であることは事実である．しかし，量子力学が見せる「世界の真実の姿」が，我々の常識とはかけ離れているため，その姿を直感的に理解することができない．そのことが，量子力学という学問をわかりにくいものにしているといえる．直感的に理解することができないとき，我々が頼りにできるものは「数学に裏打ちされた論理」のみである．

もちろん，数学や論理に親しみがなければ，それを頼りにすることも難しいかもしれない．ただ，「数学に裏打ちされた論理」が，量子力学の示す「世界の真実の姿」に辿り着く唯一の方法であるのも，また事実である．量子力学という学問に向き合うとき，我々はそのことを覚悟する必要がある．

「そのような覚悟はしたくないから，量子力学を学ぶことは諦める」という人も出てくるかもしれない．しかし，量子力学は，学ぶことを諦めてしまっては勿体ないくらい，面白い学問なのだ．本書は，島根大学総合理工学部で，筆者が所属する学科の2年次後期・3年次前期に開講される「量子力学I」・「量子力学II」という科目の講義ノートに基づき，基礎的な内容を抽出してまとめた教科書である．量子力学の教科書には，古今東西の数多くの良書があるが，あえて筆者が教科書

を著したのは，まさに，「数学に裏打ちされた論理」を追えないまま，量子力学を学ぶことを諦めてしまっては勿体ないという思いからである．

　そこで，本書では，「数学に裏打ちされた論理」を，初学者にも追えるように，できる限り丁寧に示すことを主眼とした．他書では省略されたり，付録になっていたりするような論理も，それ自体が重要であることを強調するために，すべて本文中に示している．本文中に示された論理を読者自身が読み解き，自身の手で例題・問題を解きながら，本書の内容を学ぶことで，初学者にも量子力学の基本的な知識を身につけることができるように構成されている．読者としては，三角関数・複素数・微積分を含む高校数学および高校物理を学んだ理工系大学・学部の学生を想定しており，大学で学ぶ数学としては，偏微分・簡単な微分方程式・行列演算の知識を持つことが望ましい．

　1章では，20世紀初頭に量子力学が生み出されるに至った経緯を簡単に紹介した．そこに登場する物理学者の多くには，ノーベル物理学賞の受賞年を記してある．ノーベル物理学賞にこだわる必要はないが，量子力学の立役者の多くがノーベル物理学賞を受賞していることは，量子力学が物理学に大きな変革を与えたことを象徴している．

　量子力学の基本方程式であるSchrödinger（シュレーディンガー）方程式やそれを満たす波動関数と呼ばれる関数を2章で説明し，3章で，主に1次元系に限って，Schrödinger方程式の解法を詳細に説明した．多くの教科書では，問題を束縛状態と散乱状態に分けて説明するが，本書では，問題を平易なものからやや複雑なものへ，取り組みやすさを考慮した順序で説明してある．量子力学でも重要となるFourier（フーリエ）変換とデルタ関数についても，3章の1次元系の問題の中で紙数を割いて説明した．1次元系の問題の中でも，調和振動子は，その本質が様々な物理系に共通して現れるうえ，それを解くための手法や概念が他の物理系の量子力学的記述にも用いられるため，6章で丁寧に解説した．量子力学では，特有の概念や性質が数学を用いて表されるので，それらを4章と5章で説明した．

　3次元系については，中心力の働く場合についての一般論（7章）と，その応用として，量子力学誕生の契機にもなった水素原子中の電子状態の取り扱い（8章）を紹介した．3次元のLaplace（ラプラス）演算子の球座標表示は量子力学特有のものではないが，角運動量を量子力学的に扱う際に非常に重要になるため，通常は省略されるような式変形についても具体的に示してある．

　9章では，波動関数による量子力学の記述方法（波動力学）に対して，行列による量子力学の記述方法（行列力学）を学び，行列力学でしか記述できないスピンと呼ばれる量子力学的な角運動量に相当する物理量を10章で学ぶ．続く11章では，系の時間変化をSchrödinger方程式で記述する方法と，もう1つの異なる視点による方法を紹介する．最終章の12章で，厳密に解が求まる理想的な場合だけでなく，厳密に解を求めることのできない一般的な場合にも量子力学を適用するための基本的な近似法を学ぶ．

　本書全体を通じて，式変形を丁寧に追うことで，論理の道筋を読み解くことができるようになっている．その一方で，式変形に捉われて，導くべき結論が見えにくくならないよう，一足飛びに論理の結論に辿り着けるような目印（★→☆）を付けた．論理を丁寧に追うことが望ましいが，結論を見通す際には目印を参考にしてほしい．解答を付した「例題」に取り組むことで，論理を追う練習をすることができる．「問題」には，量子力学の前提となる知識だけで解けるものや，「問題」の直前の論理や「例題」で説明した論理を用いて解けるものを挙げたので，読者自身で取り組んでもらいたい．なお，「問題」の略解を共立出版のウェブサイトに掲載するので参考にされたい．

　筆者の非力に加え，紙数の制限もあり，各種の特殊関数の数学的性質の説明を省かざるを得なかった．また，時間に依存する摂動論，磁場中の荷電粒子，散乱問題などは，本書では扱えなかったが，量子力学の中では重要な内容であるので，参考文献に挙げた書籍などで補ってほしい．また，量子力学の多粒子系への応用や場の量子論など，より発展的な内容についても他書に譲る．

　徳島大学理工学部の岡村英一教授には，原稿を丁寧に閲読して頂き，教科書としてまとめるに際して多くの有益な助言を頂いた．ここに深く感謝の意を表する．共立出版株式会社編集部の天田友理氏には，編集で大変お世話になったことを感謝したい．本書執筆の支えとなった家族にも感謝する．

2022年10月

武藤 哲也

目　次

第1章

量子力学がなぜ必要か
― 前期量子論から量子力学へ ―

　本章では，物理学史上，なぜ量子力学が必要になったのかに焦点を当てて，古典力学から量子力学への橋渡しとなった前期量子論の概略を述べる．様々な分野で古典力学で説明のできない現象が見出される中で，それらの現象を理解するために必要となった考え方を紹介していこう．

1.1 光の粒子性

1.1.1 Planck の量子化仮説

　古くは Newton（ニュートン）をはじめとして光が粒子であるという考え方があったが，光の回折現象や干渉現象により，光は波であると考えられ始めた．19世紀には，Maxwell（マクスウェル）が電磁波の方程式を発表して，光が電磁波の一種であることが明らかになり，光の実体が波であることが確信されていた．

　19世紀末のドイツでは製鉄業が盛んになり，高品質の鉄鋼を大量生産するために，熟練者の経験などに頼らずに，溶鉱炉内の温度を管理することが重要な課題となった．溶鉱炉内の温度が低いと溶鉱炉から出る光の色は赤く，高温になると青白くなるなど，溶鉱炉から発せられる光の波長（または周波数）が溶鉱炉内の温度と関係することがわかっていたが，その関係を当時の最先端の物理学の常識からは導くことができなかった．

　当時の物理学の常識では，光は，温度に関係なく，その周波数が高ければ高いほどたくさんのエネルギーを受け取って，その強度も強くなるはずであった．し

かし，そう考えると，どのような温度でも，常に周波数の高い光の強度が強いはずであり，低温で周波数の低い赤い光が出てくることは理解できない．この問題については，周波数の低い光について実験を再現する Rayleigh（レイリー：1904年 ノーベル物理学賞受賞）-Jeans（ジーンズ）の公式と，周波数の高い光について実験を再現する Wien（ヴィーン：1911年 ノーベル物理学賞受賞）の公式があったが，Planck（プランク：1918年 ノーベル物理学賞受賞）がその両者を内挿する公式を見出した．Planck は公式の意味するところを考察して，光が遣り取りするエネルギーについて，次のような仮説を提出した（1900年）．

― Planck の量子化仮説 ―

光は，その周波数 ν に比例した**エネルギー量子の整数倍**のエネルギーしか遣り取りできない．

量子化仮説におけるエネルギー量子の周波数に対する比例定数は **Planck 定数**と呼ばれ，記号 h で表される．

$$h = 6.62607015 \times 10^{-34} \text{ J s} \tag{1.1}$$

現在では，この h の値は定義値である[1]．h を用いれば，周波数 ν の光の受け取るエネルギー量子は $h\nu$ と表される．

「量子」は "quantum" という英単語の訳だが，"quantum" は「量」の意味の "quantity" と同じ由来を持つ単語である．"quantity" は不可算名詞であり，数えられる対象には用いられない．"quantum" は「量」の意味を持ちながらも可算名詞である．「量子」は，そのような "quantum" の意味を反映していて，「量」の意味を持ちながら，1つ2つと数えることのできる「粒子」であることを表す，的確な訳語だといえる．

量子化仮説によれば，周波数が高い光は，遣り取りできるエネルギーの「塊」であるエネルギー量子も大きい．溶鉱炉の問題を，熱せられた壁に囲まれた空洞内で熱平衡状態となった光／電磁波（**空洞輻射**または**黒体輻射**）の問題と考えると，

---

[1] The International System of Units (SI) (2019). この Planck 定数が定義値となったことで，すでに定義値である真空中の光速 $c = 299792458 \text{ ms}^{-1}$ や1秒の定義と合わせて，質量の単位としての 1kg が人工物によらずに定義されることとなった．

エネルギー量子が空洞内の熱エネルギーよりも十分小さい，低周波数の光は熱エネルギーを受け取れるが，エネルギー量子 $h\nu$ が空洞内の熱エネルギーより大きい周波数 ν を持つ光は，熱エネルギーを受け取ることができなくなる．このことが，空洞内から放射される光の強度が，各温度で定まる周波数で「頭打ち」になってしまう原因である[2]．(1.1) のように，h が日常で目にする値に比べて極めて小さい値を持つ量であるため，これまでの物理学においては，光が遣り取りするエネルギーの「塊」が無視されていたともいえる．その意味で，量子の考えを必要としない従来の物理学を**古典的**と呼ぶことがある．

1.1.2　Einstein の光量子仮説

　Planck の量子化仮説は，あくまでも，光が遣り取りすることのできるエネルギーが周波数に比例する「塊」（エネルギー量子）であるという考えであり，光の実体が波であることにまで踏み込まない．しかし，Einstein（アインシュタイン：1921 年 ノーベル物理学賞受賞）は，「塊」としてエネルギーを遣り取りするためには，光が Maxwell の電磁波のように連続的に分布していると考えると不都合が生じることを指摘して，周波数 ν の光が，エネルギー量子 $h\nu$ を持つ粒子（光量子）として振る舞うと考える必要があることを明らかにした（1905 年[3]）．これを Einstein の**光量子仮説**と呼ぶ．

　歴史的に，Einstein の光量子仮説を確固たるものにしたのは，光を金属に照射すると電子が飛び出してくる現象として知られていた光電効果であった．19 世紀から光電効果自体は知られていたが，1903 年に Lenard（レーナルト：1905 年 ノーベル物理学賞受賞）が調べた結果は，光が波であると考えると決して説明できないものであった．照射する光の強度を強くすると，飛び出してくる電子（光電子）の個数は強度に比例するが，光電子のエネルギーは変わらなかった．むしろ，光電子のエネルギーは照射する光の周波数に依存しており，強度の強い光でも，その周波数がある周波数より低ければ電子は飛び出さないのに，どれほど弱い光でも，その周波数がある周波数より高ければ電子が飛び出してくることがわ

---

[2] 空洞輻射・黒体輻射の問題は，統計力学で，より厳密に取り扱われる．

[3] Einstein は，1905 年に，光量子仮説の他，ブラウン運動，特殊相対性理論の論文を提出し，そのすべてが物理学に非常に大きな変革を与えたことから，1905 年を「奇跡の年」と呼ぶことがある．

かった．これは，赤外線ストーブに当たっていても日焼けをしないのに，曇天の日の紫外線でも日焼けをすることに対応した現象である．

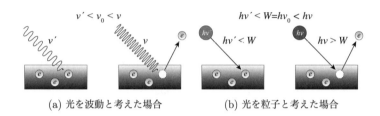

(a) 光を波動と考えた場合　　　　　(b) 光を粒子と考えた場合

図1.1　光電効果の考え方：光電子のエネルギー

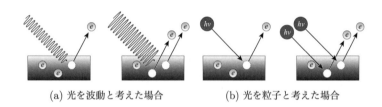

(a) 光を波動と考えた場合　　　　　(b) 光を粒子と考えた場合

図1.2　光電効果の考え方：光電子の数

　図1.1と1.2は，光電効果について，光を波動と考えた場合と粒子と考えた場合の模式図である．ある周波数 ν_0 より低い周波数の光を照射しても電子は飛び出さないが，ν_0 より高い周波数の光を照射すると電子が飛び出してくる（図1.1a）．波動のエネルギーは振幅に比例するので，この事実は，光が波動だと考えると理解できない．しかし，周波数 ν の光を，$h\nu$ のエネルギーを持つ粒子だと考えれば，次のように理解することができる．

　電子が飛び出すために必要な最低エネルギー W（仕事関数と呼ばれる）に相当する周波数が ν_0 だとすれば，$W = h\nu_0$ であり，W より低いエネルギー $h\nu$ の光では電子が飛び出さないが，W を超えるエネルギー（周波数）を持つ光を照射すれば電子が飛び出すと考えればよい（図1.1b）．また，光の強度を強くすると，光電子のエネルギーが高くなるのではなく，光電子の数が増えるという事実がある（図1.2a）．光を波動だと考えると，光の強度は振幅に比例するので，この事実を説明できないが，光を粒子と考えて，強度が粒子の個数に比例すると考えれば，光

電子の数が照射する光の強度に比例することも自然に理解できる（図1.2b）．す なわち，光を波動と考えると説明できない光電効果も，光量子仮説によれば事実 を矛盾なく説明できるのである[4]．

さらに，Millikan（ミリカン：1923年 ノーベル物理学賞受賞）が1916年に行っ た精密な実験により，光電子の持つエネルギーと仕事関数の差が光の周波数に比 例し，比例係数がPlanck定数に一致することが確かめられるなど，光量子仮説を 支持する事実も積み重なっていった．

Einsteinは，周波数 ν の光が $h\nu$ のエネルギーを持つ光量子と考えられるな ら，光量子は $p = h\nu/c$（cは光速）で表される運動量を持つべきであると考えた （1916年）．そして，その考えは，Compton（コンプトン：1927年 ノーベル物理 学賞受賞）が1923年に実験的に明らかにした事実，すなわち，Compton効果に よって，波長 $\lambda = \nu/c$ の光が運動量 $p = h/\lambda$ を持つ粒子であると指摘したこと で，確実なものとなった．光電効果やCompton効果を矛盾なく説明する光量子 仮説についてまとめておこう．

── Einstein の光量子仮説 ──────────

周波数 ν，波長 $\lambda = \nu/c$ の光は，エネルギー $E = h\nu$，運動量 $p = h/\lambda = h\nu/c$ を持つ粒子として振る舞う．

「光量子」は "light quantum" の訳であるが，現在では "photon" の訳語である 「光子」という言葉が用いられる．"photon" は，「光」を表す接頭辞 "photo-" と 「粒子」を意味する接尾辞 "-on" の組み合わせであり，「光子」という言葉も的確な 訳語になっている[5]．

---

[4] Einsteinが1921年に受賞したノーベル物理学賞の受賞理由は，彼の名を有名にしている特殊 相対性理論に対してではなく，「理論物理学への彼の貢献，特に，光電効果の法則についての 彼の発見に対して」である．

[5] 朝永振一郎（ともなが しんいちろう：1965年 ノーベル物理学賞受賞）が，量子力学的な世界 観の奇妙さを描いた名作「光子の裁判 −ある日の夢−」（「鏡の中の物理学」 朝永振一郎 著, 講談社，(1976)収録）の主人公の名前でもある．

1.2　電子の波動性

1.2.1　原子内電子についての Bohr の仮説

19世紀の終わりには，Thomson（トムソン：1906年 ノーベル物理学賞受賞）により，原子には負に帯電した微粒子が含まれること，すなわち，電子の存在が明らかにされた．さらにその後，Millican によって，電子が電荷の最小単位（電気素量）を持つことや，電荷量が電気素量の整数倍となっていることが示されることで，電子が1つ2つと数えられる粒子であることが明確になった．

電子は原子の中にどのように存在しているのだろうか．Thomson 自身は，原子内に一様に分布した正電荷の中に，負電荷を持った電子が散りばめられたような模型を考えた（Thomson 模型）．Rutherford（ラザフォード：1908年 ノーベル物理学賞受賞）は金箔への α粒子（He原子核）の入射実験を行って，その結果が，Thomson 模型のように原子内に正電荷が一様に分布しているのではなく，原子の中心に非常に小さな正電荷の核があり，電子はその周りを回っているという模型（Rutherford 模型）で理解されると考えた（1911年）[6]．

しかし，Rutherford 模型のように，中心の小さな正電荷の核（原子核）と負電荷の電子との Coulomb（クーロン）引力で電子が核の周りを回っていると考えると，荷電粒子の加速度運動による電磁波放出が起きるはずであり，電磁波としてエネルギーを放出した電子は，その運動エネルギーを失って，原子核に向かって落ちていくはずである．つまり，原子は決して安定には存在できないことになってしまう．しかし，もちろん，実際には原子は安定に存在しているので，原子の安定性は Rutherford 模型ではまったく理解できない．

また，電子の運動エネルギーが連続的に失われることを反映して，放出される電磁波（光）も連続的なエネルギー変化，すなわち連続的な周波数変化をするはずであるが，原子から放出される光の周波数は連続的な変化をせず，離散的な周波数の光が放出されることが知られていた（線スペクトル）．Rydberg（リュードベリ）は様々な元素の線スペクトルの分析から，放出される光の波長が離散的に表される関係式（Rydberg の公式）を見出した．たとえば水素の線スペクトル

---

[6] 長岡半太郎（ながおか はんたろう）も，正電荷の周りを土星の環のように電子が回転する模型（土星型模型）を1904年に提案しており，Rutherford の論文中にも長岡の土星型模型への言及がある．

は，次の公式に従う．

$$\frac{1}{\lambda} = R\left(\frac{1}{m^2} - \frac{1}{n^2}\right) \tag{1.2}$$

ここで，λ は電磁波の波長，m と n は自然数であり，R は Rydberg 定数と呼ばれる，元素の違いに依らない定数である（Rydberg 定数については，8 章の 8.2.3 節で再び扱う）．

Rutherford 模型は原子の構造をよく説明するが，一方で，力学や電磁気学に基づいて電子の運動を考えると，原子の安定性すら理解できない．また，Rydberg の公式で表されるような離散的なエネルギーの電磁波が放出される理由も説明できない．このような矛盾を解決するために，Bohr（ボーア：1922 年 ノーベル物理学賞受賞）は，原子内の電子は力学や電磁気学に従うのではなく，次のような特殊な性質を持つものと仮定した（1913 年）．

┌─ Bohr の仮説 ─

- 原子内電子は，回転運動で電磁波を発生しない
- 原子内電子の軌道は，ある条件を満たすもののみが許される
- ある軌道から別の軌道に移るとき，軌道間のエネルギー差に等しいエネルギーの電磁波を放出・吸収する

Bohr の仮説によれば，原子内電子のエネルギーは連続的には変化できず，ある軌道に固有の離散的なエネルギー（小さいものから順に n 番目のエネルギーを E_n とする）しかとれない．ある離散エネルギー E_n の軌道の電子が，別の離散エネルギー $E_{n'}$ の軌道に移るとき（これを**遷移**と呼ぶ），そのエネルギー差 $|E_{n'} - E_n|$ に等しいエネルギーの電磁波（光子）が放出・吸収されることになる．遷移後のエネルギー $E_{n'}$ が遷移前のエネルギー E_n より小さい場合に電磁波が放出され，逆の場合に電磁波が吸収される．この電磁波の周波数を ν とすれば，Einstein の光量子のエネルギー関係式から次が成り立つ（**Bohr の周波数条件**）．

$$h\nu = |E_{n'} - E_n| \tag{1.3}$$

確かに，Bohr の仮説を認めれば，Rutherford 模型でも原子の安定性は保たれる．この点だけ見れば，Bohr の仮説は，Rutherford 模型を成り立たせるためだけ

の「表面的な便法」に思えるかもしれない．しかし，Bohr の仮説は単なる「表面的な便法」ではない．Bohr は，彼の仮説を水素の電子軌道に適用して，Rydberg の公式 (1.2) を説明することを試みた．Rydberg の公式 (1.2) を，Bohr の周波数条件 (1.3) で説明するためには，$\lambda = c/\nu$ の関係から，

$$E_n = -Rhc\frac{1}{n^2} \quad (n \in \mathbb{N}) \tag{1.4}$$

と表される必要があることがわかる（$\mathbb{N}$ は自然数の集合を表す記号）[7].

　　Bohr の仮説では，原子内電子の軌道を原子核からの引力による円運動だと考えたとき，その円運動の力学的エネルギーが (1.4) の E_n に等しくなるような軌道しか許されないとする．この条件は，円運動の角運動量（軌道半径 × 運動量）が $h/(2\pi)$ の自然数倍に等しいという条件に相当することがわかった．これを **Bohr の量子条件**と呼び，軌道を離散エネルギーで順序付ける自然数 n を**量子数**と呼ぶ．電子の質量と速さを各々 m_e と v として，電子の円軌道の軌道半径を r とすれば，Bohr の量子条件は次で与えられる[8].

Bohr の量子条件

$$m_e v r = \frac{h}{2\pi}n \quad (n \in \mathbb{N}) \tag{1.5}$$

　　Bohr は，原子内電子の軌道半径が十分大きい極限では，軌道間遷移により放出される電磁波の周波数が，力学と電磁気学から導かれる荷電粒子の円運動で放出される電磁波に等しくなるべきだという考えを指針にした．「原子内電子の奇妙な性質を説明する仮説も，マクロな系に適用したときには力学や電磁気学の結果と一致するべきである」という考えを**対応原理**と呼ぶ．これは，後の量子力学の形成の指針にも繋がっている．

　　対応原理により，十分大きな軌道半径を持つ場合を考える．Bohr の量子条件を満たす電子軌道の半径は n^2 に比例するので，軌道半径が大きい極限は，量子数 n

---

[7]　(1.4) は，8.2.3 節において，量子力学に基づいて導かれる．

[8]　Sommerfelt（ゾンマーフェルト）は，電子軌道を一般的な楕円軌道に拡張して，より詳細に軌道を区別する量子数を導入した．一般的な量子条件を Bohr-Sommerferd の量子条件と呼ぶ．これらの量子数も，8.3 節で導かれる．

が大きい極限に相当する。この極限で，最もエネルギー差が小さい軌道間の遷移で放出される電磁波の周波数が，円運動する荷電粒子の放出する電磁波の周波数に等しいとする対応原理に基づくと，Rydberg 定数 R をミクロな物理定数から定めることができる。こうしてミクロな物理定数から導いた R の値は，Rydberg が実験的に定めた値とよく一致することがわかった。これにより，Bohr の仮説は単なる「表面的な便法」でなく，原子内電子の状態をよく記述できる理論だと考えられるようになった。

1.2.2　de Broglie の物質波

　従来，波動と考えられていた光が，粒子として振る舞うと考えないと理解できない現象が見出されたことから，光が粒子（光量子または光子）とも見做されるようになったことを前節で見た。de Broglie（ド・ブロイ：1929 年 ノーベル物理学賞受賞）は，波動と考えられていた光が粒子と見做されるのであれば，従来粒子と考えられていたもの，たとえば電子もまた波動と見做されるべきではないかと考えた。Einstein の光量子仮説を逆の視点から見ることにすれば，運動量の大きさ p とエネルギー E を持つ粒子は，$\lambda = h/p$ の波長と $\nu = E/h$ の周波数を持つ波動と見做される。

　de Broglie の考えは，Einstein の光量子仮説の「読み替え」にすぎないわけではない。de Broglie は，この考えを原子内電子に適用し，質量 m_{e} の電子が半径 r の円軌道を速さ v で運動するとき，電子を波長 $\lambda = h/p = h/(m_{\mathrm{e}}v)$ を持つ波動だと見做して，その波動が円軌道に沿った定在波となる条件を考えた。円軌道に沿って定在波ができるためには，円軌道の円周は波長 λ の自然数倍でなければならない。すなわち，$2\pi r = n\lambda$ $(n \in \mathbb{N})$ が成り立つような半径 r を持つ円軌道のみが許されることになる（図 1.3）。この条件に，$\lambda = h/p = h/(m_{\mathrm{e}}v)$ を代入すれば，

$$2\pi r = n\lambda = n\frac{h}{m_{\mathrm{e}}v}$$

$$\therefore \ m_{\mathrm{e}}vr = \frac{h}{2\pi}n \quad (n \in \mathbb{N}) \tag{1.6}$$

となる。この (1.6) は，まさに Bohr の量子条件 (1.5) に一致する。つまり，de

Broglie の考えに基づけば，Bohr の量子条件は，円軌道に沿って定在波が存在するための条件として自然に導かれることになる．

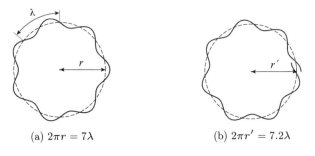

(a) $2\pi r = 7\lambda$ 　　　　　　　(b) $2\pi r' = 7.2\lambda$

図 1.3　円軌道の電子の波動が満たすべき定在波条件

　原子内電子の奇妙な仮定であった Bohr の量子条件は，de Broglie の「粒子は波動と見做される」という考えから導くことができる．この事実から，「波動は粒子と見做される」という Einstein の光量子とともに，de Broglie の考えが自然界の本質を示していると考えられるようになった．de Broglie の考えた波動を**物質波**という．光量子が光の粒子性を反映するのと同様に，電子も物質波として波動に特有の性質を示すことが期待されるが，実際，電子線が干渉を起こすことが，Davisson（デイヴィソン：1937年 ノーベル物理学賞受賞）- Germer（ガーマー）の実験で示された（1927年）[9]．

1.3　Schrödinger の波動方程式

　自然界における波動は，それらを記述する方程式がある．たとえば，電磁波はMaxwell の方程式から導かれる波動方程式によって記述される．de Broglie の物質波が自然界の本質であるならば，物質波が従う方程式があるはずである．物質波はどのような方程式によって記述されるべきなのだろうか．このような考えに基づいて，Schrödinger（シュレーディンガー：1933年 ノーベル物理学賞受賞）

---

[9] 同年には，J. P. Thomson（トムソン：1937年ノーベル物理学賞受賞）も独立に電子の波動性を示している．彼は，1.2.1節の J. J. Thomson の息子である．父親が粒子としての電子を発見し，息子が電子の波動性を示して，親子ともにノーベル物理学賞を受賞したことになる．

は物質波が従う波動方程式を提出した (1926年)[10]. ここでは，史実を辿るので
はなく，Schrödinger の波動方程式の「導出」を紹介することにしよう[11].

粒子のエネルギー E と運動量の大きさ p は，物質波の周波数 ν と波長 λ によ
り，各々，$E = h\nu$ と $p = h/\lambda$ と表されるのであった．以降では，周波数と波長
の代わりに，$\omega \equiv 2\pi\nu$，および，$k \equiv 2\pi/\lambda$ で定義される**角周波数** ω と**波数** k を
用いて，次のように表そう (**Einstein-de Broglie の関係式**).

Einstein-de Broglie の関係式 ——————————

$$E = h\nu = \hbar\omega \tag{1.7}$$

$$p = \frac{h}{\lambda} = \hbar k \tag{1.8}$$

ここで，Planck 定数 h を 2π で割った定数

$$\hbar \equiv \frac{h}{2\pi} \tag{1.9}$$

を定義した[12]. この定数 $\hbar$ は，Dirac (ディラック：1933年 ノーベル物理学賞受
賞) にちなんで，**Dirac 定数**と呼ばれる[13]. 今後の学習の中で，Dirac 定数 $\hbar$ が
量子力学の象徴的な定数となっていることがわかるだろう．

Einstein-de Broglie の関係式を満たす物質波の波動を考えよう．高校物理で
は，波動について，波長 λ，周期 T，振幅 A の x 軸上の正弦波の変位 y が

$$y = A\sin\left(2\pi\left(\frac{x}{\lambda} - \frac{t}{T}\right)\right)$$

---

[10] de Broglie の物質波が従う方程式と Schrödinger の波動方程式はその意味するところが異な
るが，一粒子系では形式的にも同型の方程式となるため，ここでは詳細な議論を避けた．歴
史的な位置付けを含めた解説は，[8] の第7章が詳しい．

[11] Schrödinger の波動方程式は，より基本的な原理から導出されるものではなく，むしろ，方
程式自体が自然界の基本的な原理を記述するものであり，その妥当性は自然界の正しい記述
により確認される．ここでの「導出」は，あくまで形式的・概念的なものである．

[12] $\hbar$ は「エイチバー」と読む．

[13] Dirac は他にも数学的に新しい概念や記号を量子力学に導入している．3.6.2節や4.1.1節を
参照のこと．

と表されることを学んだ. 周期 T と周波数 ν が互いに逆数の関係であることに注意し, $\omega = 2\pi\nu$ と $k = 2\pi/\lambda$ を用いて表せば, 上式は $y = A\sin(kx - \omega t)$ となる. 変位 y は位置座標 x と時刻 t の関数であるので, $y = f(x, t)$ と表しておく. さらに, 正弦関数や余弦関数で表される波動を簡便に表すために, Euler(オイラー)の公式 $e^{i\theta} = \cos\theta + i\sin\theta$ を用いて,

$$y = f(x, t) = Ae^{i(kx - \omega t)} = A(\cos(kx - \omega t) + i\sin(kx - \omega t)) \tag{1.10}$$

の形で考えよう[14].

波動の空間変化・時間変化を調べるため, $f(x, t)$ の x と t についての偏導関数を考える. $f(x, t)$ の x についての偏導関数は,

$$\frac{\partial}{\partial x} f(x, t) = \frac{\partial}{\partial x}(Ae^{i(kx - \omega t)}) = ikAe^{i(kx - \omega t)} = ikf(x, t)$$

となる. (1.8) の関係式を用いることができるように, 上式の最左辺と最右辺を $-i\hbar$ 倍してみると,

$$-i\hbar\frac{\partial}{\partial x} f(x, t) = \hbar k f(x, t) \overset{(1.8)}{=} pf(x, t) \tag{1.11}$$

となる. 一方, $f(x, t)$ の t についての偏導関数は,

$$\frac{\partial}{\partial t} f(x, t) = \frac{\partial}{\partial t}(Ae^{i(kx - \omega t)}) = -i\omega Ae^{i(kx - \omega t)} = -i\omega f(x, t)$$

となる. (1.7) の関係式を用いることができるように, 上式の最左辺と最右辺を $i\hbar$ 倍してみると,

$$i\hbar\frac{\partial}{\partial t} f(x, t) = \hbar\omega f(x, t) \overset{(1.7)}{=} Ef(x, t) \tag{1.12}$$

となる.

(1.11) と (1.12) の最左辺と最右辺から, 波動を表す関数の前でのみ意味を持つ関係, すなわち, 関数に演算を施すもの(**演算子**[15])どうしの関係として,

$$p = -i\hbar\frac{\partial}{\partial x} \tag{1.13}$$

---

[14] (1.10) では便宜的に波動を表す関数に複素数を用いたが, 実は, 量子力学では波動を表す関数が複素数となることが本質的であることを後に学ぶ.

[15] "operator" の訳語であり, 数学の分野では作用素と呼ばれることが多い.

$$E = i\hbar \frac{\partial}{\partial t} \tag{1.14}$$

が成り立つと考えることができる．これらの関係は，あくまでも (1.10) の形の関数で表される波動に演算して初めて意味を持つものであるが，これらが，物質波を表す一般的な波動についても成り立つと解釈して，物質波としての粒子の力学的エネルギーについて考えてみよう．

　粒子の力学的エネルギー E は，粒子の位置エネルギー（ポテンシャルエネルギー）と運動エネルギーの合計である．位置座標 x にある粒子のポテンシャルエネルギーを $V(x)$ と表そう．一方，速さ v で運動する質量 m の粒子の運動エネルギー $mv^2/2$ については，運動量の大きさ $p = mv$ を用いれば，(1.13) より，演算子どうしの関係として，

$$\frac{1}{2}mv^2 = \frac{p^2}{2m} \overset{(1.13)}{=} \frac{1}{2m}\left(-i\hbar\frac{\partial}{\partial x}\right)^2 = -\frac{\hbar^2}{2m}\frac{\partial^2}{\partial x^2}$$

が得られる．力学的エネルギー E が，上式の運動エネルギーとポテンシャルエネルギー $V(x)$ の和に等しいという等式を，(1.14) の関係を用いて，演算子どうしの等式として表せば，

$$i\hbar\frac{\partial}{\partial t} = -\frac{\hbar^2}{2m}\frac{\partial^2}{\partial x^2} + V(x)$$

となることがわかる．さらに，粒子の位置座標を 3 次元に拡張して位置ベクトル $\boldsymbol{r} = (x, y, z)$ で表せば，

$$i\hbar\frac{\partial}{\partial t} = -\frac{\hbar^2}{2m}\Delta + V(\boldsymbol{r}) \tag{1.15}$$

$$\Delta \equiv \frac{\partial^2}{\partial x^2} + \frac{\partial^2}{\partial y^2} + \frac{\partial^2}{\partial z^2} \tag{1.16}$$

となる．ここで Δ は Laplace（ラプラス）演算子・ラプラシアンを表す[16]．

　(1.15) の両辺は，物質波の波動を表す一般的な関数に演算して意味を持つものとしたので，以降では，物質波の波動に相当するような，位置座標 $\boldsymbol{r} = (x, y, z)$

---

[16] ラプラシアンを表す記号は書物によって異なる．勾配を表すナブラベクトル $\boldsymbol{\nabla}$ を用いて，$\Delta = \boldsymbol{\nabla} \cdot \boldsymbol{\nabla} = \nabla^2$ などと表されることがある．

における時刻 t での関数を $\psi(\boldsymbol{r}, t)$ として，(1.15) の両辺を $\psi(\boldsymbol{r}, t)$ に演算した等式が成り立つと考えよう[17]．その等式は，次の $\psi(\boldsymbol{r}, t)$ についての偏微分方程式となる．

$$i\hbar\frac{\partial}{\partial t}\psi(\boldsymbol{r}, t) = \left\{-\frac{\hbar^2}{2m}\Delta + V(\boldsymbol{r}, t)\right\}\psi(\boldsymbol{r}, t) \tag{1.17}$$

(1.17) を，（時間に依存する）**Schrödinger 方程式**と呼び[18]，関数 $\psi(\boldsymbol{r}, t)$ を**波動関数**と呼ぶ[19]．(1.17) では，ポテンシャルエネルギーを一般的に t にも依存するものとして $V(\boldsymbol{r}, t)$ と表した．

　ここまで，あたかも Schrödinger 方程式を「導出」したように話を進めてきたが，もちろん，論理的に Schrödinger 方程式が導出されたわけではない．本節の冒頭でも述べたように，Schrödinger 方程式は，より基本的な法則から導出された方程式ではなく，これこそが自然界を記述する量子力学の基礎方程式として提案されたものである．その妥当性は Schrödinger 方程式によって自然界の現象を正しく記述できることで確かめられるべきである．Schrödinger 方程式に基づいて構成された量子力学を**波動力学**と呼ぶことがある[20]．

　結論からいえば，現在まで，量子力学によって正しく自然界の現象を記述できることがわかっている[21]．したがって，我々は，(1.17) の Schrödinger 方程式を

---

[17] de Broglie の物質波自体を $\psi(\boldsymbol{r}, t)$ が記述しているわけではない．[8] では，それを強調して，$\psi(\boldsymbol{r}, t)$ を「Schrödinger 関数」と呼んで区別しているが，本書では慣例に従い，$\psi(\boldsymbol{r}, t)$ を波動関数と呼ぶ．$\psi(\boldsymbol{r}, t)$ の意味については 2.3 節で述べる．

[18] 歴史的には (1.17) が最初に提出された方程式ではなく，時間に依存しない Schrödinger 方程式（後述の (2.6)）が先に提出されている．

[19] "wave function" の訳語．波動関数にギリシャ文字 ψ（プサイ）を充てるのは記号としての意味合いしかないが，波動関数には古典的な対応物がないため，あえて物理学の他の分野で用いられない記号を充てているといえる．その意味で，ψ は量子力学を象徴的に表す記号にもなっている．慣例的に波動関数を表すギリシャ文字として，他に ϕ（ファイ）も用いられる．もちろん，他の文字を用いていけないことはない．

[20] 本章ではあえて触れなかったが，歴史的には，Bohr の周波数条件 (1.3) に現れる 2 つの数の組で定まる量どうしの関係を，数学における行列で記述するという方法に基づいて，Heisenberg（ハイゼンベルク：1932 年 ノーベル物理学賞受賞）が構成した量子力学が先に提案されている．行列に基づいて構成された Heisenberg の量子力学は**行列力学**と呼ばれる．Schrödinger の波動力学と Heisenberg の行列力学の同等性は Schrödinger 自身により示されている．行列力学については 9 章で扱う．

[21] (1.17) が自然界すべての現象を記述できるという意味ではないが，古典力学・古典電磁気学

基礎方程式とすることを前提としよう．ただし，本章では Schrödinger 方程式を紹介したにすぎず，「物質波の波動を表す関数」として導入された波動関数 $\psi(\boldsymbol{r}, t)$ が (1.17) の解であるということが具体的に何を意味するのかを説明したわけではない．次章以降では，波動関数の意味や Schrödinger 方程式におけるその位置付けを学び，Schrödinger 方程式方程式の具体的な解法に習熟して，量子力学に基づく現象の記述の仕方に慣れることを目指そう．

で記述できない現象が，量子力学により正しく記述されるという事実がある．(1.17) は非相対論的な一粒子系の方程式であり，相対論的な系または多粒子系への拡張も行われているが，本書では扱わない．

第2章

Schrödinger 方程式と波動関数

本章では，量子力学の基本方程式である **Schrödinger 方程式**と，その方程式に従う**波動関数**について，これからの学習に必要な基本的な事柄を学ぶ．まず，Schrödinger 方程式とその解となる波動関数の持つ数学的性質に基づく，量子力学における重ね合わせの原理を紹介する．Schrödinger 方程式は偏微分方程式であるが，形式的には固有方程式（または固有値方程式）と呼ばれる方程式である．これは量子力学における物理量とその測定値の関係の基礎付けになっている．さらに，量子力学の波動関数による記述には，**確率解釈**と呼ばれる，量子力学特有の考え方が必要となることを学ぶ．

2.1 Schrödinger 方程式

1.3 節で紹介した Schrödinger 方程式を，議論の出発点としよう．質量 m の粒子が $V(\boldsymbol{r}, t)$ で表されるポテンシャルの下で運動している系の Schrödinger 方程式は，次式で与えられる．

Schrödinger 方程式

$$i\hbar\frac{\partial}{\partial t}\psi(\boldsymbol{r}, t) = \left\{-\frac{\hbar^2}{2m}\Delta + V(\boldsymbol{r}, t)\right\}\psi(\boldsymbol{r}, t) \qquad (2.1)$$

$\psi(\boldsymbol{r}, t)$ が波動関数と呼ばれる関数であることも 1.3 節で述べた．波動関数は，系の状態を記述するものであり，量子力学において最も基本的で重要な関数であ

る．波動関数に関する事柄は 2.3 節で述べる．

　(2.1) 右辺の $\{\cdots\}$ 内全体は，$\psi(\boldsymbol{r},t)$ に演算して系のエネルギーを与える演算子となっている．この演算子を **Hamilton**（ハミルトン）**演算子**またはハミルトニアンと呼び，H で表す[1]．

── ハミルトニアン ───────────────

$$H = -\frac{\hbar^2}{2m}\Delta + V(\boldsymbol{r},t) \tag{2.2}$$

　以下で，$\psi(\boldsymbol{r},t)$ についての偏微分方程式としての Schrödinger 方程式 (2.1) や波動関数自体の性質を調べよう．

　数学では，一般に，複数の対象（関数やベクトルなど）の定数倍の和を**線型結合**（または**一次結合**）と呼ぶ．ある演算子を複数の対象の線型結合に演算した結果が，演算子を各々の対象に演算した結果の線型結合となっているとき，その演算子を**線型演算子**という[2]．たとえば，2 つの波動関数 $\psi_1(\boldsymbol{r},t)$ と $\psi_2(\boldsymbol{r},t)$ について，それらの線型結合

$$c_1\psi_1(\boldsymbol{r},t) + c_2\psi_2(\boldsymbol{r},t) \tag{2.3}$$

を考えよう（c_1 と c_2 は任意の複素定数）．ハミルトニアン (2.2) を $\psi_1(\boldsymbol{r},t)$ と $\psi_2(\boldsymbol{r},t)$ の線型結合 (2.3) に演算した結果は，

$$H(c_1\psi_1(\boldsymbol{r},t) + c_2\psi_2(\boldsymbol{r},t)) = c_1H\psi_1(\boldsymbol{r},t) + c_2H\psi_2(\boldsymbol{r},t)$$

となる．すなわち，ハミルトニアン (2.2) は線型演算子である．ハミルトニアン (2.2) が線型演算子であるので，$\psi_1(\boldsymbol{r},t)$ と $\psi_2(\boldsymbol{r},t)$ がともに (2.1) の Schrödinger 方程式を満たすならば，それらの線型結合 (2.3) もやはり (2.1) を満たす．偏微分方程式の解の線型結合が同じ偏微分方程式の解となるとき，偏微分方程式は**線型**であるという．すなわち，Schrödinger 方程式 (2.1) は線型である．

---

[1] Hamilton 形式の古典解析力学に対応する形で量子力学を構成する方法もあり，(2.2) の演算子 H の名前はそれに由来する．Hamilton の正準方程式に対応する量子力学の基礎方程式については，11 章で学ぶ．

[2] 線形結合や線型演算子（線型作用素）の厳密な定義は数学の教科書を参照のこと．

　量子力学においては波動関数の線型結合は**重ね合わせ**とも呼ばれ，波動関数の線型結合で表される量子状態を**重ね合わせ状態**と呼ぶことがある．Schrödinger 方程式 (2.1) の線型性は，波動関数の重ね合わせも，また波動関数であることを保証しており，これを量子力学の**重ね合わせの原理**という．

　ハミルトニアン H が時間に依存しない場合，すなわち，ポテンシャルが時間に依存しない場合，

$$H\psi(\boldsymbol{r},t) = \left\{ -\frac{\hbar^2}{2m}\Delta + V(\boldsymbol{r}) \right\} \psi(\boldsymbol{r},t) = E\psi(\boldsymbol{r},t)$$

で与えられる定数 E が定まれば，(2.1) は，

$$i\hbar\frac{\partial}{\partial t}\psi(\boldsymbol{r},t) = E\psi(\boldsymbol{r},t) \tag{2.4}$$

となり，$\boldsymbol{r}$ を固定した t についての微分方程式として (2.4) を解けば，

$$\psi(\boldsymbol{r},t) = \phi(\boldsymbol{r})e^{-i\frac{E}{\hbar}t} \tag{2.5}$$

を得る．ここで，$\phi(\boldsymbol{r})$ は，t についての微分方程式の一般解における（t には依らないという意味での）任意「定数」であるが，t には依らないので $\boldsymbol{r}$ のみの関数である．

> **問題 2.1**　(2.4) を，ある $\boldsymbol{r}$ を固定して考えると，t についての1階常微分方程式となる．この1階常微分方程式は変数分離法で一般解を求めることができる．一般解の（t には依らないという意味での）任意「定数」を $\phi(\boldsymbol{r})$ とすることで，一般解が (2.5) で表されることを確かめよ．

(2.5) で表される解を，元の (2.1) に代入すれば，

$$i\hbar\frac{\partial}{\partial t}(\phi(\boldsymbol{r})e^{-i\frac{E}{\hbar}t}) = H(\phi(\boldsymbol{r})e^{-i\frac{E}{\hbar}t})$$

となる．この式の左辺は，

$$i\hbar\frac{\partial}{\partial t}(\phi(\boldsymbol{r})e^{-i\frac{E}{\hbar}t}) = \phi(\boldsymbol{r})i\hbar\frac{\partial}{\partial t}e^{-i\frac{E}{\hbar}t} = \phi(\boldsymbol{r})i\hbar\frac{d}{dt}e^{-i\frac{E}{\hbar}t}$$

$$= \phi(\boldsymbol{r})i\hbar(-i\frac{E}{\hbar})e^{-i\frac{E}{\hbar}t} = E\phi(\boldsymbol{r})e^{-i\frac{E}{\hbar}t}$$

となり，右辺については，H が t に依存しない場合を考えているので，

$$H(\phi(\boldsymbol{r})e^{-i\frac{E}{\hbar}t}) = e^{-i\frac{E}{\hbar}t}H\phi(\boldsymbol{r})$$

となる．これらを等置すれば，

$$e^{-i\frac{E}{\hbar}t}H\phi(\boldsymbol{r}) = E\phi(r)e^{-i\frac{E}{\hbar}t}$$

となるが，$e^{-i\frac{E}{\hbar}t} \neq 0$ なので、上式の両辺を $e^{-i\frac{E}{\hbar}t}$ で割って，次式を得る．

> **時間に依存しない Schrödinger 方程式**
>
> $$H\phi(\boldsymbol{r}) = \left\{-\frac{\hbar^2}{2m}\Delta + V(\boldsymbol{r})\right\}\phi(\boldsymbol{r}) = E\phi(\boldsymbol{r}) \qquad (2.6)$$

　この (2.6) を，時間に依存しない **Schrödinger 方程式**と呼び，元の (2.1) を時間に依存する **Schrödinger 方程式**と呼ぶことがある．

2.2 物理量と演算子

　詳しくは 4 章で述べるが，量子力学においては，すべての物理量は，波動関数に作用する，ある数学的な性質を満たす演算子で表される．たとえば，2.1 節で挙げたハミルトニアン H はエネルギーに対応する演算子である．本節では，演算子についての基本的な事項をまとめておく．

2.2.1 演算子と固有値・固有関数

　演算子をある関数に演算した結果が，元の関数の定数倍となっているとき，その関数と定数を，各々，演算子の**固有関数**と**固有値**と呼び，その関係を**固有方程式**（または固有値方程式）と呼ぶ．2.1 節の時間に依存しない Schrödinger 方程式 (2.6) を見ると，波動関数 $\phi(\boldsymbol{r})$ に演算子 H（ハミルトニアン）を演算した結果が，元の波動関数 $\phi(\boldsymbol{r})$ の定数倍（E 倍）で表されるので，(2.6) はハミルトニアンに

ついての固有方程式となっており，$\phi(\boldsymbol{r})$ は H の固有関数，E が対応する固有値となっていることがわかる．量子力学では，固有関数で表される状態を**固有状態**と呼ぶ[3]．ハミルトニアン H は系のエネルギーに対応する演算子であり，H が t に依らない場合とは，エネルギーが定まった値 E を持つ場合に対応する．ハミルトニアンが系のエネルギーに対応する演算子であるので，ハミルトニアンの固有値を特に**エネルギー固有値**または**固有エネルギー**と呼ぶ．

量子力学においては，物理量に対応する演算子の固有値が，物理量を観測したときに得られる測定値となることを，4.1 節で学ぶ．

2.2.2 交換子

1章で見たように，(1.13) のような演算子としての関係として，運動量の x 成分 p_x は，

$$p_x = -i\hbar\frac{\partial}{\partial x} \tag{2.7}$$

のように，x についての偏微分演算子を用いて表される（運動量演算子）．このとき，x 軸上の位置座標 x も，「波動関数を x 倍する演算子」と考えることになる（座標演算子）．

これらの演算子については，以下に示す重要な注意点がある．今，$f(\boldsymbol{r})$ で表される任意の波動関数に，座標演算子の x 成分 x と運動量演算子の x 成分 p_x を演算することを考える．その際，演算子を演算する順序に注意が必要となる．まず，$f(\boldsymbol{r})$ に p_x を演算した後で，x を演算すると，

$$xp_x f(\boldsymbol{r}) = x(p_x f(\boldsymbol{r})) \overset{(2.7)}{=} x\left(-i\hbar\frac{\partial}{\partial x}f(\boldsymbol{r})\right) - i\hbar x\frac{\partial f(\boldsymbol{r})}{\partial x} \tag{2.8}$$

となる．一方，$f(\boldsymbol{r})$ に x を演算した後で，p_x を演算すると，

$$p_x x f(\boldsymbol{r}) = p_x(xf(\boldsymbol{r})) \overset{(2.7)}{=} -i\hbar\frac{\partial}{\partial x}(xf(\boldsymbol{r})) = -i\hbar\left(f(\boldsymbol{r}) + x\frac{\partial f(\boldsymbol{r})}{\partial x}\right) \tag{2.9}$$

となる．すなわち，x と p_x の演算の順序で結果が異なることになる．x と p_x に

---

[3] この意味で，量子力学では，固有関数は「固有状態を表す関数」といえるので，固有関数と固有状態をほぼ同義に用いることがある．

限らず，一般に演算子は，その演算の順序が異なると演算の結果が異なることに注意が必要である．

この事実自体が量子力学の重要な性質に関係しているのであるが，詳細は 4 章に譲り，ここでは (2.8) と (2.9) の結果に注目しよう．(2.8) と (2.9) の辺々の差を考えると，

$$xp_x f(\boldsymbol{r}) - p_x x f(\boldsymbol{r}) = -i\hbar x \frac{\partial f(\boldsymbol{r})}{\partial x} - \left\{ -i\hbar \left(f(\boldsymbol{r}) + x \frac{\partial f(\boldsymbol{r})}{\partial x} \right) \right\} = i\hbar f(\boldsymbol{r})$$

を得るが，上式左辺で演算子をまとめて表記すれば，

$$(xp_x - p_x x)f(\boldsymbol{r}) = i\hbar f(\boldsymbol{r}) \tag{2.10}$$

が成り立つ．ここで，$f(\boldsymbol{r})$ は任意であったので，(2.10) は，演算子としての等式として，次式が成り立つことを意味している．

$$xp_x - p_x x = i\hbar \tag{2.11}$$

(2.11) は，x と p_x の演算順序により結果が異なることを如実に表す式となっており，(2.11) 左辺は，x と p_x の演算順序の差を表す演算子と考えることができる[4]．量子力学では演算順序の差を表す演算子が重要になるので，次の記号を用いて定義する．

> **交換子**
>
> 任意の演算子 A と B に対して，
>
> $$[A, B] \equiv AB - BA \tag{2.12}$$
>
> を，A と B の**交換子**と呼ぶ．

演算子 A と B の交換子が $[A, B] = 0$ となるとき，演算子 A と B は交換可能，または**可換**であるといい，演算子が可換でないとき，**非可換**であるという．交換子の定義 (2.12) から，演算子とそれ自身の交換子は 0 となる（演算子とそれ自身

---

[4] (2.11) 右辺は「波動関数を $i\hbar$ 倍する演算子」と考えればよい．

は可換である）：

$$[A, A] = 0 \tag{2.13}$$

また，定数どうしの交換子や定数と演算子の交換子も0となる．

交換子を用いれば，(2.11) は次式で表される．

⎯ x と p_x の交換関係 ⎯

$$[x, p_x] = i\hbar \tag{2.14}$$

このような交換子の関係式を**交換関係**と呼ぶ．(2.14) は，x と p_x の交換関係であり，量子力学の最も基本的な関係式となっている．

交換子の定義から，A, B, C を任意演算子，α, β, γ を任意定数として，

$$[B, A] = -[A, B] \tag{2.15}$$

$$[\alpha A + \beta B, \gamma C] = \alpha\gamma[A, C] + \beta\gamma[B, C] \tag{2.16}$$

が成り立つことがわかる．

問題 2.2 交換子の定義 (2.12) から，(2.15) と (2.16) を示せ．

また，演算子どうしの積の交換子の計算に有用な次の公式が成り立つ[5]．

⎯ 交換子の有用な公式 ⎯

$$[AB, C] = A[B, C] + [A, C]B \tag{2.17}$$

例題 2.1 交換子の定義 (2.12) から，(2.17) を示せ．

---

[5] (2.17) の公式は，積演算子 AB と演算子 C の交換子が，「前に出した A」と B と C の交換子との積となる第1項と，A と C の交換子と「後ろに出した B」との積となる第2項の和となるので，筆者は「A 前出しの $B \cdot C$ 交換子 足す $A \cdot C$ 交換子の B 後ろ出し」という言い回しで記憶している．

> **解答** $[AB,C] \overset{(2.12)}{=} ABC-CAB = ABC-CAB + (ACB-ACB)$
>
> $\qquad = (ABC-ACB) + (ACB-CAB)$
>
> $\qquad = A(BC-CB) + (AC-CA)B \overset{(2.12)}{=} A[B,C] + [A,C]B$
>
> 第2等号では，ACB という演算子（の積）を加えて引くという冗長な変形（$+(ACB - ACB)$）を行っている.

　一般に，可換な演算子 A と B については，A の固有関数が同時に B の固有関数にもなっていることがわかる（これを，可換な演算子 A と B は**同時固有関数を持つ**という）. たとえば，演算子 A の固有関数を $f(\boldsymbol{r})$, 対応する固有値を a とすれば，

$$Af(\boldsymbol{r}) = af(\boldsymbol{r}) \quad (f(\boldsymbol{r}) \neq 0) \tag{2.18}$$

が成り立つ. $[A,B] = 0$ であることを用いると，$ABf(\boldsymbol{r}) = BAf(\boldsymbol{r})$ であるので，

$$ABf(\boldsymbol{r}) = BAf(\boldsymbol{r}) \overset{(2.18)}{=} B(af(\boldsymbol{r})) = aBf(\boldsymbol{r}) \tag{2.19}$$

となるが，(2.19) の最左辺と最右辺が等しいということは，$Bf(\boldsymbol{r})$ もまた A の固有関数であり，対応する固有値が，やはり a であることを意味する. 異なる状態が同じ固有値を持つことはない（「縮退がない」という）とすると，$f(\boldsymbol{r})$ と $Bf(\boldsymbol{r})$ は同じ状態を表す固有関数でなければならず，$f(\boldsymbol{r})$ と $Bf(\boldsymbol{r})$ は互いに定数倍の違いしかない. その定数を b とすれば，

$$Bf(\boldsymbol{r}) = bf(\boldsymbol{r}) \quad (f(\boldsymbol{r}) \neq 0) \tag{2.20}$$

が成り立つことになるが，(2.20) は，まさに，$f(\boldsymbol{r})$ が B の固有関数にもなっていることを表している. つまり，$f(\boldsymbol{r})$ は，(2.18) と (2.20) を同時に満たす，A と B の同時固有関数である[6]. 同時固有関数については，3.2 節や 7.2.3 節で，具体例を見る.

---

[6] 演算子 A の固有値に縮退がある場合にも証明できるが，ここでは詳細には触れない. たとえば，[3] などを参照のこと.

2.3 波動関数と確率解釈

2.3.1 確率密度

時間に依存する Schrödinger 方程式 (2.1) を満たす関数 $\psi(\boldsymbol{r}, t)$ を**波動関数**と呼んだ. 元々は de Broglie の物質波の波動に相当するものと考えられたが, 古典物理学には物質波の対応物がないため, そもそも物質波が「何の波動」なのかが明瞭ではない[7]. 我々は, 系の状態を記述する波動関数 $\psi(\boldsymbol{r}, t)$ 自体が何を表すものなのかを解釈する必要がある. 位置 $\boldsymbol{r}$, 時刻 t における波動関数 $\psi(\boldsymbol{r}, t)$ の物理的解釈については, Born (ボルン:1954 年 ノーベル物理学賞受賞) の提唱した, 以下のような**確率解釈**を採用する[8].

確率解釈

$\psi(\boldsymbol{r}, t)$ で表される状態の下で, 粒子を検出する (見出す) 実験を多数回繰り返したとき, 時刻 t に, 位置 $\boldsymbol{r}$ の周囲の微小空間 $\delta V = \delta x \delta y \delta z$ 内に粒子を見出す確率 (粒子の存在確率) を $\rho(\boldsymbol{r}, t) \delta V$ とすると, $\psi(\boldsymbol{r}, t)$ の絶対値の 2 乗が $\rho(\boldsymbol{r}, t)$ を与えると解釈する. $\rho(\boldsymbol{r}, t)\delta V$ が粒子の存在確率なので, 波動関数の絶対値の 2 乗

$$\rho(\boldsymbol{r}, t) \equiv |\psi(\boldsymbol{r}, t)|^2 \tag{2.21}$$

を**確率密度**と呼ぶ. この意味で, 波動関数 $\psi(\boldsymbol{r}, t)$ を**確率振幅**と呼ぶことがある.

すなわち, 時刻 t における, 位置 $\boldsymbol{r}$ の周囲の微小空間 δV 内の粒子の存在確率は次のように表される.

$$\rho(\boldsymbol{r}, t)\delta V = |\psi(\boldsymbol{r}, t)|^2 \delta V = \psi^*(\boldsymbol{r}, t)\psi(\boldsymbol{r}, t)\delta V \tag{2.22}$$

ある $\psi(\boldsymbol{r}, t)$ が Schrödinger 方程式 (2.1) の解であるとき, $\psi(\boldsymbol{r}, t)$ に ($\boldsymbol{r}$ にも t に

---

[7] de Broglie は, 物質波が空間的に広がった実体であると考えて, それが物質の密度に関連すると考えた. Schrödinger も, 自身の波動方程式に従う波動関数を同様に考えていたらしい.

[8] 波動関数に「解釈」が必要なのは, それ自体が一般に複素数で表される量であり, 古典的な物理量にその対応物がないためである. 確率解釈は, すべての観測事実を矛盾なく説明できる解釈として, 歴史的に淘汰されずに残った解釈といえる. 確率解釈を「統計的解釈」と呼ぶ場合もある.

も依らない）複素定数を掛けた関数も，やはり同じ方程式の解となるので，複素定数倍された $\psi(\boldsymbol{r},t)$ も，元の $\psi(\boldsymbol{r},t)$ と同じ状態を表すものと考える．確率解釈の下では，波動関数は，その絶対値の2乗が粒子の存在確率密度となるので，絶対値が1の複素定数が掛かった波動関数は，元の波動関数とは独立ではない．

波動関数の確率解釈 (2.22) に基づけば，粒子が有限の領域 V_0 内に見つかる確率は，確率密度 $\rho(\boldsymbol{r},t)$ の体積積分（3次元空間の三重積分）

$$\iiint_{V_0} \rho(\boldsymbol{r},t)dxdydz = \int_{V_0} \rho(\boldsymbol{r},t)dV \qquad (2.23)$$

で与えられる[9]．粒子の運動を考える際の大前提として，波動関数 $\psi(\boldsymbol{r},t)$ が定義される全空間（ここでは領域 V とする）のどこかには，必ず粒子が見出されるはずである．つまり，全空間 V 中では，粒子は確率1で見出されることになる．これは，確率密度 $\rho(\boldsymbol{r},t)$ を用いれば，

$$\int_V \rho(\boldsymbol{r},t)dV = 1 \qquad (2.24)$$

となることを意味する．すなわち，波動関数 $\psi(\boldsymbol{r},t)$ については，次が成り立つことになる．

― 波動関数の規格化条件 ―

$$\int_V \rho(\boldsymbol{r},t)dV = \int_V |\psi(\boldsymbol{r},t)|^2\, dV = \int_V \psi^*(\boldsymbol{r},t)\psi(\boldsymbol{r},t)dV = 1 \qquad (2.25)$$

波動関数に課される (2.25) の条件を**規格化条件**という．定数倍された波動関数も，元の波動関数と同じ状態を表すので，規格化条件 (2.25) を満たさない波動関数も，定数を適切にとることで，規格化条件を満たすようにできる．このことを波動関数の**規格化**といい，そのための定数を**規格化定数**という．

時間に依存する Schrödinger 方程式 (2.1) について，H が t に依らない場合には，波動関数 $\psi(\boldsymbol{r},t)$ が (2.5) で表されることを見た．(2.5) で表される $\psi(\boldsymbol{r},t)$ に

---

[9] 本書では，3次元空間の三重積分を (2.23) の右辺のように略記する．

ついて，確率密度 $|\psi(\boldsymbol{r}, t)|^2$ を考えれば，

$$|\psi(\boldsymbol{r}, t)|^2 = \psi^*(\boldsymbol{r}, t)\psi(\boldsymbol{r}, t) = (\phi(\boldsymbol{r})e^{-i\frac{E}{\hbar}t})^*(\phi(\boldsymbol{r})e^{-i\frac{E}{\hbar}t})$$

$$= (\phi^*(\boldsymbol{r})e^{i\frac{E}{\hbar}t})(\phi(\boldsymbol{r})e^{-i\frac{E}{\hbar}t}) = \phi^*(\boldsymbol{r})\phi(\boldsymbol{r}) = |\phi(\boldsymbol{r})|^2$$

となって，確率密度が t に依らないことがわかる[10]．この意味で，H が t に依らない場合，(2.5) で表される状態を**定常状態**という（波動関数自体は t に依らないわけではない）．すなわち，定常状態の確率密度は，時間に依存しない Schrödinger 方程式 (2.6) を満たす波動関数 $\phi(\boldsymbol{r})$ の絶対値の 2 乗で与えられる．

定常状態の波動関数と確率密度

定常状態の波動関数は，

$$\psi(\boldsymbol{r}, t) = \phi(\boldsymbol{r})e^{-i\frac{E}{\hbar}t} \tag{2.26}$$

と表される．このとき，確率密度は時間に依らない．

$$\rho(\boldsymbol{r}, t) = |\psi(\boldsymbol{r}, t)|^2 = |\phi(\boldsymbol{r})|^2 \tag{2.27}$$

時間に依存しない Schrödinger 方程式に従う定常状態の波動関数 $\phi(\boldsymbol{r})$ についても，$\phi(\boldsymbol{r})$ が定義されている全領域 V 内で

$$\int_V |\phi(\boldsymbol{r})|^2 dV = \int_V \phi^*(\boldsymbol{r})\phi(\boldsymbol{r})dV = 1 \tag{2.28}$$

と規格化されているものとする．たとえば，x 軸上のみを運動する粒子の波動関数を $\phi(x)$ とすれば，(2.28) に対応する規格化条件は，

$$\int_{-\infty}^{\infty} |\phi(x)|^2 dx = \int_{-\infty}^{\infty} \phi^*(x)\phi(x)dx = 1 \tag{2.29}$$

と表される．また，粒子の位置を観測したとき，粒子が x 軸上の $a \le x \le b$ の範囲に見つかる確率は，(2.23) に対応して，

---
[10] 量子力学では，複素数 z の絶対値 $|z|$ を，$|z| \equiv \sqrt{z^*z}$ で定義する．z の共役複素数 z^* と z 自身の積の順序は，数学的には無意味だが，量子力学では大切なので，この順序で憶えてほしい．

$$\int_a^b |\phi(x)|^2 dx = \int_a^b \phi^*(x)\phi(x)dx \tag{2.30}$$

で与えられる.

　なお,扱う問題によっては,系の定義域内のポテンシャルよりも高いエネルギーを持った粒子が無限遠方から入射し,系のポテンシャルで散乱される状態を考えることがある.このような状態を**散乱状態**と呼ぶ.散乱状態の波動関数に対しては,(2.25) の形での規格化条件を課すことはできないが,系の定義域内で粒子が生成・消滅しないという条件は常に満たされる.粒子が無限遠方から入射したり,無限遠方に散乱されたりせず,系の有限の領域に存在するような状態では,その状態を表す波動関数に (2.25) の規格化条件が課される.このような状態を,散乱状態に対して,**束縛状態**と呼ぶ.

　波動関数 $\psi(\boldsymbol{r},t)$ が定義域内で不連続となる点があるとすると,その不連続点では,周囲の微小空間内における粒子の存在確率が定まらない(微小空間のとり方で存在確率が変わってしまう).すなわち,定義域内のすべての点での粒子の存在確率密度 $\rho(\boldsymbol{r},t)$ が定義できるためには,$\psi(\boldsymbol{r},t)$ の絶対値の 2 乗 $|\psi(\boldsymbol{r},t)|^2$ は,定義域内で連続でなければならない.

　さらに,Schrödinger 方程式 (2.1) や (2.6) のハミルトニアンの運動エネルギー項には,ラプラシアン,すなわち,波動関数の 2 階偏導関数が含まれている.波動関数の 2 階偏導関数が定義できるためには,1 階偏導関数が連続でなければならない.つまり,一般に,波動関数は定義域内で C^1 級(0 階・1 階の偏導関数が存在し,それらがすべて連続)でなければならない.ただし,ハミルトニアンに含まれるポテンシャルエネルギー項が発散するような点では,ハミルトニアンの運動エネルギー項にある波動関数の 1 階偏導関数が不連続であってもよい[11].

　以下に波動関数の満たすべき条件および性質をまとめておく.

- 波動関数は定義域内で連続でなければならない
- 定義域内において波動関数の 1 階偏導関数が存在し,それは定義域内で連続でなければならない(ポテンシャルが発散するような点では,1 階偏導関数は不連続でもよい)

---

[11] そのような点であっても,波動関数自体は連続でなければならない.

- 束縛状態を表す波動関数は規格化条件 (2.25) を満たさなければならない
- 波動関数は，絶対値が 1 の複素係数が掛かっても，元の波動関数と同じ状態を表す（規格化定数の絶対値は規格化条件により定まるが，その位相は定まらない）

2.3.2　確率の流れ密度

(2.21) で定義したように，波動関数 $\psi(\boldsymbol{r},t)$ の絶対値の 2 乗は，時刻 t における点 $\boldsymbol{r}$ での確率密度 $\rho(\boldsymbol{r},t)$ であった．このとき，

確率の流れ密度

$$\boldsymbol{j}(\boldsymbol{r},t) \equiv \frac{\hbar}{2mi}\left\{\psi^*(\boldsymbol{r},t)\boldsymbol{\nabla}\psi(\boldsymbol{r},t) - \psi(\boldsymbol{r},t)\boldsymbol{\nabla}\psi^*(\boldsymbol{r},t)\right\} \qquad (2.31)$$

で定義される $\boldsymbol{j}(\boldsymbol{r},t)$ を考えると，時間に依存する Schrödinger 方程式 (2.1) とその複素共役を用いることで，電磁気学における電荷密度と電流密度の間に成り立つ連続の方程式と同様に，$\rho(\boldsymbol{r},t)$ と $\boldsymbol{j}(\boldsymbol{r},t)$ の間に

$$\boldsymbol{\nabla} \cdot \boldsymbol{j}(\boldsymbol{r},t) = -\frac{\partial \rho(\boldsymbol{r},t)}{\partial t} \qquad (2.32)$$

という関係が成り立つことが示せる．この意味で，(2.31) で定義される $\boldsymbol{j}(\boldsymbol{r},t)$ を，時刻 t における点 $\boldsymbol{r}$ での**確率の流れ密度**という（確率流密度と呼ぶこともある）．

例題 2.2　時間に依存する Schrödinger 方程式 (2.1) とその複素共役を用いて，(2.21) で表される確率密度と (2.31) で定義される確率の流れ密度が，連続の方程式 (2.32) を満たすことを確かめよ．

解答　(2.32) の左辺に (2.31) を代入すれば，ベクトル解析で学んだ公式（積の発散公式）を用いて，

$$\boldsymbol{\nabla} \cdot \boldsymbol{j}(\boldsymbol{r},t) = \frac{\hbar}{2mi}\boldsymbol{\nabla} \cdot \left\{\psi^*(\boldsymbol{r},t)\boldsymbol{\nabla}\psi(\boldsymbol{r},t) - \psi(\boldsymbol{r},t)\boldsymbol{\nabla}\psi^*(\boldsymbol{r},t)\right\}$$

$$= \frac{\hbar}{2mi} \left\{ \boldsymbol{\nabla}\psi^*(\boldsymbol{r},t) \cdot \boldsymbol{\nabla}\psi(\boldsymbol{r},t) + \psi^*(\boldsymbol{r},t)\Delta\psi(\boldsymbol{r},t) \right.$$
$$\left. - \left(\Delta\psi^*(\boldsymbol{r},t)\right)\psi(\boldsymbol{r},t) - \boldsymbol{\nabla}\psi^*(\boldsymbol{r},t) \cdot \boldsymbol{\nabla}\psi(\boldsymbol{r},t) \right\}$$
$$= \frac{\hbar}{2mi} \left\{ \psi^*(\boldsymbol{r},t)\Delta\psi(\boldsymbol{r},t) - \left(\Delta\psi^*(\boldsymbol{r},t)\right)\psi(\boldsymbol{r},t) \right\} \quad (2.33)$$

となる（(2.33) の第2等号では，勾配の発散がラプラシアンであること，すなわち $\boldsymbol{\nabla} \cdot \boldsymbol{\nabla} = \Delta$ を用いた．さらに，(2.33) の2段目の $\{\cdots\}$ 内の第1項と第4項が相殺することで最終等号が成り立つ）．

一方，(2.32) の右辺に (2.21) を代入すれば，積の微分公式より，

$$-\frac{\partial\rho(\boldsymbol{r},t)}{\partial t} = -\frac{\partial\psi^*(\boldsymbol{r},t)}{\partial t}\psi(\boldsymbol{r},t) - \psi^*(\boldsymbol{r},t)\frac{\partial\psi(\boldsymbol{r},t)}{\partial t} \quad (2.34)$$

となるが，時間に依存する Schrödinger 方程式 (2.1) とその複素共役から得られる

$$\frac{\partial\psi(\boldsymbol{r},t)}{\partial t} = \frac{1}{i\hbar} \left\{ -\frac{\hbar^2}{2m}\Delta\psi(\boldsymbol{r},t) + V(\boldsymbol{r},t)\psi(\boldsymbol{r},t) \right\}$$

$$\frac{\partial\psi^*(\boldsymbol{r},t)}{\partial t} = \frac{1}{-i\hbar} \left\{ -\frac{\hbar^2}{2m}\Delta\psi^*(\boldsymbol{r},t) + V(\boldsymbol{r},t)\psi^*(\boldsymbol{r},t) \right\}$$

を用いれば[a]，

$$(2.34) = \frac{1}{i\hbar} \left\{ -\frac{\hbar^2}{2m}\Delta\psi^*(\boldsymbol{r},t) + V(\boldsymbol{r},t)\psi^*(\boldsymbol{r},t) \right\} \psi(\boldsymbol{r},t)$$

$$- \psi^*(\boldsymbol{r},t)\frac{1}{i\hbar} \left\{ -\frac{\hbar^2}{2m}\Delta\psi(\boldsymbol{r},t) + V(\boldsymbol{r},t)\psi(\boldsymbol{r},t) \right\}$$

$$= -\frac{\hbar}{2mi}(\Delta\psi^*(\boldsymbol{r},t))\psi(\boldsymbol{r},t) + \frac{1}{i\hbar}V(\boldsymbol{r},t)\psi^*(\boldsymbol{r},t)\psi(\boldsymbol{r},t)$$

$$+ \frac{\hbar}{2mi}\psi^*(\boldsymbol{r},t))\Delta\psi(\boldsymbol{r},t) - \frac{1}{i\hbar}\psi^*(\boldsymbol{r},t)V(\boldsymbol{r},t)\psi(\boldsymbol{r},t)$$

$$= \frac{\hbar}{2mi} \left\{ \psi^*(\boldsymbol{r},t))\Delta\psi(\boldsymbol{r},t) - (\Delta\psi^*(\boldsymbol{r},t))\psi(\boldsymbol{r},t) \right\} \quad (2.35)$$

となる（(2.35) の2段目の第2項と第4項が相殺することで最終等号が成り立つ）．したがって，(2.33) と (2.35) が等しいので，連続の方程式 (2.32) が成り立つことが確かめられる．

---

[a] ポテンシャル $V(\boldsymbol{r},t)$ は実関数である：$V^*(\boldsymbol{r},t) = V(\boldsymbol{r},t)$.

なお，粒子の運動が x 軸上の1次元方向に限られていれば，

確率の流れ密度（1次元系）

$$j(x,t) \equiv \frac{\hbar}{2mi}\left\{ \psi^*(x,t)\frac{\partial \psi(x,t)}{\partial x} - \frac{\partial \psi^*(x,t)}{\partial x}\psi(x,t)\right\} \tag{2.36}$$

を用いて，

$$\frac{\partial j(x,t)}{\partial x} = -\frac{\partial \rho(x,t)}{\partial t} \tag{2.37}$$

が成り立つ.

例題 2.3 (2.37) の両辺を $a \leq x \leq b$ の領域で x について積分することで，$j(x,t)$ が確率の流れ密度と呼ぶにふさわしい物理量であることを確かめよ.

解答 (2.37) の左辺を $a \leq x \leq b$ の領域で x について積分すれば，

$$\int_a^b \frac{\partial j(x,t)}{\partial x}dx = [j(x,t)]_{x=a}^{x=b} = j(b,t) - j(a,t) \tag{2.38}$$

を得る．一方，右辺については，

$$\int_a^b \left(-\frac{\partial \rho(x,t)}{\partial t}\right)dx = -\frac{d}{dt}\int_a^b \rho(x,t)dx \tag{2.39}$$

となるが，

$$\int_a^b \rho(x,t)dx$$

は，確率解釈 (2.22) から，時刻 t に $a \leq x \leq b$ の領域に粒子を見出す確率であるので，(2.39) の右辺は，$a \leq x \leq b$ の領域に粒子を見出す確率の単位時間当たりの減少量を表している.

この「$a \leq x \leq b$ の領域に粒子を見出す確率の単位時間当たりの減少量」が，(2.38)，すなわち，$j(x,t)$ の $x=b$ での値と $x=a$ での値の差に等しいので，$j(x,t)$ が，時刻 t での点 x における，x 軸正方向への確率の流れと考えることは妥当である.

定常状態の場合

(2.26) で表される定常状態では，確率密度が (2.27) のように時間に依らないのと同様に，(2.31) についても，

$$j(\boldsymbol{r}, t) = \frac{\hbar}{2mi} \left\{ \phi^*(\boldsymbol{r}) \boldsymbol{\nabla} \phi(\boldsymbol{r}) - \phi(\boldsymbol{r}) \boldsymbol{\nabla} \phi^*(\boldsymbol{r}) \right\} \equiv \boldsymbol{j}(\boldsymbol{r}) \qquad (2.40)$$

となる．1 次元の場合で $\psi(x, t) = \phi(x) e^{-iEt/\hbar}$ と表されるときは，(2.36) は，

$$j(x, t) = \frac{\hbar}{2mi} \left\{ \phi^*(x) \frac{d\phi(x)}{dx} - \frac{d\phi^*(x)}{dx} \phi(x) \right\} \equiv j(x) \qquad (2.41)$$

となって，各々，時刻 t に依らない確率の流れ密度が定義できることがわかる．

例題 2.4　定常状態では，確率の流れ密度が，(2.40) で表されることを確かめよ．

解答　定常状態で $\psi(\boldsymbol{r}, t) = \phi(\boldsymbol{r}) e^{-iEt/\hbar}$ と表されるとき，(2.31) は，

$$
\begin{aligned}
j(\boldsymbol{r}, t) &= \frac{\hbar}{2mi} \left\{ (\phi(\boldsymbol{r}) e^{-iEt/\hbar})^* \boldsymbol{\nabla} \left(\phi(\boldsymbol{r}) e^{-iEt/\hbar} \right) - (\phi(\boldsymbol{r}) e^{-iEt/\hbar}) \boldsymbol{\nabla} \left(\phi(\boldsymbol{r}) e^{-iEt/\hbar} \right)^* \right\} \\
&= \frac{\hbar}{2mi} \left\{ \phi^*(\boldsymbol{r}) e^{iEt/\hbar} \boldsymbol{\nabla} \left(\phi(\boldsymbol{r}) e^{-iEt/\hbar} \right) - (\phi(\boldsymbol{r}) e^{-iEt/\hbar}) \boldsymbol{\nabla} \left(\phi^*(\boldsymbol{r}) e^{iEt/\hbar} \right) \right\} \\
&= \frac{\hbar}{2mi} \left\{ \phi^*(\boldsymbol{r}) e^{iEt/\hbar} e^{-iEt/\hbar} \boldsymbol{\nabla} \phi(\boldsymbol{r}) - \phi(\boldsymbol{r}) e^{-iEt/\hbar} e^{iEt/\hbar} \boldsymbol{\nabla} \phi^*(\boldsymbol{r}) \right\} \\
&= \frac{\hbar}{2mi} \left\{ \phi^*(\boldsymbol{r}) \boldsymbol{\nabla} \phi(\boldsymbol{r}) - \phi(\boldsymbol{r}) \boldsymbol{\nabla} \phi^*(\boldsymbol{r}) \right\} \\
&= \boldsymbol{j}(\boldsymbol{r})
\end{aligned}
$$

となって，t に依らなくなる．

第3章

簡単なポテンシャル中の運動

　本章では，古典力学と異なる量子力学の特徴を理解するために，1次元系における，いくつかの簡単なポテンシャル中の粒子の運動を取り扱う．1次元の簡単な系ではあるが，単なる練習問題ではなく，実際の原子や分子，結晶中の電子状態のモデルでもあり，現実の自然現象の記述や電子工学などへの応用にも繋がる基礎的な内容を含んでいる．本書ではポテンシャルが時間変化する系は扱わないので，2.1 節で学んだ，時間に依存しない Schrödinger 方程式 (2.6) で記述される系を対象とする．以降では，時間に依存しない Schrödinger 方程式を，単に Schrödinger 方程式と呼ぶ．

3.1　1次元の有限領域に閉じ込められた自由粒子

　x 軸上の有限領域 $0 \leq x \leq L$ $(L > 0)$ に閉じ込められた，$E \geq 0$ のエネルギー E を持つ質量 m の自由粒子の運動を考える．自由粒子であるので，有限領域内ではポテンシャルは 0 であり，有限領域に閉じ込められていることを表すために，形式的に，$x < 0$ と $x > L$ の範囲ではポテンシャルが無限大だとして，

$$
V(x) = \begin{cases} 0 & (0 \leq x \leq L) \\ \infty & (x < 0, \ \ x > L) \end{cases} \tag{3.1}
$$

と表すことがある[1]．粒子が存在できない領域でポテンシャルが無限大となるこ

---

[1] 無限大（∞）は，「値」ではないので，等号（$=$）で結ぶべきではないが，慣例的にこのように表す場合がある．

とを, 図3.1のように表すこともある. 粒子が存在する領域が有限であるので, この系の状態は, 2.3.1節で学んだ**束縛状態**である.

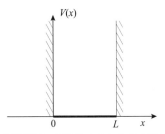

図3.1 1次元の有限領域に閉じ込められた自由粒子のポテンシャル

有限領域に「閉じ込められた」とは, それ以外の領域での粒子の存在確率が0という意味であり, 波動関数はその絶対値の2乗が粒子の存在確率密度であったので, 波動関数 $\phi(x)$ については,

$$\phi(x) = 0 \quad (x < 0, \quad x > L) \tag{3.2}$$

である. さらに, 2.3節で述べたように, 波動関数はその定義域内で連続でなければならないので, $x = 0$ と $x = L$ の境界では, (3.2)より,

$$\phi(0) = \phi(L) = 0 \tag{3.3}$$

という条件が課されることになる. 波動関数に課せられる, このような条件を**境界条件**という.

系のハミルトニアン H を

$$H = -\frac{\hbar^2}{2m}\frac{d^2}{dx^2} + V(x)$$

と表すと, $0 \leq x \leq L$ では, $V(x) = 0$ なので, Schrödinger 方程式は,

$$-\frac{\hbar^2}{2m}\frac{d^2}{dx^2}\phi(x) = E\phi(x) \tag{3.4}$$

となる. 整理すると,

$$\frac{d^2}{dx^2}\phi(x) + \frac{2mE}{\hbar^2}\phi(x) = 0 \tag{3.5}$$

となるので,

$$k \equiv \frac{\sqrt{2mE}}{\hbar} \geq 0; \qquad E = \frac{\hbar^2 k^2}{2m} \tag{3.6}$$

を定義すると, (3.5) の一般解は,

$$\phi(x) = ae^{ikx} + be^{-ikx} \tag{3.7}$$

で与えられる (a と b は任意複素定数).

問題 3.1　(3.5) が線型2階定係数斉次常微分方程式であることに注意して, その一般解を求め, 一般解が (3.7) で表されることを確かめよ.
[ヒント：対応する特性方程式を作ってみよ.]

境界条件 (3.3) より, (3.7) の定数については,

$$\phi(0) = a + b = 0 \tag{3.8}$$
$$\phi(L) = ae^{ikL} + be^{-ikL} = 0 \tag{3.9}$$

という条件が課される. 当然の注意だが, もし, (3.8) で, $a = b = 0$ だとすると, (3.7) から, 全領域で $\phi(x) = 0$, すなわち, 全領域で粒子の存在確率密度が0となってしまい, 粒子が存在するという大前提に反することになる. よって, $a = b = 0$ は不適であり, $a \neq 0$ かつ $b \neq 0$ である. すると, (3.8) より, $b = -a$ であり, これを (3.7) に代入して, Euler の公式 $(e^{i\theta} - e^{-i\theta})/(2i) = \sin\theta$ を用いれば,

$$\phi(x) = 2ia\sin(kx) \tag{3.10}$$

と表すことができる. このとき, (3.9) は,

$$\phi(L) = 2ia\sin(kL) = 0$$

となるが, $a \neq 0$ であるので, $\sin(kL) = 0$, すなわち,

$$kL = n\pi \quad (n \in \mathbb{Z})$$

であり,

$$k = \frac{n\pi}{L} \quad (n \in \mathbb{Z}) \tag{3.11}$$

が導かれる（$\mathbb{Z}$は整数集合を表す記号）．

　なお，(3.5) の一般解は，新たに取り直した任意複素定数cとdを用いて，

$$\phi(x) = c\cos(kx) + d\sin(kx) \tag{3.12}$$

と三角関数を用いて表すこともできる．この表式の場合，境界条件 (3.3) のうちの $\phi(0) = 0$ の条件から，

$$\phi(0) = c = 0 \tag{3.13}$$

が成り立つため，(3.12) から，

$$\phi(x) = d\sin(kx) \tag{3.14}$$

の形が確定する．ここでも，(3.10) で $a = 0$ が許されなかったのと同様に，粒子存在の前提から $d = 0$ は許されない．やはり，境界条件 (3.3) のうちの $\phi(L) = 0$ の条件から，

$$\phi(L) = d\sin(kL) = 0 \tag{3.15}$$

が成り立たなければならないが，前述のとおり，$d \neq 0$ なので，やはり $\sin(kL) = 0$ となり，(3.11) が導かれる．

　k は (3.11) で与えられるが，その定義 (3.6) から k は非負であり，さらに，$k = 0$ では (3.10) より全領域で $\phi(x) = 0$ となってしまい，(3.7) で $a = b = 0$ が不適であったことや (3.12) で $d = 0$ が不適であったことと同じ理由で不適となる．つまり，(3.10) で表される波動関数 $\phi(x)$ においては，k は正の整数（すなわち自然数）に限られることになり，

$$k = \frac{n\pi}{L} \equiv k_n \quad (n \in \mathbb{N}) \tag{3.16}$$

と定まる（$\mathbb{N}$ は自然数集合を表す記号）．系のエネルギー E は，(3.6) を (3.16) に代入することで，

$$E = \frac{\hbar^2 k^2}{2m} = \frac{\hbar^2 k_n^2}{2m} = \frac{\hbar^2}{2m}\left(\frac{n\pi}{L}\right)^2 \quad (n \in \mathbb{N}) \tag{3.17}$$

と求められる．

　このとき，許される波動関数は，(3.16) を考慮すると，(3.10) や (3.14) から，

$$\phi(x) = 2ia\sin\frac{n\pi x}{L} = d\sin\frac{n\pi x}{L} \quad (n \in \mathbb{N}) \tag{3.18}$$

と表される．この系の波動関数 $\phi(x)$ は $0 \leq x \leq L$ の範囲で規格化されるので，

$$\int_0^L |\phi(x)|^2 \, dx = \int_0^L \left| d \sin \frac{n\pi x}{L} \right|^2 dx = |d|^2 \int_0^L \sin^2 \frac{n\pi x}{L} dx$$

$$= |d|^2 \frac{L}{2} = 1 \tag{3.19}$$

であり，

$$|d| = \sqrt{\frac{2}{L}} \tag{3.20}$$

と定まる．2.3節で見たとおり，絶対値が1である複素定数が掛かった波動関数は元の波動関数と同じ状態を記述するので，規格化定数としての複素定数 d の位相は任意である．ここでは，d を実数ととっても一般性を失わないので，規格化定数としての実定数を $\sqrt{2/L}$ とする．

> **問題 3.2** (3.19) に現れる積分を具体的に計算し，(3.20) が得られることを確かめよ．

波動関数とエネルギーは自然数 n で分類されることになるので，それらを各々 $\phi_n(x)$ と E_n と表すと，(3.18) と (3.20)，および (3.17) から，

$$\phi_n(x) \equiv \sqrt{\frac{2}{L}} \sin(k_n x) = \sqrt{\frac{2}{L}} \sin \frac{n\pi x}{L} \quad (n \in \mathbb{N}) \tag{3.21}$$

$$E_n \equiv \frac{\hbar^2}{2m} \left(\frac{n\pi}{L} \right)^2 \quad (n \in \mathbb{N}) \tag{3.22}$$

となる．ハミルトニアン H を用いれば，系の Schrödinger 方程式は，

$$H\phi_n(x) = E_n \phi_n(x) \quad (n \in \mathbb{N}) \tag{3.23}$$

の形の固有方程式で表されることになるので，2.1 節で学んだように，(3.21) の $\phi_n(x)$ がこの系の固有関数であり，(3.22) の E_n が対応するエネルギー固有値（または固有エネルギー）である．

ここで得られたエネルギー固有値について，その特徴を挙げておく．まず，(3.22) のように，E_n が自然数 n で区別されていることからわかるように，この系

では，そのエネルギーが離散的なエネルギー固有値で表される．古典力学ではエネルギーが連続した実数であったことと対照的に，量子力学では束縛状態のエネルギーが離散的となる（量子化）．このエネルギー固有値の離散性（量子化）は，波動関数の境界条件に起因したことを思い起こそう．この系で扱った状態は束縛状態であり，粒子の運動を有限領域に限ったことにより，エネルギーが離散的になったといえる．このとき，エネルギー固有値 E_n を区別する自然数 n のように，固有値を区別する数を**量子数**という．

特に，(3.22) の E_n は，$n = 1$ が最低エネルギー（**基底エネルギー**という）となっているが，そのエネルギー固有値 E_1 は，

$$E_1 = \frac{\hbar^2}{2m}\left(\frac{\pi}{L}\right)^2 > 0$$

であり，決して 0 ではない．つまり，エネルギーが最低の固有状態（**基底状態**という）でも，そのエネルギーが 0 にならないことを意味する．エネルギーが 0 でない基底状態を，古典力学的な意味での「静止状態」ではないという意味で，**零点振動**と呼ぶことがある．

最低のエネルギー固有値を持つ固有状態を基底状態と呼ぶのに対して，基底エネルギーより高いエネルギー固有値を持つ固有状態を**励起状態**と呼び，エネルギー固有値の小さい順に励起状態を順序付けして，第 1 励起状態，第 2 励起状態，…と呼ぶことがある（その意味では，基底状態は第 0 励起状態である）．この系では，エネルギー固有値 E_n を持ち，固有関数 $\phi_n(x)$ で表される量子数 n の固有状態は，第 $(n-1)$ 励起状態になっている．また，固有関数 $\phi_n(x)$ については，図 3.2 に示すように，境界の $x = 0$ と $x = L$ 以外で $\phi_n(x) = 0$ を満たす点（**節**という）の数が，量子数 n が $n = 1$ の基底状態では 0，$n = 2$ では 1 つ，$n = 3$ では 2 つ…となっており，固有関数の節の数が多いほど，エネルギー固有値が大きい状態であることがわかる．この系の第 $(n-1)$ 励起状態を表す固有関数 $\phi_n(x)$ の節の数は $(n-1)$ 個である．

問題 3.3 波動関数は，その絶対値の 2 乗が粒子の存在確率密度である．(3.21) で記述される系において，基底状態 $(n = 1)$ での粒子の位置を測定するとき，$\frac{L}{3} \leq x \leq \frac{2L}{3}$ の領域で粒子を見つける確率 P_1 を求めよ．さらに，第 1 励起状態 $(n = 2)$ で同じ領域に粒子を見つける確率 P_2 を求めよ．

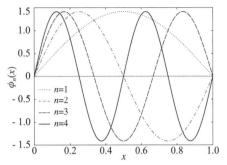

図 3.2 (3.21) の固有関数 $\phi_n(x)$ ($L = 1$ とした)

3.2 周期的境界条件を課した自由粒子

3.2.1 1次元周期的境界条件の下で運動する自由粒子

1次元方向に運動する自由粒子について，その波動関数に周期 L の周期的境界条件を課すことを考える．これは長さ L の閉曲線上を運動する自由粒子を考えることに対応する．閉曲線に沿って x 軸をとれば，波動関数 $\phi(x)$ が周期 L の周期的境界条件を満たすとは，任意の x において

$$\phi(x) = \phi(x + L) \tag{3.24}$$

が成り立つことである．

自由粒子は，定義域内で $V(x) = 0$ であり，そのハミルトニアン H は

$$H = \frac{1}{2m}p_x^2 = -\frac{\hbar^2}{2m}\frac{d^2}{dx^2} \tag{3.25}$$

のように，運動エネルギーのみで表されるので，Schrödinger 方程式は，

$$H\phi(x) = -\frac{\hbar^2}{2m}\frac{d^2}{dx^2}\phi(x) = E\phi(x) \tag{3.26}$$

となる．(3.26) の一般解は，前節の (3.7) と同じになるが，実は (3.7) の形の一般解に周期的境界条件 (3.24) を課すだけでは波動関数の形は定まらない．周期的境界条件の下で1次元方向に運動している自由粒子については，H と p_x が可換

である

$$[H, p_x] = 0 \tag{3.27}$$

ということを考慮しなければならない.

問題 **3.4**　交換子についての公式 (2.16) や (2.17) を用いて, (3.25) で表した自由粒子のハミルトニアンが p_x と可換であること, すなわち, (3.27) を示せ.

　今, (3.27) のとおり, H と p_x は可換であるので, 2.2.2 節で学んだように, 両者は同時固有関数を持つことがわかる. そこで, まず p_x の固有関数を考えよう. p_x の固有関数を $\phi(x)$, 対応する固有値を p とすれば,

$$p_x \phi(x) = -i\hbar \frac{d}{dx} \phi(x) = p\phi(x) \tag{3.28}$$

が成り立つ[2]. (3.28) を整理すれば,

$$\frac{d}{dx} \phi(x) = i\frac{p}{\hbar} \phi(x) \tag{3.29}$$

となるが, これは変数分離型の 1 階微分方程式であるので, 一般解は, 任意複素定数 c を用いて,

$$\phi(x) = c \exp\left(i\frac{p}{\hbar}x\right) \tag{3.30}$$

と表すことができる. de Broglie の式 (1.8) を念頭において, 波数 k を用いて $p = \hbar k$ と表すことにすれば, これは

$$\phi(x) = ce^{ikx} \tag{3.31}$$

とも表せる. このとき, $c = 0$ だとすると, 全領域で $\phi(x) = 0$ となってしまい, 3.1 節で (3.10) を導くときと同様の注意により不適となるため, $c \neq 0$ である.

問題 **3.5**　(3.29) を変数分離型の微分方程式の解法で解き, その一般解が (3.30) となることを示せ.

---

[2] p_x は一般には (2.7) で与えられるが, ここでは $\phi(x)$ が x のみの関数であるため, 偏微分記号 ∂ を用いていない.

(3.31) の形の波動関数について，2.3.2節で学んだ確率の流れ密度を具体的に計算してみよう．系は定常状態の1次元系なので (2.41) を用いる．(3.31) を (2.41) に代入すれば，

$$
\begin{aligned}
j(x) &= \frac{\hbar}{2mi}\left\{\left(ce^{ikx}\right)^*\left(\frac{d}{dx}ce^{ikx}\right) - \left(\frac{d}{dx}\left(ce^{ikx}\right)^*\right)ce^{ikx}\right\} \\
&= \frac{\hbar}{2mi}\left\{c^*e^{-ikx}\left(ikce^{ikx}\right) - \left(-ikc^*e^{-ikx}\right)ce^{ikx}\right\} \\
&= \frac{\hbar}{2mi}2ik|c|^2 \quad (\because c^*c = |c|^2,\ e^{-ikx}e^{ikx} = 1) \\
&= \frac{\hbar k}{m}|c|^2
\end{aligned}
\tag{3.32}
$$

を得る．(3.32) において，$\hbar k$ は運動量演算子 p_x の固有値であり，x 軸正方向の運動量を与えるので，$\hbar k/m$ は，いわば，x 軸正方向の「速度」に対応するといえる．(3.31) より，系の確率密度 $\rho(x)$ が $\rho(x) = |\phi(x)|^2 = |c|^2$ となることに注意すれば，(3.32) は，$|c|^2$ の確率密度が $\hbar k/m$ の「速度」で x 軸正方向に流れるという確率の流れ密度を表しているといえる．

(3.31) で与えられる $\phi(x)$ に，周期的境界条件 (3.24) を課そう．(3.31) に (3.24) を課すと，

$$
\phi(x) = ce^{ikx} = ce^{ik(x+L)} = \phi(x + L)
$$

が成り立つが，上で見たように $c \neq 0$ であり，また $e^{ikx} \neq 0$ であるので，上式の中辺を ce^{ikx} で割ることで，

$$
1 = e^{ikL}
\tag{3.33}
$$

を得る．(3.33) が成り立つためには，波数 k について，

$$
k = \frac{2\pi n}{L} \equiv k_n \quad (n \in \mathbb{Z})
\tag{3.34}
$$

という制限が課せられることになる．

さらに，規格化定数 c を決定しよう．今，系は $0 \leq x \leq L$ で定義されるから，規格化条件は，

$$
\int_0^L |\phi(x)|^2 dx = 1
\tag{3.35}
$$

である. (3.34) を課したうえで, (3.35) に (3.31) を代入すると,

$$1 = \int_0^L |ce^{ik_n x}|^2 dx = \int_0^L (c^* e^{-ik_n x})(ce^{ik_n x}) dx = |c|^2 \int_0^L dx = |c|^2 L \tag{3.36}$$

となるので,

$$|c| = \frac{1}{\sqrt{L}} \tag{3.37}$$

と定まる. 3.1 節の (3.20) の説明と同じく, ここでも, 規格化定数としての実定数を $1/\sqrt{L}$ とする. 結局, x 軸方向の運動量演算子 p_x の固有関数と固有値について,

$$p_x \phi_n(x) = -i\hbar \frac{d}{dx} \phi_n(x) = \hbar k_n \phi_n(x) \tag{3.38}$$

$$\phi_n(x) = \frac{1}{\sqrt{L}} e^{ik_n x} \tag{3.39}$$

$$k_n = \frac{2\pi n}{L} \quad (n \in \mathbb{Z}) \tag{3.40}$$

となることがわかった.

次に, (3.39) がハミルトニアン (3.25) の固有関数でもあることを確認すると,

$$H\phi_n(x) = \frac{1}{2m} p_x^2 \phi_n(x) \stackrel{(3.38)}{=} \frac{1}{2m} (\hbar k_n)^2 \phi_n(x) = E_n \phi_n(x) \tag{3.41}$$

$$E_n \equiv \frac{\hbar^2 k_n^2}{2m} \tag{3.42}$$

となり, 対応する固有値 (エネルギー固有値) が, (3.40) を用いて, (3.42) で定義される E_n と定まることがわかる.

ここで, 元々の Schrödinger 方程式 (3.26) の一般解を考えよう. (3.26) は 2 階微分方程式であり, その一般解は, 3.1 節の (3.7) と同様に, 線型独立な 2 つの解の線型結合として得られる. しかし, (3.7) の線型結合は, $a \neq 0$ かつ $b \neq 0$ の場合には, x 軸方向の運動量演算子 p_x の固有関数にはならない. これが, 3.1 節で扱った有限領域に閉じ込められた粒子と, 本節の自由粒子との違いである. (3.32) の確率の流れ密度の計算からわかるように, (3.7) の e^{ikx} と e^{-ikx} は, 各々, x 軸正

方向と負方向に進む進行波であるが，それらの重ね合わせとなる (3.7) は，いわば
定在波になっており，運動量の確定した固有状態にならないのである．

　周期的境界条件を課した自由粒子の固有関数 (3.39) は，(3.41) で見たように，
ハミルトニアンの固有関数でもあるが，正の運動量固有値と負の運動量固有値を
持つ状態のエネルギー固有値 (3.42) が縮退している．境界条件（今の場合，(3.24)
の周期的境界条件）を課すことで，エネルギー固有値が離散的になることは，3.1
節で述べたことと同様である．

3.2.2　3次元周期的境界条件の下で運動する自由粒子

　x 軸方向の1次元方向に運動する自由粒子に周期的境界条件を課すことで，固
有関数 (3.39) や固有値 (3.40) を得たが，周期的境界条件を y 軸や z 軸方向にも課
した3次元周期的境界条件

$$\phi(x + L, y, z) = \phi(x, y + L, z) = \phi(x, y, z + L) = \phi(x, y, z)$$

の下での3次元自由粒子を考えると，同様に固有状態を求めることができる．x
軸，y 軸，z 軸の各方向の波数 k_x，k_y，k_z も量子化されるが，量子化された波数
ベクトルを，単に $\boldsymbol{k} \equiv (k_x, k_y, k_z)$ と表す．固有関数と固有値は $\boldsymbol{k}$ で区別される
ので，それらを，各々，$\phi_{\boldsymbol{k}}(\boldsymbol{r})$（$\boldsymbol{r} = (x, y, z)$）と $E_{\boldsymbol{k}}$ とすれば，

$$H\phi_{\boldsymbol{k}}(\boldsymbol{r}) = -\frac{\hbar^2}{2m}\Delta\phi_{\boldsymbol{k}}(\boldsymbol{r}) = E_{\boldsymbol{k}}\phi_{\boldsymbol{k}}(\boldsymbol{r}) \tag{3.43}$$

$$\phi_{\boldsymbol{k}}(\boldsymbol{r}) = \frac{1}{\sqrt{\Omega}}e^{i\boldsymbol{k}\cdot\boldsymbol{r}} \quad (\Omega = L^3) \tag{3.44}$$

$$E_{\boldsymbol{k}} = \frac{\hbar^2 k^2}{2m} \quad (k^2 = \boldsymbol{k}\cdot\boldsymbol{k}) \tag{3.45}$$

$$k_\mu = \frac{2\pi n_\mu}{L} \quad (n_\mu \in \mathbb{Z} \; ; \; \mu = x, y, z) \tag{3.46}$$

となる．

　(3.44) で与えられる，3次元周期的境界条件の下での自由粒子の固有関数の位
相は $\boldsymbol{k}\cdot\boldsymbol{r}$ である．この位相が一定となる点 $\boldsymbol{r}$ は，

$$\boldsymbol{k}\cdot\boldsymbol{r} = \text{一定} \tag{3.47}$$

という条件を満たすことになるが，この条件は，(3.47) を満たす点の集合が，波数ベクトル $\boldsymbol{k}$ に垂直な平面をなすことを意味する．その意味で，(3.44) で表される関数を**平面波**と呼ぶことがある[3]．平面波固有関数 (3.44) は，体積 Ω の金属結晶中の電子状態を表す波動関数の最も簡単な近似として用いられる．

3.3 階段型ポテンシャル

以下のような階段型ポテンシャル $V(x)$ 内で x 軸上の負の領域 $(x < 0)$ から正方向に向けて質量 m の粒子を入射した場合を考える．これは，2.3.1 節で学んだ**散乱状態**の典型例である．

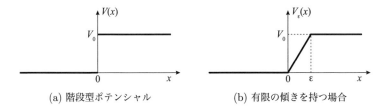

(a) 階段型ポテンシャル　　　　(b) 有限の傾きを持つ場合

図 3.3　階段型ポテンシャルの傾き

$$V(x) = \begin{cases} 0 & (x < 0) \\ V_0 & (x \geq 0) \end{cases} \tag{3.48}$$

ここでは $V_0 > 0$ とする（図 3.3a）．階段型ポテンシャル $V(x)$ を，原点で有限の傾きを持つ「なだらかな」階段型ポテンシャル $V_\varepsilon(x)$

$$V_\varepsilon(x) = \begin{cases} 0 & (x < 0) \\ (V_0/\varepsilon)x & (0 \leq x < \varepsilon) \\ V_0 & (x \geq \varepsilon) \end{cases} \tag{3.49}$$

の $\varepsilon \to 0$ の極限と考えよう（図 3.3b）：

$$\lim_{\varepsilon \to 0} V_\varepsilon(x) = V(x)$$

---

[3] 1 次元周期的境界条件の下での自由粒子の固有関数 (3.39) も，慣例的に平面波と呼ぶ．

位置 $\boldsymbol{r}$ にある物体の位置エネルギー $U(\boldsymbol{r})$ を用いて，物体に働く力（保存力） $\boldsymbol{F}(\boldsymbol{r})$ が，$\boldsymbol{F}(\boldsymbol{r}) = -\boldsymbol{\nabla}U(\boldsymbol{r})$ と表されることから，ポテンシャル $V_\varepsilon(x)$ の下では，$0 \le x < \varepsilon$ の領域で，$F_\varepsilon(x) = -dV_\varepsilon(x)/dx = -V_0/\varepsilon$ なる負方向の力 $F_\varepsilon(x)$ が働いていることがわかる．つまり，$V_\varepsilon(x)$ についての $\varepsilon \to 0$ の極限で与えられる $V(x)$ は，原点で負方向への撃力が働くことを表す．

以下では，この系の Schrödinger 方程式

$$\left\{ -\frac{\hbar^2}{2m}\frac{d^2}{dx^2} + V(x) \right\}\phi(x) = E\phi(x) \tag{3.50}$$

について，$E > V_0$ と $E < V_0$ の2つの場合に分けて考える．また，$x < 0$（x が負（Negative）の領域）と $x > 0$（x が正（Positive）の領域）での波動関数を各々 $\phi_{\mathrm{N}}(x)$ と $\phi_{\mathrm{P}}(x)$ で表すこととする．

3.3.1　$E > V_0$ の場合

(I) $x < 0$ の領域

$x < 0$ では，$V(x) = 0$ なので，Schrödinger 方程式は，

$$-\frac{\hbar^2}{2m}\frac{d^2}{dx^2}\phi_{\mathrm{N}}(x) = E\phi_{\mathrm{N}}(x) \tag{3.51}$$

となる．整理すると，

$$\frac{d^2}{dx^2}\phi_{\mathrm{N}}(x) + \frac{2mE}{\hbar^2}\phi_{\mathrm{N}}(x) = 0 \tag{3.52}$$

となるので，

$$k \equiv \frac{\sqrt{2mE}}{\hbar} > 0 \tag{3.53}$$

を定義すると，(3.52) の一般解は，3.1 節の計算と同様に，

$$\phi_{\mathrm{N}}(x) = ae^{ikx} + be^{-ikx} \tag{3.54}$$

で与えられる（a と b は任意複素定数）．3.2 節で見たように，e^{ikx} と e^{-ikx} は，各々，x 軸の正方向と負方向に運動量の大きさが $\hbar k$ で進む平面波を表す．今，

x 軸上の負の領域 $(x < 0)$ から正方向に向けて粒子を入射している場合を考えているので，(3.54) の第 1 項と第 2 項を各々**入射波**と**反射波**と呼ぶこととする．もちろん，入射波が存在することが前提となるので，$a \neq 0$ である．以降では，入射波の振幅に対する反射波の振幅の比を考えることにして，b の代わりに $\beta \equiv b/a$ $(a \neq 0)$ を用いて，以下のように表そう．

$$\phi_{\mathrm{N}}(x) = a(e^{ikx} + \beta e^{-ikx}) \tag{3.55}$$

(II) $x > 0$ **の領域**

$x > 0$ での Schrödinger 方程式は，

$$\left(-\frac{\hbar^2}{2m}\frac{d^2}{dx^2} + V_0 \right)\phi_{\mathrm{P}}(x) = E\phi_{\mathrm{P}}(x) \tag{3.56}$$

である．整理すると，

$$\frac{d^2}{dx^2}\phi_{\mathrm{P}}(x) + \frac{2m(E - V_0)}{\hbar^2}\phi_{\mathrm{P}}(x) = 0 \tag{3.57}$$

となるので，

$$k' \equiv \frac{\sqrt{2m(E - V_0)}}{\hbar} > 0 \tag{3.58}$$

を定義すると，(3.57) の一般解は，

$$\phi_{\mathrm{P}}(x) = ce^{ik'x} + de^{-ik'x} \tag{3.59}$$

で与えられる（c と d は任意複素定数）．(I) と同様に，$e^{ik'x}$ と $e^{-ik'x}$ は，各々，x 軸の正方向と負方向に運動量の大きさが $\hbar k'$ で進む平面波を表すが，今，x 軸上の負の領域 $(x < 0)$ から正方向に向けて粒子を入射している場合を考えているので，$x > 0$ の領域では x 軸の負方向に進む波は存在しない．つまり，$d = 0$ であることに相当する．これは一種の境界条件である．(I) と同様に c を a に対する比で表し，$\gamma \equiv c/a$ を用いて，

$$\phi_{\mathrm{P}}(x) = a\gamma e^{ik'x} \tag{3.60}$$

と表し，(3.60) を**透過波**と呼ぶこととする.

2.3.1 節で見たように，波動関数とその1階導関数は全領域で連続でなければならないので，$x < 0$ での $\phi_N(x)$ (3.55) と $x > 0$ での $\phi_P(x)$ (3.60) について，$x = 0$ でのそれらの値と1階微分係数が等しいという，次の条件 (3.61) が満たされる必要がある. このような条件を**接続条件**と呼ぶ.

$x = 0$ での接続条件

$$\begin{cases} \phi_N(0) = \phi_P(0) \\ \left.\dfrac{d\phi_N(x)}{dx}\right|_{x=0} = \left.\dfrac{d\phi_P(x)}{dx}\right|_{x=0} \end{cases} \tag{3.61}$$

$x < 0$ と $x > 0$ の各々で $x = 0$ での関数値や微分係数を考えると，

$$\phi_N(0) = a(e^{ikx} + \beta e^{-ikx})|_{x=0} = a(1 + \beta) \tag{3.62}$$

$$\left.\frac{d\phi_N(x)}{dx}\right|_{x=0} = a\left(ike^{ikx} + (-ik)\beta e^{-ikx}\right)|_{x=0} = ika(1 - \beta) \tag{3.63}$$

および，

$$\phi_P(0) = a\gamma e^{ik'x}|_{x=0} = a\gamma \tag{3.64}$$

$$\left.\frac{d\phi_P(x)}{dx}\right|_{x=0} = ik'a\gamma e^{ik'x}|_{x=0} = ik'a\gamma \tag{3.65}$$

となるので，(3.61) 式から，(3.62) と (3.64) を等置して両辺を $a \ (\neq 0)$ で割り，(3.63) と (3.65) を等置して両辺を $a \ (\neq 0)$ で割ることで，

$$\begin{cases} 1 + \beta = \gamma \\ ik(1 - \beta) = ik'\gamma \end{cases} \tag{3.66}$$

という連立方程式が導かれる. (3.66) の上式と下式を (A) と (B) とすれば，$ik' \times$(A) $-$ (B) から，

$$\beta = \frac{k - k'}{k + k'} \tag{3.67}$$

が得られ，$ik×(A) + (B)$ から，

$$\gamma = \frac{2k}{k + k'} \tag{3.68}$$

が得られる．

今考えている系の $x < 0$ の領域で，入射波 (incident wave) と反射波 (reflected wave) に対応する波動関数を，各々 $\phi_I(x)$ と $\phi_R(x)$ とすれば，

$$\phi_I(x) = ae^{ikx} \tag{3.69}$$

$$\phi_R(x) = a\beta e^{-ikx} \tag{3.70}$$

である．また，$x > 0$ の領域で，透過波 (transmitted wave) に対応する波動関数を，$\phi_T(x)$ とすれば，

$$\phi_T(x) = a\gamma e^{ik'x} \tag{3.71}$$

である．これらに対応する確率の流れ密度を，各々，$j_I(x)$，$j_R(x)$，$j_T(x)$ とすれば，(2.41) に従い，

$$j_I(x) = \frac{\hbar k}{m}|a|^2 \equiv j_I \tag{3.72}$$

$$j_R(x) = -\frac{\hbar k}{m}|a|^2|\beta|^2 \equiv j_R \tag{3.73}$$

$$j_T(x) = \frac{\hbar k'}{m}|a|^2|\gamma|^2 \equiv j_T \tag{3.74}$$

となることがわかる．(2.37) から，粒子の運動が1次元方向に限られている場合，定常状態では確率の流れ密度が定数となることに注意せよ．

入射波と反射波の運動量の大きさは $\hbar k$，透過波の運動量の大きさは $\hbar k'$ なので，3.2.1 節で述べたのと同様に，それらを質量 m で割った量を「速さ」と考えれば，入射波の確率の流れ密度は確率密度 $|a|^2$ が「速さ」$\hbar k/m$ で x 軸正方向へ，反射波の確率の流れ密度は確率密度 $|a|^2|\beta|^2$ が「速さ」$\hbar k/m$ で x 軸負方向へ，そして，透過波の確率の流れ密度は確率密度 $|a|^2|\gamma|^2$ が「速さ」$\hbar k'/m$ で x 軸正方向へ，各々進んでいると解釈できる．

問題 **3.6** (2.41) に従い，(3.72)，(3.73)，(3.74) を示せ．

― 反射率と透過率 ―

入射波の確率の流れ密度に対する，反射波や透過波の確率の流れ密度の比として，次式で反射率 R と透過率 T を定義する．

$$R \equiv \frac{|j_R|}{j_I} \tag{3.75}$$

$$T \equiv \frac{j_T}{j_I} \tag{3.76}$$

今の場合，(3.72) と (3.73) から，(3.67) を用いて，

$$R = \frac{|j_R|}{j_I} = |\beta|^2 = \left| \frac{k - k'}{k + k'} \right|^2 = \frac{(k - k')^2}{(k + k')^2} \tag{3.77}$$

が得られ，(3.72) と (3.74) から，(3.68) を用いて，

$$T = \frac{j_T}{j_I} = \frac{k'}{k} |\gamma|^2 = \frac{4kk'}{(k + k')^2} \tag{3.78}$$

が得られる．

古典力学では，階段型ポテンシャルの V_0 よりも大きなエネルギーを持って粒子が入射すれば，粒子は必ず透過し，反射することはない（透過率は 1 で，反射率は 0 となる）．しかし，(3.77) の結果は，$k' < k$ でさえあれば，すなわち，(3.58) より，V_0 が有限でさえあれば，$R > 0$ となり，反射率が有限となることを示している．つまり，量子力学では，V_0 よりも大きなエネルギー E を持った粒子もポテンシャルにより反射し得ることがわかる．

なお，2.3.1 節で見たように，ここで扱ったような散乱状態を表す波動関数については，(2.25) のような規格化条件は課されないが，入射粒子が消滅することはないことを反映して，反射率と透過率の和は常に 1 となる．実際，(3.77) と (3.78) から，$R + T = 1$ を示すことができる．これは，いわば，散乱状態についての規格化条件に相当するものである．当然，$V_0 \to 0$ の極限では $k' \to k$ であるので，

$$\begin{cases} R \to 0 \\ T \to 1 \end{cases} \tag{3.79}$$

となり，入射波が $x = 0$ の階段ポテンシャルで反射されず，すべて透過することが確認できる．

例題 **3.1**　(3.77) と (3.78) から，$R + T = 1$ を確かめよ．

解答　(3.77) と (3.78) より，

$$R + T = \frac{(k - k')^2}{(k + k')^2} + \frac{4kk'}{(k + k')^2} = \frac{k^2 - 2kk' + k'^2}{(k + k')^2} + \frac{4kk'}{(k + k')^2} = \frac{k^2 + 2kk' + k'^2}{(k + k')^2} = 1$$

となって，確かに，反射率と透過率の和は 1 となる．

3.3.2　$0 < E < V_0$ の場合

(I) $x < 0$ の領域

3.3.1 節の (I) と同じであるので，

$$\phi_{\mathrm{N}}(x) = a(e^{ikx} + \beta e^{-ikx}) \tag{3.80}$$

を得る（$a\ (\neq 0)$ と β は任意複素定数）．

(II) $x > 0$ の領域

$x > 0$ での Schrödinger 方程式は，

$$\left(-\frac{\hbar^2}{2m}\frac{d^2}{dx^2} + V_0 \right)\phi_{\mathrm{P}}(x) = E\phi_{\mathrm{P}}(x) \tag{3.81}$$

である．$V_0 > E$ に注意して整理すると，

$$\frac{d^2}{dx^2}\phi_{\mathrm{P}}(x) - \frac{2m(V_0 - E)}{\hbar^2}\phi_{\mathrm{P}}(x) = 0 \tag{3.82}$$

となる．ここで，

$$\kappa \equiv \frac{\sqrt{2m(V_0 - E)}}{\hbar} > 0 \tag{3.83}$$

を定義すると（$V_0 - E > 0$ に注意せよ），(3.82) の一般解は，

$$\phi_{\mathrm{P}}(x) = ce^{\kappa x} + de^{-\kappa x} \tag{3.84}$$

で与えられる（c と d は任意複素定数）．3.3.1節の (II) と状況が異なり，$V_0 - E > 0$ であるので，(3.59) とは関数の形が異なることに注意せよ．

(3.84) は，$x > 0$ の領域での波動関数であるが，$x \to \infty$ の極限では，$c \neq 0$ ならば (3.84) の第1項が発散してしまう．波動関数の絶対値の2乗が確率密度であることを考えると，確率密度が $x \to \infty$ の極限で発散することは物理的に許されず，$c \neq 0$ ならば第1項は波動関数として不適である．つまり，(3.84) が $x \to \infty$ の極限で発散せず，波動関数として許されるためには，$c = 0$ でなければならない．これも境界条件の一種と考えることができる．3.3.1節の (II) と同様に d を a に対する比で表し，$\delta \equiv d/a$ $(a \neq 0)$ を用いて，

$$\phi_{\mathrm{P}}(x) = a\delta e^{-\kappa x} \tag{3.85}$$

と表す．(3.85) は振動波を表す関数ではないが，便宜上，(3.85) も透過波と呼ぶ．

問題 3.7 (3.82) が線型2階定係数斉次常微分方程式であることに注意して，その一般解を求め，一般解が (3.84) で表されることを確かめよ．
[ヒント：対応する特性方程式を作り，3.3.1節の (II) と状況が異なることに注意せよ．]

3.3.1節で説明した $x = 0$ での接続条件 (3.61) に従って，$x < 0$ と $x > 0$ の各々で $x = 0$ での関数値や微分係数を考えると，

$$\phi_{\mathrm{N}}(0) = a(e^{ikx} + \beta e^{-ikx})|_{x=0} = a(1 + \beta) \tag{3.86}$$

$$\left.\frac{d\phi_{\mathrm{N}}(x)}{dx}\right|_{x=0} = a\left(ike^{ikx} + (-ik)\beta e^{-ikx}\right)|_{x=0} = ika(1 - \beta) \tag{3.87}$$

および，

$$\phi_{\mathrm{P}}(0) = a\delta e^{-\kappa x}|_{x=0} = a\delta \tag{3.88}$$

$$\left.\frac{d\phi_P(x)}{dx}\right|_{x=0} = -\kappa a\delta e^{-\kappa x}|_{x=0} = -\kappa a\delta \tag{3.89}$$

となるので, (3.61) 式から, (3.66) の導出と同様にして,

$$\begin{cases} 1 + \beta = \delta \\ ik(1 - \beta) = -\kappa\delta \end{cases} \tag{3.90}$$

という連立方程式が導かれる. (3.90) の上式と下式を各々 (A) と (B) とすれば, $k\times(A) -i\times(B)$ から,

$$\delta = \frac{2k}{k + i\kappa} \tag{3.91}$$

が得られ, (3.91) を (A) に代入して,

$$\beta = \frac{k - i\kappa}{k + i\kappa} \tag{3.92}$$

が得られる.

　3.3.1 節と同様に確率の流れ密度を定義すると, $x < 0$ の領域では, 3.3.1 節と同じなので,

$$j_I = \frac{\hbar k}{m}|a|^2 \tag{3.93}$$

$$j_R = -\frac{\hbar k}{m}|a|^2|\beta|^2 \tag{3.94}$$

となる. $x > 0$ の領域では, $\phi_T(x) = a\delta e^{-\kappa x}$ とすると,

$$j_T = 0 \tag{3.95}$$

となり, 透過波の確率の流れ密度は存在しない. 反射率 R は, (3.92) を用いて,

$$R = \frac{|j_R|}{j_I} = |\beta|^2 = \left|\frac{k - i\kappa}{k + i\kappa}\right|^2 = \left(\frac{k - i\kappa}{k + i\kappa}\right)^* \left(\frac{k - i\kappa}{k + i\kappa}\right) = 1 \tag{3.96}$$

となる. 一方, $j_T = 0$ なので,

$$T = \frac{j_T}{j_I} = 0 \tag{3.97}$$

と，透過率 T も0となる．当然だが，$R + T = 1$ は満たされている．

問題 3.8 (3.95) を示せ．

以下で行う確率密度の計算のため，複素数 $k + i\kappa$ を極表示しておこう（図3.4）．

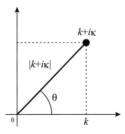

図 3.4 $k + i\kappa$ の極表示

$$k + i\kappa = |k + i\kappa|e^{i\theta} = \sqrt{k^2 + \kappa^2}\,e^{i\theta} \tag{3.98}$$

$$k - i\kappa = (k + i\kappa)^* = \sqrt{k^2 + \kappa^2}\,e^{-i\theta} \tag{3.99}$$

$$\cos\theta = \frac{k}{\sqrt{k^2 + \kappa^2}} \tag{3.100}$$

$$\sin\theta = \frac{\kappa}{\sqrt{k^2 + \kappa^2}} \tag{3.101}$$

ここで，位相 θ は，$k > 0$ かつ $\kappa > 0$ より，$0 < \theta < \pi/2$ の領域に限られる．この極表示を用いれば，(3.92) と (3.91) の β と δ は，

$$\beta = e^{-2i\theta} \tag{3.102}$$

$$\delta = 2\cos\theta\,e^{-i\theta} \tag{3.103}$$

と表される．

問題 3.9 (3.102) と (3.103) を示せ．

$x < 0$ と $x > 0$ の領域での確率密度を各々 $\rho_{\mathrm{N}}(x)$ と $\rho_{\mathrm{P}}(x)$ とすれば，

$$\rho_{\mathrm{N}}(x) = |\phi_{\mathrm{N}}(x)|^2 \tag{3.104}$$

$$\rho_{\mathrm{P}}(x) = |\phi_{\mathrm{P}}(x)|^2 \tag{3.105}$$

(3.80) と (3.85) から，β と δ の極表示 (3.102) と (3.103) を用いると，$\rho_{\mathrm{N}}(x)$ と $\rho_{\mathrm{P}}(x)$ は，

$$\begin{aligned}
\rho_{\mathrm{N}}(x) &= a^*(e^{-ikx} + \beta^* e^{ikx})a(e^{ikx} + \beta e^{-ikx}) \\
&= 2|a|^2\{1 + \cos(2(kx + \theta))\} \tag{3.106} \\
\rho_{\mathrm{P}}(x) &= (a\delta e^{-\kappa x})^*(a\delta e^{-\kappa x}) = |a|^2|\delta|^2 e^{-2\kappa x} \\
&= 2|a|^2(1 + \cos(2\theta))e^{-2\kappa x} \tag{3.107}
\end{aligned}$$

と表される．$\rho_{\mathrm{N}}(x)$ は周期 π/k の振動関数で，$x = x_n = -((n - 1/2)\pi + \theta)/k$ $(n \in \mathbb{N})$ の点で 0 となる．一方，$\rho_{\mathrm{P}}(x)$ は，$x \gg 1/(2\kappa)$ で $\rho_{\mathrm{P}}(x) \simeq 0$ と見做せる指数関数型減衰関数である．$x = 0$ での接続条件を満たすように構成された波動関数を用いているので，当然ながら，確かに

$$\rho_{\mathrm{N}}(0) = \rho_{\mathrm{P}}(0) \tag{3.108}$$

$$\left.\frac{d\rho_{\mathrm{N}}(x)}{dx}\right|_{x=0} = \left.\frac{d\rho_{\mathrm{P}}(x)}{dx}\right|_{x=0} \tag{3.109}$$

となっていることがわかる．図 3.5 に，ポテンシャル V_0 に対する入射エネルギー E の比を変化させた場合の確率密度 $\rho(x)$ のグラフを示す（横軸を $\kappa_0 x$ （$\kappa_0 \equiv \sqrt{2mV_0}/\hbar$）にとり，$|a|^2 = 1$ として描いた）．

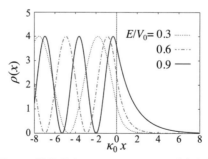

図 3.5 階段型ポテンシャルにおける確率密度

古典力学では，$E < V_0$ であれば，粒子は $x > 0$ の領域には存在することがないが，量子力学的には，図 3.5 で示したように，たとえ $E < V_0$ であっても，$x > 0$ での粒子の存在確率が有限になる．これを「壁の中への浸み込み」と表現することもある．図 3.5 から，入射エネルギー E が大きくなり，V_0 に近づくと「浸み込み」が深くなることがわかる．また，E が大きくなると $x < 0$ の領域での振動関数の周波数も大きくなるのは，波動関数の空間変化の大きさが運動量（運動エネルギー）に対応していることの反映といえる．

> **問題 3.10**　(3.106) と (3.107) を示せ．

3.4 トンネル効果

以下のような $0 \le x \le d$ の領域に一定の大きさ V_0 を持つポテンシャル $V(x)$ 内で，$x < 0$ の領域から x 軸の正方向に向けて質量 m の粒子を入射した場合を考える．つまり，「厚さ」d で「高さ」V_0 のポテンシャルの「壁」に向かって粒子が入射している散乱状態を取り扱う（図 3.6）．

$$V(x) = \begin{cases} 0 & (x < 0, x > d) \\ V_0 & (0 \le x \le d) \end{cases} \tag{3.110}$$

ただし，$V_0 > 0$ とする．

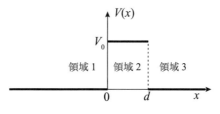

図 3.6　ポテンシャルの「壁」

以下では，$x < 0$ を領域 1，$0 \le x \le d$ を領域 2，$x > d$ を領域 3 として，各領域での波動関数を，各々，$\phi_1(x)$，$\phi_2(x)$，$\phi_3(x)$ とする．粒子のエネルギー E が $0 < E < V_0$ となる場合を考えて，3.3 節と同様に各領域で Schrödinger 方程式の

一般解を求めよう. 領域 1 と領域 3 では $V(x) = 0$ であるので,

$$k \equiv \frac{\sqrt{2mE}}{\hbar} > 0 \tag{3.111}$$

を用いれば, その一般解は (3.54) と同じ形に表される. また, 領域 2 では $V(x) = V_0$ であり,

$$\kappa \equiv \frac{\sqrt{2m(V_0 - E)}}{\hbar} > 0 \tag{3.112}$$

を用いれば, その一般解は (3.84) と同じ形に表される. 3.3 節で行ったのと同様に, 入射波の振幅に対する比を用いて各領域の波動関数の一般解を表せば,

$$\phi_1(x) = a(e^{ikx} + \beta e^{-ikx}) \tag{3.113}$$

$$\phi_2(x) = a(\gamma e^{\kappa x} + \delta e^{-\kappa x}) \tag{3.114}$$

$$\phi_3(x) = a(\varepsilon' e^{ikx} + \zeta e^{-ikx}) \tag{3.115}$$

となる ($a \; (\neq 0)$, β, γ, δ, ε', ζ は任意複素定数). $x < 0$ の領域から x 軸の正方向に向けて粒子が入射している状況は 3.3 節と同様であり, (3.60) を導いたのと同じ理由によって, $\zeta = 0$ でなければならない. さらに, $x = d$ での接続条件を簡易にするため, 新たな任意複素定数 ε を用いて, $\varepsilon' = \varepsilon e^{-ikd}$ とすると, (3.115) は,

$$\phi_3(x) = a\varepsilon e^{ik(x-d)} \tag{3.116}$$

となる.

$x = 0$ での接続条件は,

$$\begin{cases} \phi_1(0) = \phi_2(0) \\ \left. \dfrac{d\phi_1(x)}{dx} \right|_{x=0} = \left. \dfrac{d\phi_2(x)}{dx} \right|_{x=0} \end{cases} \tag{3.117}$$

であるので, 領域 1 と領域 2 の各々で $x = 0$ での関数値や微分係数を考えると,

$$\phi_1(0) = a(e^{ikx} + \beta e^{-ikx}) \Big|_{x=0} = a(1 + \beta) \tag{3.118}$$

$$\frac{d\phi_1(x)}{dx}\bigg|_{x=0} = a\left(ike^{ikx} + (-ik)\beta e^{-ikx}\right)|_{x=0} = ika(1-\beta) \tag{3.119}$$

および，

$$\phi_2(0) = a(\gamma e^{\kappa x} + \delta e^{-\kappa x})\Big|_{x=0} = a(\gamma + \delta) \tag{3.120}$$

$$\frac{d\phi_2(x)}{dx}\bigg|_{x=0} = a(\kappa\gamma e^{\kappa x} + (-\kappa)\delta e^{-\kappa x})\Big|_{x=0} = \kappa a(\gamma - \delta) \tag{3.121}$$

となるので，$a \neq 0$ に注意すれば，(3.117) 式から

$$\begin{cases} 1 + \beta = \gamma + \delta \\ ik(1 - \beta) = \kappa(\gamma - \delta) \end{cases} \tag{3.122}$$

という連立方程式が導かれる．(3.122) の上式と下式を (A) と (B) とすれば，$ik\times$(A) + (B) から，

$$(ik + \kappa)\gamma + (ik - \kappa)\delta = 2ik \tag{3.123}$$

が得られる．

　一方，$x = d$ での接続条件は，

$$\begin{cases} \phi_2(d) = \phi_3(d) \\ \dfrac{d\phi_2(x)}{dx}\bigg|_{x=d} = \dfrac{d\phi_3(x)}{dx}\bigg|_{x=d} \end{cases} \tag{3.124}$$

であるので，領域2と領域3の各々で $x = d$ での関数値や微分係数を考えると，

$$\phi_2(d) = a(\gamma e^{\kappa x} + \delta e^{-\kappa x})\Big|_{x=d} = a(\gamma e^{\kappa d} + \delta e^{-\kappa d}) \tag{3.125}$$

$$\frac{d\phi_2(x)}{dx}\bigg|_{x=d} = a(\kappa\gamma e^{\kappa x} + (-\kappa)\delta e^{-\kappa x})\Big|_{x=d} = a(\kappa\gamma e^{\kappa d} - \kappa\delta e^{-\kappa d}) \tag{3.126}$$

および，

$$\phi_3(d) = a\varepsilon e^{ik(x-d)}|_{x=d} = a\varepsilon \tag{3.127}$$

$$\frac{d\phi_3(x)}{dx}\bigg|_{x=d} = ika\varepsilon e^{ik(x-d)}\big|_{x=d} = ika\varepsilon \tag{3.128}$$

となるので，(3.122) の導出と同様にして，(3.124) 式から

$$\begin{cases} \gamma e^{\kappa d} + \delta e^{-\kappa d} = \varepsilon \\ \kappa(\gamma e^{\kappa d} - \delta e^{-\kappa d}) = ik\varepsilon \end{cases} \tag{3.129}$$

という連立方程式が導かれる．(3.129) の上式と下式を (C) と (D) とすれば，$ik\times$(C) $-$ (D) から，

$$(ik - \kappa)\gamma e^{\kappa d} + (ik + \kappa)\delta e^{-\kappa d} = 0 \tag{3.130}$$

が得られる．

(3.123) と (3.130) の連立方程式を行列で表すと，次式となる．

$$\begin{pmatrix} ik + \kappa & ik - \kappa \\ (ik - \kappa)e^{\kappa d} & (ik + \kappa)e^{-\kappa d} \end{pmatrix} \begin{pmatrix} \gamma \\ \delta \end{pmatrix} = 2ik \begin{pmatrix} 1 \\ 0 \end{pmatrix} \tag{3.131}$$

逆行列を用いて (3.131) を γ と δ について解けば，

$$\begin{pmatrix} \gamma \\ \delta \end{pmatrix} = \frac{2ik}{(ik + \kappa)^2 e^{-\kappa d} - (ik - \kappa)^2 e^{\kappa d}} \begin{pmatrix} (\kappa + ik)e^{-\kappa d} & \kappa - ik \\ (\kappa - ik)e^{\kappa d} & \kappa + ik \end{pmatrix} \begin{pmatrix} 1 \\ 0 \end{pmatrix} \tag{3.132}$$

ここで，(3.132) 右辺の分母を双曲線関数を用いて書き換えると，

$$(ik+\kappa)^2 e^{-\kappa d} - (ik-\kappa)^2 e^{\kappa d} = 2\{(k^2 - \kappa^2)\sinh(\kappa d) + 2ik\kappa\cosh(\kappa d)\} \tag{3.133}$$

となること，また，$2ik(\kappa \pm ik)e^{\mp\kappa d} = 2k(i\kappa \mp k)e^{\mp\kappa d}$ （複号同順）となることに注意すれば，(3.132) は，

$$\begin{pmatrix} \gamma \\ \delta \end{pmatrix} = \frac{k}{D} \begin{pmatrix} (i\kappa - k)e^{-\kappa d} \\ (i\kappa + k)e^{\kappa d} \end{pmatrix} \tag{3.134}$$

$$D = (k^2 - \kappa^2)\sinh(\kappa d) + 2ik\kappa\cosh(\kappa d) \tag{3.135}$$

となる. (3.134) を (3.122) の (A) に代入すれば, β が

$$\beta = \frac{(k^2 + \kappa^2)\sinh(\kappa d)}{D} \tag{3.136}$$

と求められる. また, (3.129) の (C) に代入すれば, ε が

$$\varepsilon = \frac{2ik\kappa}{D} \tag{3.137}$$

と求められる.

$\boxed{\text{問題 3.11}}$ (3.133) を示せ.

3.3 節と同様に, 入射波, 反射波, 透過波の波動関数を, 各々 $\phi_{\mathrm{I}}(x)$, $\phi_{\mathrm{R}}(x)$, $\phi_{\mathrm{T}}(x)$ とすれば,

$$\phi_{\mathrm{I}}(x) = a e^{ikx} \tag{3.138}$$

$$\phi_{\mathrm{R}}(x) = a\beta e^{-ikx} \tag{3.139}$$

$$\phi_{\mathrm{T}}(x) = a\varepsilon' e^{ikx} = a\varepsilon e^{ik(x-d)} \tag{3.140}$$

であり, 対応する確率の流れ密度は, (3.72), (3.73), (3.74) と同様に計算できて,

$$j_{\mathrm{I}} = \frac{\hbar k}{m}|a|^2 \tag{3.141}$$

$$j_{\mathrm{R}} = -\frac{\hbar k}{m}|a|^2|\beta|^2 \tag{3.142}$$

$$j_{\mathrm{T}} = \frac{\hbar k}{m}|a|^2|\varepsilon'|^2 = \frac{\hbar k}{m}|a|^2|\varepsilon|^2 \tag{3.143}$$

となることがわかる. これらを用いれば, 反射率 R と透過率 T は各々,

$$R = \frac{|j_{\mathrm{R}}|}{j_{\mathrm{I}}} = |\beta|^2 = \left|\frac{(k^2 + \kappa^2)\sinh(\kappa d)}{D}\right|^2 = \frac{(k^2 + \kappa^2)^2\sinh^2(\kappa d)}{|D|^2} \tag{3.144}$$

$$T = \frac{j_{\mathrm{T}}}{j_{\mathrm{I}}} = |\varepsilon|^2 = \left|\frac{2ik\kappa}{D}\right|^2 = \frac{4k^2\kappa^2}{|D|^2} \tag{3.145}$$

と表される. ここで, 各式最右辺分母の $|D|^2$ が,

$$|D|^2 = D^* D = 4k^2\kappa^2 + (k^2 + \kappa^2)^2 \sinh^2(\kappa d) \tag{3.146}$$

と表されることを用いれば, 最終的に

$$R = \frac{(k^2 + \kappa^2)^2 \sinh^2(\kappa d)}{4k^2\kappa^2 + (k^2 + \kappa^2)^2 \sinh^2(\kappa d)} \tag{3.147}$$

$$T = \frac{4k^2\kappa^2}{4k^2\kappa^2 + (k^2 + \kappa^2)^2 \sinh^2(\kappa d)} \tag{3.148}$$

と, R と T を k と κ を用いて表すことができる. (3.147) と (3.148) から, 散乱状態の規格化条件に相当する $R + T = 1$ が満たされていることが確かめられる.

透過率を, 入射エネルギー E の V_0 に対する比 $\tilde{E} \equiv E/V_0$ を用いて表そう. (3.148) の分母と分子を $4k^2\kappa^2$ で割って,

$$\frac{(k^2 + \kappa^2)^2}{4k^2\kappa^2} = \frac{V_0^2}{4E(V_0 - E)} = \frac{1}{4\tilde{E}(1 - \tilde{E})} \tag{3.149}$$

と表し, 3.3節の図3.5で定義した

$$\kappa_0 = \frac{\sqrt{2mV_0}}{\hbar} \tag{3.150}$$

を用いて,

$$\kappa d = \sqrt{\frac{2mV_0}{\hbar^2}\left(1 - \frac{E}{V_0}\right)}d = \kappa_0 d\sqrt{1 - \tilde{E}} \tag{3.151}$$

と表されることに注意すれば,

$$T = \frac{1}{1 + \dfrac{1}{4\tilde{E}(1 - \tilde{E})}\sinh^2(\kappa_0 d\sqrt{1 - \tilde{E}})} \tag{3.152}$$

と表されることがわかる.

　問題 3.12　　(3.148) に (3.149) と (3.151) を用いることで，(3.152) を示せ．

　古典力学では，$E < V_0$ のエネルギーで入射した粒子は，$x > d$ の領域への透過率は 0 であり，ポテンシャルの「壁」を透過することはあり得ない．しかし，量子力学では，(3.152) の結果から，たとえ，$\tilde{E} < 1$，すなわち，$E < V_0$ であっても，入射粒子の $x > d$ の領域への透過率 T は有限であり，0 でないことがわかる．この状況は，まるで入射粒子がポテンシャルの「壁」のトンネルを通り抜けているかのように見做せるので，**トンネル効果**とも呼ばれる．

　(3.134)〜(3.137) の $\beta, \gamma, \delta, \varepsilon$ の各係数を (3.113)，(3.114)，(3.116) の波動関数 $\phi_1(x), \phi_2(x), \phi_3(x)$ に代入すれば，それらの絶対値の 2 乗から，確率密度 $\rho(x)$

$$
\rho(x) = \begin{cases}
|\phi_1(x)|^2 = |a|^2(1 + 2\mathrm{Re}(\beta e^{-2ikx}) + |\beta|^2) & (x < 0) \\
|\phi_2(x)|^2 = |a|^2(|\gamma|^2 e^{2\kappa x} + 2\mathrm{Re}(\gamma^*\delta) + |\delta|^2 e^{-2\kappa x}) & (0 \le x \le d) \\
|\phi_3(x)|^2 = |a|^2|\varepsilon|^2 & (x > 0)
\end{cases}
$$

が計算できる．

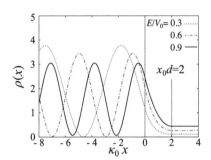

　図 3.7　$\kappa_0 d = 2$ の場合のトンネル効果における確率密度

　図 3.7 に，「壁」の厚さ d について $\kappa_0 d = 2$ としたときの，いくつかの $\tilde{E} = E/V_0$ の値に対する確率密度 $\rho(x)$ のグラフを示す（横軸を $\kappa_0 x$ にとり，$|a|^2 = 1$ として描いた）．入射エネルギーの V_0 に対する比 $\tilde{E} = E/V_0$ が 1 より小さくても，$x > d$ の領域に有限の確率密度が存在することがわかる．$\tilde{E}$ が大きいと，$x > d$ の領域に存在する確率密度も大きくなる．$\tilde{E}$ が大きいと，$x < 0$ での確率密度の振動の周波数（空間変化）が大きくなるのは，3.3 節の図 3.5 と同様である．

3.5 井戸型ポテンシャル

以下のようなポテンシャル $V(x)$ 内で $0 < E < V_0$ のエネルギー E を持つ質量 m の粒子の運動を考える.

$$V(x) = \begin{cases} 0 & (|x| \leq a) \\ V_0 & (|x| > a) \end{cases} \tag{3.153}$$

ここで, $V_0 > 0$, $a > 0$ である (図3.8). このようなポテンシャルを**井戸型ポテ**

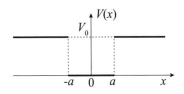

図3.8 井戸型ポテンシャル

ンシャルと呼ぶことがある.

エネルギー E が $0 < E < V_0$ であるので, 古典力学的には, $|x| \leq a$ の範囲のポテンシャルの「井戸」に粒子が閉じ込められることになる. その意味で, 系は束縛状態にあり, 束縛状態を表す波動関数 $\phi(x)$ は規格化が可能でなければならないので,

$$\lim_{x \to \pm\infty} \phi(x) = 0 \tag{3.154}$$

の境界条件を満たす必要がある.

(3.153) で定義されるポテンシャル $V(x)$ を持つ Schrödinger 方程式の解を考える際に指針となる定理がある.

> **── 波動関数の偶奇 (パリティ) についての定理 ──**
> 一般に, ポテンシャル $V(x)$ が偶関数であるとき $(V(-x) = V(x))$, Schrödinger 方程式を満たす波動関数 $\phi(x)$ を, $\phi(-x) = \phi(x)$ となる偶関数か, $\phi(-x) = -\phi(x)$ となる奇関数に分類することができる (偶関数でも奇関数でもない波動関数から, 必ず, 偶関数か奇関数を構成できる).

(証明) まず，$V(-x) = V(x)$ となる偶関数のポテンシャルを持つ Schrödinger 方程式を満たす波動関数 $\phi(x)$ について，変数 x の符号を反転させた $\phi(-x)$ も，同じ Schrödinger 方程式を満たすことを示そう．$\phi(x)$ についての Schrödinger 方程式

$$\left(-\frac{\hbar^2}{2m}\frac{d^2}{dx^2} + V(x)\right)\phi(x) = E\phi(x) \tag{3.155}$$

の変数 x を $\tilde{x} \equiv -x$ に変換すると，$d/dx = -d/d\tilde{x}$，$d^2/dx^2 = d^2/d\tilde{x}^2$ であり，$V(x) = V(-\tilde{x}) = V(\tilde{x})$ なので，

$$\left(-\frac{\hbar^2}{2m}\frac{d^2}{d\tilde{x}^2} + V(\tilde{x})\right)\phi(-\tilde{x}) = E\phi(-\tilde{x}) \tag{3.156}$$

となる．(3.155) と (3.156) は同じ方程式であり，$\phi(x)$ と $\phi(-x)$ が同じ方程式を満たすことがわかる．ここで，$\phi(x)$ と $\phi(-x)$ が解であれば，重ね合わせの原理から，それらの和

$$\phi_{\text{even}}(x) \equiv \phi(x) + \phi(-x) \tag{3.157}$$

や差

$$\phi_{\text{odd}}(x) \equiv \phi(x) - \phi(-x) \tag{3.158}$$

も同じ Schrödinger 方程式の解である（ここでは波動関数の規格化は本質的でないので省いている）．このとき，$\phi_{\text{even}}(-x) = \phi_{\text{even}}(x)$ であり，$\phi_{\text{odd}}(-x) = -\phi_{\text{odd}}(x)$ であるので，必ず，偶関数のポテンシャルを持つ Schrödinger 方程式の解から偶関数 $\phi_{\text{even}}(x)$ か奇関数 $\phi_{\text{odd}}(x)$ の解を構成できることがわかる．もちろん，(3.155) の $\phi(x)$ が元々偶関数であれば，$\phi_{\text{even}}(x) = \phi(x)$ で $\phi_{\text{odd}}(x) = 0$ であり，奇関数であれば，$\phi_{\text{odd}}(x) = \phi(x)$ で $\phi_{\text{even}}(x) = 0$ である．　□

ここで扱う井戸型ポテンシャル (3.153) は偶関数であるので，以下では波動関数を偶関数・奇関数に場合分けして考えよう．

3.5.1　偶関数の場合

(I) $|x| \leq a$ の領域

$|x| \leq a$ の領域(「井戸」の中: "in")での波動関数を $\phi_{\text{in}}(x)$ と表そう.この領域では,$V(x) = 0$ なので,Schrödinger 方程式は,

$$-\frac{\hbar^2}{2m}\frac{d^2}{dx^2}\phi_{\text{in}}(x) = E\phi_{\text{in}}(x) \tag{3.159}$$

となり,3.3節の (3.53) と同様に k を定義することで,一般解を,

$$\phi_{\text{in}}(x) = A_1 e^{ikx} + A_2 e^{-ikx} \tag{3.160}$$

で表すことができる(A_1 と A_2 は任意複素定数).偶関数を考えているので,$\phi_{\text{in}}(-x) = \phi_{\text{in}}(x)$ であるためには,$A_1 = A_2$ であり,その共通の定数を $A/2$ とすると,$\phi_{\text{in}}(x)$ は,

$$\phi_{\text{in}}(x) = A\cos kx \tag{3.161}$$

(A は任意複素定数)と表される.

(II) $|x| > a$ **の領域**

$|x| > a$ の領域(「井戸」の外: "out")での波動関数を $\phi_{\text{out}}(x)$ と表そう.この領域では,$V(x) = V_0$ なので,Schrödinger 方程式は,

$$\left(-\frac{\hbar^2}{2m}\frac{d^2}{dx^2} + V_0\right)\phi_{\text{out}}(x) = E\phi_{\text{out}}(x) \tag{3.162}$$

となり,3.3節の (3.83) と同様に,$V_0 > E$ に注意して,κ を定義することで,一般解を,

$$\phi_{\text{out}}(x) = B_1 e^{\kappa x} + B_2 e^{-\kappa x} \tag{3.163}$$

で表すことができる(B_1 と B_2 は任意複素定数).

3.3.2節の (II) で注意したように,波動関数の絶対値の2乗は確率密度であるので,波動関数は発散してはいけない.$|x| > a$ の領域を,x の正負により,$x < -a$ と $x > a$ に分けて考えると,$x < -a$ では,$B_2 \neq 0$ ならば,$x \to -\infty$ で波動関数が発散してしまい,物理的に不適である.つまり,$\phi_{\text{out}}(x)$ が $x \to -\infty$ で発散せず,波動関数として許されるためには,$x < -a$ では $B_2 = 0$ でなければならない.すなわち,

$$\phi_{\text{out}}(x) = B_1 e^{\kappa x} \quad (x < -a) \tag{3.164}$$

となる．同様に，$x > a$ では，$B_1 \neq 0$ ならば，$x \to +\infty$ で波動関数が発散してしまい，物理的に不適であるので，$\phi_{\mathrm{out}}(x)$ が $x \to +\infty$ で発散せず，波動関数として許されるためには，$x > a$ では $B_1 = 0$ でなければならない．すなわち，

$$\phi_{\mathrm{out}}(x) = B_2 e^{-\kappa x} \quad (x > a) \tag{3.165}$$

となる．

(3.164) と (3.165) をまとめると，

$$\phi_{\mathrm{out}}(x) = \begin{cases} B_1 e^{\kappa x} & (x < -a) \\ B_2 e^{-\kappa x} & (x > a) \end{cases} \tag{3.166}$$

となる．偶関数を考えているので，$\phi_{\mathrm{out}}(-x) = \phi_{\mathrm{out}}(x)$ であるためには，$B_1 = B_2$ であり，その共通の複素定数を B' とすると，

$$\phi_{\mathrm{out}}(x) = \begin{cases} B' e^{\kappa x} & (x < -a) \\ B' e^{-\kappa x} & (x > a) \end{cases} \tag{3.167}$$

と表される．さらに，$x = \pm a$ での接続条件を簡易にするため，新たな任意複素定数 B を用いて，$B' = B e^{\kappa a}$ とすると，(3.167) は，

$$\phi_{\mathrm{out}}(x) = \begin{cases} B e^{\kappa(x+a)} & (x < -a) \\ B e^{-\kappa(x-a)} & (x > a) \end{cases} \tag{3.168}$$

となる．

$x = a$ での接続条件は，

$$\begin{cases} \phi_{\mathrm{in}}(a) = \phi_{\mathrm{out}}(a) \\ \left. \dfrac{d\phi_{\mathrm{in}}(x)}{dx} \right|_{x=a} = \left. \dfrac{d\phi_{\mathrm{out}}(x)}{dx} \right|_{x=a} \end{cases} \tag{3.169}$$

であるので，$\phi_{\mathrm{in}}(x)$ と $\phi_{\mathrm{out}}(x)$ の各々で $x = a$ での関数値や微分係数を考えると，

$$\phi_{\mathrm{in}}(a) = \left. A\cos kx \right|_{x=a} = A\cos ka \tag{3.170}$$

$$\frac{d\phi_{\mathrm{in}}(x)}{dx}\bigg|_{x=a} = -Ak\sin kx|_{x=a} = -Ak\sin ka \qquad (3.171)$$

および,

$$\phi_{\mathrm{out}}(a) = Be^{-\kappa(x-a)}\bigg|_{x=a} = B \qquad (3.172)$$

$$\frac{d\phi_{\mathrm{out}}(x)}{dx}\bigg|_{x=a} = -\kappa B\, e^{-\kappa(x-a)}\bigg|_{x=a} = -\kappa B \qquad (3.173)$$

となる ($x = -a$ での接続条件もまったく同じになる). したがって, (3.169) 式から

$$\begin{cases} A\cos ka - B = 0 \\ -Ak\sin ka + \kappa B = 0 \end{cases} \qquad (3.174)$$

という連立方程式が導かれる. (3.174) を行列で表すと, 次式となる.

$$\begin{pmatrix} \cos ka & -1 \\ -k\sin ka & \kappa \end{pmatrix} \begin{pmatrix} A \\ B \end{pmatrix} = \begin{pmatrix} 0 \\ 0 \end{pmatrix}$$

左辺の 2×2 行列を $\hat{M}$ とする. $\hat{M}$ の逆行列 $\hat{M}^{-1}$ が存在してしまうと,

$$\begin{pmatrix} A \\ B \end{pmatrix} = \hat{M}^{-1} \begin{pmatrix} 0 \\ 0 \end{pmatrix} = \begin{pmatrix} 0 \\ 0 \end{pmatrix}$$

となり, $A = B = 0$, すなわち, 任意の x に対して, $\phi_{\mathrm{in}}(x) = 0$ かつ $\phi_{\mathrm{out}}(x) = 0$ となって不適である (全領域で粒子の存在確率が 0 となる). したがって, $\hat{M}$ の逆行列は存在せず, 行列式 $\det \hat{M}$ について,

$$\det \hat{M} = \begin{vmatrix} \cos ka & -1 \\ -k\sin ka & \kappa \end{vmatrix} = 0$$

である. つまり,

$$\kappa\cos ka - k\sin ka = 0$$

であり，上式の両辺を，$\cos ka \neq 0$ で割って整理すれば，

$$\kappa = k \tan ka \tag{3.175}$$

という条件が得られる．

一方，

$$\begin{cases} k^2 = \dfrac{2mE}{\hbar^2} \\ \kappa^2 = \dfrac{2m(V_0 - E)}{\hbar^2} \end{cases}$$

より，(3.150) で定義される κ_0 を用いれば，

$$k^2 + \kappa^2 = \frac{2mV_0}{\hbar^2} = \kappa_0^2 \tag{3.176}$$

である．$ka \equiv \xi,\ \kappa a \equiv \eta$ を定義すると，(3.175) と (3.176) から，

$$\begin{cases} \eta = \xi \tan \xi \\ \xi^2 + \eta^2 = (\kappa_0 a)^2 \end{cases} \tag{3.177}$$

という連立方程式が得られる．(3.177) の下段は，$(\xi, \eta) = (0, 0)$ の原点を中心とする，半径 $\kappa_0 a$ の円の方程式となっている．

連立方程式の解は，$\xi = ka > 0$ および $\eta = \kappa a > 0$ の ξ-η 平面上の第 1 象限内で (3.177) が表す 2 つのグラフの交点として与えられる．境界条件を満たす束縛状態を表す解として，許される k，すなわち，許される E は，このグラフの交点から決まり，その E が離散的なエネルギー固有値を与える．図 3.9 は，ξ-η 平面上の第 1 象限内の $\eta = \xi \tan \xi$ のグラフと，$\kappa_0 a = 6$ としたときの $\xi^2 + \eta^2 = (\kappa_0 a)^2$ のグラフである．この場合，グラフの交点を表す点が 2 つあり，各々の ξ の値を ξ_1 と ξ_2 とすれば，対応する k の値は，$k_1 = \xi_1/a$ と $k_2 = \xi_2/a$ で与えられ，対応する固有エネルギー E_1 と E_2 が，

$$E_n = \frac{\hbar^2 k_n^2}{2m} \quad (n = 1, 2)$$

と与えられることになる．つまり，$\kappa_0 a = 6$ の場合，状態を区別する量子数 n は，$n = 1, 2$ である．

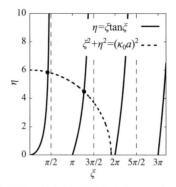

図 3.9 偶関数の固有関数に対応する固有値を定めるグラフ：$\kappa_0 a = 6$ の場合

3.5.2 奇関数の場合

(I) $|x| \leq a$ の領域

3.5.1 節と同様に，$|x| \leq a$ の領域での波動関数を $\phi_{\mathrm{in}}(x)$ と表すと，$\phi_{\mathrm{in}}(x)$ は (3.160) で与えられるが，ここでは奇関数を考えるので，$\phi_{\mathrm{in}}(-x) = -\phi_{\mathrm{in}}(x)$ であるためには，(3.160) において，$A_1 = -A_2$ であり，その共通の定数を $A_1 = -A_2 = C/(2i)$ とすると，$\phi_{\mathrm{in}}(x)$ は，

$$\phi_{\mathrm{in}}(x) = C \sin kx \tag{3.178}$$

（C は任意複素定数）と表される．

(II) $|x| > a$ の領域

3.5.1 節と同様に，$|x| > a$ の領域での波動関数を $\phi_{\mathrm{out}}(x)$ と表すと，(3.164) と (3.165) を得る際の条件から，$\phi_{\mathrm{out}}(x)$ は，やはり (3.166) で与えられる．ここでは奇関数を考えるので，$\phi_{\mathrm{out}}(-x) = -\phi_{\mathrm{out}}(x)$ であるためには，(3.166) において，$B_1 = -B_2$ であり，その共通の複素定数を $B_1 = -B_2 = D'$ とすると，

$$\phi_{\mathrm{out}}(x) = \begin{cases} D' e^{\kappa x} & (x < -a) \\ -D' e^{-\kappa x} & (x > a) \end{cases} \tag{3.179}$$

と表される．さらに，$x = \pm a$ での接続条件を簡易にするため，新たな任意複素定数 D を用いて，$D' = D e^{\kappa a}$ とすると，(3.179) は，

$$\phi_{\text{out}}(x) = \begin{cases} De^{\kappa(x+a)} & (x < -a) \\ -De^{-\kappa(x-a)} & (x > a) \end{cases} \tag{3.180}$$

となる.

$x = a$ での接続条件は,

$$\begin{cases} \phi_{\text{in}}(a) = \phi_{\text{out}}(a) \\ \left.\dfrac{d\phi_{\text{in}}(x)}{dx}\right|_{x=a} = \left.\dfrac{d\phi_{\text{out}}(x)}{dx}\right|_{x=a} \end{cases} \tag{3.181}$$

であるので, $\phi_{\text{in}}(x)$ と $\phi_{\text{out}}(x)$ の各々で $x = a$ での関数値や微分係数を考えると,

$$\phi_{\text{in}}(a) = \left. C \sin kx \right|_{x=a} = C \sin ka \tag{3.182}$$

$$\left.\frac{d\phi_{\text{in}}(x)}{dx}\right|_{x=a} = \left. Ck \cos kx \right|_{x=a} = Ck \cos ka \tag{3.183}$$

および,

$$\phi_{\text{out}}(a) = \left. -De^{-\kappa(x-a)} \right|_{x=a} = -D \tag{3.184}$$

$$\left.\frac{d\phi_{\text{out}}(x)}{dx}\right|_{x=a} = \left. -(-\kappa)D \, e^{-\kappa(x-a)} \right|_{x=a} = \kappa D \tag{3.185}$$

となる ($x = -a$ での接続条件もまったく同じになる). したがって, (3.181) 式から

$$\begin{cases} C \sin ka + D = 0 \\ Ck \cos ka - \kappa D = 0 \end{cases} \tag{3.186}$$

という連立方程式が導かれる. (3.186) を行列で表すと, 次式となる.

$$\begin{pmatrix} \sin ka & 1 \\ k \cos ka & -\kappa \end{pmatrix} \begin{pmatrix} C \\ D \end{pmatrix} = \begin{pmatrix} 0 \\ 0 \end{pmatrix}$$

3.5.2節の偶関数の場合の (3.175) の導出と同様に, 上の行列方程式が, $C = D = 0$ の自明な解以外の非自明な解を持つためには,

$$\begin{vmatrix} \sin ka & 1 \\ k \cos ka & -\kappa \end{vmatrix} = 0$$

となる必要がある．つまり，

$$-\kappa \sin ka - k \cos ka = 0$$

であり，上式の両辺を，$-\sin ka \neq 0$ で割って整理すれば，

$$\kappa = -k \cot ka \tag{3.187}$$

という条件が得られる[4]．(3.176) は今の場合も成り立つので，$\xi = ka$，$\eta = \kappa a$ を用いて，

$$\begin{cases} \eta = -\xi \cot \xi \\ \xi^2 + \eta^2 = (\kappa_0 a)^2 \end{cases} \tag{3.188}$$

という連立方程式が得られる．

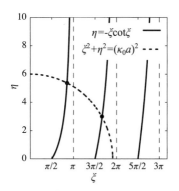

図 3.10 奇関数の固有関数に対応する固有値を定めるグラフ：$\kappa_0 a = 6$ の場合

　奇関数の場合は，固有エネルギーは，ξ-η 平面上の第 1 象限内で (3.188) が表す 2 つのグラフの交点から与えられる．図 3.10 は，ξ-η 平面上の第 1 象限内の $\eta = -\xi \cot \xi$ のグラフと，$\kappa_0 a = 6$ としたときの $\xi^2 + \eta^2 = (\kappa_0 a)^2$ のグラフである．この場合も交点が 2 つあり，対応する固有エネルギー E_1 と E_2 が，

$$E_n = \frac{\hbar^2 k_n^2}{2m} \quad (n = 1, 2)$$

---

[4] $\cot \theta = 1/\tan \theta$ は余接関数とも呼ばれる．逆正接関数 $\tan^{-1}\theta$ と混同しないこと．

と与えられる.

ただし，図3.10からもわかるように，$0 < \xi < \pi/2$ の領域では，$-\xi \cot \xi < 0$ となり，この領域では $\xi^2 + \eta^2 = (\kappa_0 a)^2$ と $\eta = -\xi \cot \xi$ のグラフは第1象限内に交点を持たない．すなわち，

$$\kappa_0 a = \sqrt{\frac{2mV_0 a^2}{\hbar^2}} < \frac{\pi}{2}$$

となる $\kappa_0 a$，または，V_0 について書き直した条件，

$$V_0 < \frac{\hbar^2}{2ma^2} \frac{\pi^2}{4} \tag{3.189}$$

となる V_0 では，奇関数の固有関数は存在しないことになる.

3.5.3　偶奇をまとめた固有関数

3.5.1節の (3.177) と 3.5.2節の (3.188) を数値的に解くことで固有値 E_n を求めると，接続条件を課した (3.161)・(3.168)・(3.178)・(3.180) から，それらの固有値に対応する固有関数 $\phi_n(x)$ を構成することができる．図3.11は，$\kappa_0 a = 6$ とし

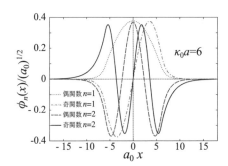

図3.11　井戸型ポテンシャルの固有関数：$\kappa_0 a = 6$ の場合

たときの，接続条件を課した (3.161)・(3.168) から求めた偶関数の固有関数と，接続条件を課した (3.178)・(3.180) から求めた奇関数の固有関数をまとめて描いたものである（横軸を $\kappa_0 x$ に，縦軸を $\phi_n(x)/\sqrt{\kappa_0}$ にして描いた）.

　固有関数の節が多いほど，対応する固有状態のエネルギー固有値が大きいことを，3.1 節で見た．図 3.11 のように，偶関数と奇関数の固有関数をまとめて描くと，エネルギー固有値が大きくなるにつれて，対応する固有関数には節が多くなることを見ることができる．偶関数の $n = 1$ が基底状態，奇関数の $n = 1$ が第 1 励起状態，偶関数の $n = 2$ が第 2 励起状態，そして奇関数の $n = 2$ が第 3 励起状態に対応する．

　奇関数の固有関数は原点 $x = 0$ に節を持つので，奇関数の固有関数で表される固有状態に対応するエネルギー固有値の最低値は，系の第 1 励起エネルギーになっている．3.5.2 節の図 3.10 で見たように，(3.189) のように小さい V_0 の「井戸」の束縛状態には，第 1 励起状態が存在せず，固有状態が基底状態（偶関数の $n = 1$ に対応する）のみであることを示している．

　特に，ポテンシャルの大きさについて，$V_0 \to \infty$ の極限を考えると，$\xi^2 + \eta^2 = (\kappa_0 a)^2$ で表される円の半径 $\kappa_0 a$ も，$\kappa_0 a = \sqrt{2mV_0 a^2}/\hbar \to \infty$ と発散する．このとき，半径が無限大となる $\xi^2 + \eta^2 = (\kappa_0 a)^2$ の「円」と，偶関数の固有関数について成り立つ (3.177) 上段の $\eta = \xi \tan \xi$ のグラフとの交点を与える ξ は，

$$\xi = \frac{l\pi}{2} \quad (l = 2n - 1 \ : \ n = 1, 2, 3, \cdots) \tag{3.190}$$

となる．一方，奇関数の固有関数について成り立つ (3.188) 上段の $\eta = -\xi \cot \xi$ のグラフとの交点を与える ξ は，

$$\xi = \frac{l\pi}{2} \quad (l = 2n \ : \ n = 1, 2, 3, \cdots) \tag{3.191}$$

となるので，(3.190) と (3.191) をまとめて，

$$\xi = \xi_n = \frac{n\pi}{2} \quad (n = 1, 2, 3, \cdots) \tag{3.192}$$

と表される．$ka = \xi$ の関係を用いると，固有値を与える k は，$ka = k_n a = \xi_n = n\pi/2 \quad (n = 1, 2, 3, \cdots)$ となる．すなわち，固有値を区別する量子数 n は自然数となり，対応する固有エネルギー E_n は，$k = \sqrt{2mE}/\hbar$ より，

$$E = E_n = \frac{\hbar^2 k_n^2}{2m} = \frac{\hbar^2}{2m}\left(\frac{n\pi}{2a}\right)^2 \quad (n = 1, 2, 3, \cdots) \tag{3.193}$$

となる．この系は $|x| \leq a$ の領域に閉じ込められた自由粒子であり，3.1 節の $0 \leq x \leq L$ の領域に閉じ込められた自由粒子と等価なので，(3.22) で $L = 2a$ とすれば，(3.193) に一致することが確かめられる．

3.6 Fourier 変換

3.6.1 平面波展開と Fourier 変換

3.2 節で見たように，1 次元方向に運動する自由粒子系に周期 L の周期的境界条件を課した場合，系の固有関数は (3.39) で与えられる平面波 $\phi_n(x)$ で表された．2.1 節で触れた重ね合わせの原理から，この平面波の線型結合（重ね合わせ）もまた波動関数を表す．(3.39) の各量子数 n の係数を c_n として，すべての整数 n についての $\phi_n(x)$ の重ね合わせで表される波動関数を $f(x)$ としよう．

$$f(x) = \sum_{n \in \mathbb{Z}} c_n \phi_n(x) \overset{(3.39)}{=} \frac{1}{\sqrt{L}} \sum_n c_n e^{ik_n x} \tag{3.194}$$

(3.194) の和記号は，すべての整数 n にわたる和を表すが，以降では，それを最右辺の記号のように略記しよう．この (3.194) を，波動関数 $f(x)$ の**平面波展開**と呼ぶことがある．

(3.194) の n の和について，(3.40) で定義される $k_n = 2\pi/L$ を，波数軸（k 軸）上の間隔 $2\pi/L$ の等間隔な離散点と見做し，係数 c_n を点 k_n の関数として $c_n \equiv c(k_n)$ と表すと，

$$(3.194) = \frac{1}{\sqrt{L}} \sum_n c(k_n) e^{ik_n x} = \sum_n \frac{\sqrt{L}}{2\pi} c(k_n) e^{ik_n x} \left(\frac{2\pi}{L} \right) \tag{3.195}$$

となる（間隔 $2\pi/L$ を括り出したことに注意）．便宜的に，波数軸上の関数 $\tilde{f}(k)$ を，$\tilde{f}(k) \equiv \sqrt{L/(2\pi)} c(k)$ と定義して，(3.195) の最右辺を

$$\sum_n \frac{1}{\sqrt{2\pi}} \tilde{f}(k_n) e^{ik_n x} \left(\frac{2\pi}{L} \right) \tag{3.196}$$

と表せば，この和は，図 3.12 のように，「幅」が $2\pi/L$ で，「長さ」が $(1/\sqrt{2\pi}) \tilde{f}(k_n) e^{ik_n x}$ の長方形の「面積」の和である．すなわち，$L \to \infty$ の極限では，(3.196) におけ

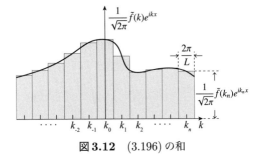

図 **3.12**　(3.196) の和

る n についての和が，$-\infty < k < \infty$ の領域での k についての積分になる.

$$(3.196) \rightarrow \int_{-\infty}^{\infty} \frac{1}{\sqrt{2\pi}} \tilde{f}(k) e^{ikx} dk \quad (L \rightarrow \infty)$$

結局，$L \rightarrow \infty$ の極限の下で，

$$f(x) = \frac{1}{\sqrt{2\pi}} \int_{-\infty}^{\infty} \tilde{f}(k) e^{ikx} dk \tag{3.197}$$

を得る.

　この (3.197) を，波数 k の関数 $\tilde{f}(k)$ から位置 x の関数 $f(x)$ を得る関係式と見做したとき，関数 $f(x)$ から関数 $\tilde{f}(k)$ を得る関係式は，数学で **Fourier**（フーリエ）**変換**として知られるものであり，(3.197) は**逆 Fourier 変換**と呼ばれる.

Fourier 変換・逆 Fourier 変換

$$\tilde{f}(k) = \frac{1}{\sqrt{2\pi}} \int_{-\infty}^{\infty} f(x) e^{-ikx} dx \tag{3.198}$$

$$f(x) = \frac{1}{\sqrt{2\pi}} \int_{-\infty}^{\infty} \tilde{f}(k) e^{ikx} dk \tag{3.199}$$

　Fourier 変換 (3.198) と逆 Fourier 変換 (3.199) の定義は書物によって異なるので注意が必要である. 逆 Fourier 変換は，いわば，波数を連続変数とした波動関数の平面波展開であり，Fourier 変換は，平面波展開の展開係数を定める式になっている[5].

---
[5] 波動関数を平面波のような関数の組で展開することについては，量子力学における要請がある. 詳しくは 4.2.2 節で述べる.

> **例題 3.2**　一般に，波数 k の関数 $F(k)$ について，各 $k_n = 2\pi/L$ $(n \in \mathbb{Z})$ での値 $F(k_n)$ のすべての整数 n についての和が，$L \to \infty$ の極限で，$-\infty < k < \infty$ の領域での k についての積分になることを表す式
>
> $$\lim_{L \to \infty} \frac{1}{L} \sum_n F(k_n) = \frac{1}{2\pi} \int_{-\infty}^{\infty} F(k)dk$$
>
> を示せ.

> **解答**　$L \to \infty$ の極限で，(3.196) から (3.197) の右辺が得られたのと同様に，
>
> $$\sum_n F(k_n) \left(\frac{2\pi}{L} \right)$$
>
> という和を考える. この和は，「幅」が $2\pi/L$ で，「長さ」が $F(k_n)$ の長方形の「面積」の和であるので，$L \to \infty$ の極限では
>
> $$\lim_{L \to \infty} \sum_n F(k_n) \left(\frac{2\pi}{L} \right) = \int_{-\infty}^{\infty} F(k)dk$$
>
> が成り立つ. この等式の両辺を 2π で割れば，題意の等式が示される.

> **問題 3.13**　3.2 節では，
>
> $$\boldsymbol{k} = (k_x, k_y, k_z)$$
> $$k_\mu = \frac{2\pi n_\mu}{L} \quad (n_\mu \in \mathbb{Z} \; ; \; \mu = x, y, z)$$
>
> として，量子化された波数ベクトル $\boldsymbol{k}$ を定義した. $\boldsymbol{k}$ の関数 $F(\boldsymbol{k})$ について，
>
> $$\lim_{\Omega \to \infty} \frac{1}{\Omega} \sum_{\boldsymbol{k}} F(\boldsymbol{k}) = \frac{1}{(2\pi)^3} \int_{-\infty}^{\infty} \int_{-\infty}^{\infty} \int_{-\infty}^{\infty} F(\boldsymbol{k}) dk_x dk_y dk_z \qquad (3.200)$$
>
> を示せ $(\Omega = L^3)$. ただし，和の記号については，
>
> $$\sum_{\boldsymbol{k}} = \sum_{n_x \in \mathbb{Z}} \sum_{n_y \in \mathbb{Z}} \sum_{n_z \in \mathbb{Z}}$$
>
> を意味するものとする.
>
> ［参考］(3.200) は，固体物理学で頻出する関係式である.

3.6.2　Fourier 変換とデルタ関数

逆 Fourier 変換 (3.199) で表される $f(x)$ の $x = x_0$ での値 $f(x_0)$ に，Fourier 変換 (3.198) を代入すると

$$f(x_0) = \frac{1}{\sqrt{2\pi}} \int_{-\infty}^{\infty} \tilde{f}(k) e^{ikx_0} dk = \frac{1}{\sqrt{2\pi}} \int_{-\infty}^{\infty} \left(\frac{1}{\sqrt{2\pi}} \int_{-\infty}^{\infty} f(x) e^{-ikx} dx \right) e^{ikx_0} dk$$

となる．この式の最右辺で積分順序を入れ替えると

$$f(x_0) = \int_{-\infty}^{\infty} f(x) \left(\frac{1}{2\pi} \int_{-\infty}^{\infty} e^{-ik(x-x_0)} dk \right) dx \qquad (3.201)$$

を得る．(3.201) の被積分関数の括弧 $(\cdots)$ 内を $x - x_0$ の「関数」と見做すと，(3.201) は，この「関数」を任意の関数 $f(x)$ に掛けて，x について $-\infty < x < \infty$ で積分すると，$x = x_0$ での関数値 $f(x_0)$ が得られる，ということを表している（もちろん，$f(x)$ は，$x = x_0$ とその近傍で有限な値を持つ関数でなければならない）．

このような性質を持つ「関数」を，物理学では Dirac のデルタ（δ）関数と呼び，$\delta(x - x_0)$ で表す．通常は，(3.201) の被積分関数の括弧 $(\cdots)$ 内の k についての積分で，積分変数を変換することで，

> **Dirac のデルタ関数の積分表示**
>
> $$\delta(x - x_0) = \frac{1}{2\pi} \int_{-\infty}^{\infty} e^{ik(x-x_0)} dk \qquad (3.202)$$

と表される．つまり，あらゆる波数 k の平面波を同じ係数で重ね合わせた関数がデルタ関数となっているといえる．

問題 3.14　(3.201) の被積分関数の括弧 $(\cdots)$ 内の k についての積分で，積分変数を k から $k' = -k$ に変換することで，(3.202) を導出せよ．これにより，デルタ関数が偶関数であること，$\delta(x_0 - x) = \delta(-(x - x_0)) = \delta(x - x_0)$ がわかる．

デルタ関数は，(3.201) の意味に基づき，「任意の関数 $f(x)$ に掛けて，x について $-\infty < x < \infty$ で積分すると，$x = x_0$ での関数値 $f(x_0)$ が得られる」ものとして定義される．

Dirac のデルタ関数の一般的な定義

$x = x_0$ とその近傍で有限の値を持つ任意の関数 $f(x)$ に対して,

$$\int_{-\infty}^{\infty} f(x)\delta(x - x_0)dx = f(x_0) \tag{3.203}$$

を満たす $\delta(x - x_0)$ を Dirac のデルタ関数と呼ぶ.

(3.203) の定義からわかるように, デルタ関数は, それ自体では意味を持たず, 関数 $f(x)$ に掛けて x について積分して初めて意味を持つことに注意しよう.

(3.203) が任意の関数 $f(x)$ について成り立つものが $\delta(x - x_0)$ だとすれば, $\delta(x - x_0)$ 自体は次のような性質を持たなければならない. むしろ, 次の性質を Dirac のデルタ関数の定義としてもよい.

Dirac のデルタ関数の定義の別表現

$$\begin{cases} \displaystyle\int_{-\infty}^{\infty} \delta(x - x_0)dx = 1 \\ \delta(x - x_0) = 0 \quad (x \neq x_0) \end{cases} \tag{3.204}$$

を満たす $\delta(x - x_0)$ は Dirac のデルタ関数である. ただし, $\delta(x - x_0)$ は $x = x_0$ では定義されない.

(3.203) で, $f(x)$ として $f(x) = x - x_0$ とすると,

$$\int_{-\infty}^{\infty} (x - x_0)\delta(x - x_0)dx = 0$$

となる. デルタ関数は, 積分して初めて意味を持つことを前提とすれば, 上の式を $(x - x_0)\delta(x - x_0) = 0$ と表すことができる. すなわち, 積分して成り立つ等式として,

$$x\delta(x - x_0) = x_0\delta(x - x_0) \tag{3.205}$$

を得る. (3.205) を, (3.23) のような固有方程式と考えると, x は粒子の位置の x 成分 (x 座標) に対応する「演算子」で, その固有値が x_0, 対応する固有関数が $\delta(x - x_0)$ であると見做せる. つまり, Dirac のデルタ関数 $\delta(x - x_0)$ は, 粒子の位置が $x = x_0$ に確定している状態を表す, 位置演算子 x の固有関数となってい

る．(3.23) では，固有値 E_n は自然数 n を量子数とする**離散固有値**であったが，(3.205) では，固有値 x_0 は実数なので，位置演算子は**連続固有値**を持つといえる．連続固有値に対応する固有関数（固有状態）については，4.2.3 節でより詳しく扱う．

なお，(3.204) において，

【望ましくない表記】　$\delta(x - x_0) = \infty$　　$(x = x_0)$

という表記を見ることがあるが，これは 2 つの意味で望ましくない．1 つは，そもそも「無限大」は値でないので，等号 (=) で結べない．もう 1 つは，デルタ関数 $\delta(x - x_0)$ が $x = x_0$ で定義されているような表記である．「デルタ関数 $\delta(x - x_0)$ は $x = x_0$ では**定義されない**」が正しい．

$x \neq x_0$ での値がすべて 0 になるような関数を積分しても，その値を 1 という有限値にすることはできないので，(3.204) を満たすような $\delta(x - x_0)$ は，通常の関数ではあり得ない．通常の関数 $y = f(x)$ は，ある値 $x = x_0$ に対して対応する値 $y_0 = f(x_0)$ を与えるものである．一方，(3.203) によれば，デルタ関数 $\delta(x - x_0)$ は，それ自体では意味を持たず，ある関数 $f(x)$ との積を x について積分して初めて意味を持ち，その積分を通して，$f(x)$ に対して対応する値 $f(x_0)$ を与えるものである．これらからわかるように，デルタ関数 $\delta(x - x_0)$ は通常の関数ではない．実は，デルタ関数は**超関数**と呼ばれるものの 1 つである．超関数論は現在では数学の一分野となっているが，その起源の 1 つはここで挙げた Dirac のデルタ関数であり，物理学から数学が生まれた好例となっている．

(3.203) や (3.204) では積分領域が $-\infty < x < \infty$ で定義されているが，有限の積分領域では，次の定義 (3.206) や (3.207) を用いることもある．

$$\int_{x_1}^{x_2} f(x)\delta(x - x_0)dx = \begin{cases} f(x_0) & (x_1 < x_0 < x_2) \\ -f(x_0) & (x_2 < x_0 < x_1) \\ 0 & (\text{それ以外}) \end{cases} \tag{3.206}$$

$$
\begin{cases}
\displaystyle\int_{x_1}^{x_2} \delta(x - x_0)dx = \begin{cases} 1 & (x_1 < x_0 < x_2) \\ -1 & (x_2 < x_0 < x_1) \\ 0 & (それ以外) \end{cases} \\
\delta(x - x_0) = 0 \quad (x \neq x_0)
\end{cases}
\tag{3.207}
$$

デルタ関数は，(3.203)・(3.204)・(3.206)・(3.207) という関係式を満たすこと自体がその定義である．逆に，これらの関係式を満たすような具体的な表現を，連続関数のある極限として得ることができれば，それをデルタ関数とすることができる．(3.202) の積分表示以外に，次のような連続関数の極限としての表現がよく用いられる．

$$
\delta(x - x_0) = \lim_{d \to +0} \begin{cases} \dfrac{1}{2d} & (|x - x_0| \leq d) \\ 0 & (|x - x_0| > d) \end{cases}
\tag{3.208}
$$

$$
\delta(x - x_0) = \lim_{\varepsilon \to +0} \frac{1}{\pi} \frac{\varepsilon}{(x - x_0)^2 + \varepsilon^2}
\tag{3.209}
$$

$$
\delta(x - x_0) = \lim_{\sigma \to +0} \frac{1}{\sqrt{2\pi\sigma^2}} \exp\left(-\frac{(x - x_0)^2}{2\sigma^2}\right)
\tag{3.210}
$$

(3.208) は，$x = x_0$ を中心とした「幅」$2d$ と「長さ」$1/(2d)$ の矩形（長方形）関数であり，その面積は常に 1 であるので，$d \to +0$ の極限で，(3.204) を満たす．(3.209) は，$x = x_0$ にピークを持つ，半値幅 ε の Lorentz（ローレンツ）関数またはローレンチアンと呼ばれる．やはり，この関数も $-\infty < x < \infty$ で積分すると 1 であり，半値幅 ε について，$\varepsilon \to +0$ の極限で，(3.204) を満たす．(3.210) は，平均 x_0，分散 σ^2 の正規分布の確率分布関数であり，Gauss（ガウス）関数またはガウシアンとも呼ばれる．(3.210) も，$-\infty < x < \infty$ で積分すると 1 となるので，$\sigma \to +0$ の極限で，(3.204) を満たす．どれも，各々のパラメータについての極限をとって初めてデルタ関数となるのであり，パラメータが有限の値に留まる限り，デルタ関数の近似関数でしかない．その意味で，デルタ関数の近似関数は図示できても，デルタ関数自体は図示できないことに注意しよう．

次で定義される**階段関数**（Heaviside（ヘヴィサイド）関数とも呼ばれる）を用いたデルタ関数の表現も用いられる．

$$\theta(x - x_0) \equiv \begin{cases} 0 & (x < x_0) \\ 1 & (x > x_0) \end{cases} \tag{3.211}$$

(3.211) では $\theta(x - x_0)$ は $x = x_0$ では定義されていないが，$x = x_0$ での値を定義する場合もある[6]．この階段関数 $\theta(x - x_0)$ を用いて，デルタ関数 $\delta(x - x_0)$ を次のように表現することができる．

$$\delta(x - x_0) = \frac{d\theta(x - x_0)}{dx} \tag{3.212}$$

例題 3.3 (3.212) の右辺が，(3.204) の定義を満たすデルタ関数となることを確かめよ．

解答 階段関数 $\theta(x - x_0)$ の定義 (3.211) から，$\theta(x - x_0)$ の導関数を考えると，$\theta(x - x_0)$ は，$x < x_0$ でも $x > x_0$ でも定数であるので，

$$\frac{d\theta(x - x_0)}{dx} = \begin{cases} 0 & (x < x_0) \\ 0 & (x > x_0) \end{cases}$$

となる．すなわち，

$$\frac{d\theta(x - x_0)}{dx} = 0 \quad (x \neq x_0) \tag{3.213}$$

である．また，$\theta(x - x_0)$ の導関数の原始関数（不定積分）は，もちろん $\theta(x - x_0)$ 自体であるので，

$$\int_{-\infty}^{\infty} \frac{d\theta(x - x_0)}{dx} dx = [\theta(x - x_0)]_{-\infty}^{\infty} = \lim_{x \to \infty} \theta(x - x_0) - \lim_{x \to -\infty} \theta(x - x_0)$$
$$= 1 - 0 = 1 \tag{3.214}$$

となる．以上の (3.213) と (3.214) が成り立つので，$\theta(x - x_0)$ の導関数は (3.204) の定義を満たすデルタ関数 $\delta(x - x_0)$ であることが確かめられる．

---

[6] 階段関数の定義や関数を表す記号も，書物によって異なるので注意すること．

第4章

量子力学の要請

　力学においては，歴史的にも多くの物理現象の記述に耐えることが確かめられ続け，物体の運動を記述するための必要十分な法則として，運動の3法則のような洗練された形式の法則が存在する．また，電磁気学においては，Gauss（ガウス）の法則，Ampère（アンペール）の法則，Faraday（ファラデー）の法則など，歴史的に発見されてきた諸法則を数学的に簡潔にまとめた Maxwell 方程式が基礎方程式として与えられる．

　一方，1章で見たように，量子力学は，その誕生から1世紀が経っておらず，力学や電磁気学に比べて「新しい学問」である．量子力学には，その基礎方程式として Schrödinger 方程式があるが，「新しい学問」であるがゆえに，力学や電磁気学の諸法則のように，「量子力学の法則」が確立されているわけではない．もちろん，量子力学にも，出発点となる基本的な原理があるが，どれを最も基本的なものと見做すかについては異なる立場がある．ここでは，量子力学の数学的記述に必要な前提を「要請」として挙げ，それらの「要請」からどのように量子力学が記述されるかを見ていこう[1]．

---

[1]「要請」は "postulate" の訳語で，数学では「公準」と呼ばれる．自明ではないが，「そのようになっているものとする」または「そのようにできるものとする」という前提を意味する．

4.1 物理量と Hermite 演算子

1.3 節や 2.2 節で言及したように，量子力学では，物理量が演算子で表されるという点が，力学や電磁気学のような古典物理学との大きな違いである．特に，物理量を表す演算子は，**Hermite 演算子**と呼ばれる，ある性質を満たす演算子であることが要請される．本節では，Hermite 演算子の定義や性質を紹介し，それらを記述する際にも有効な，**ブラ-ケット表示**と呼ばれる，量子力学で用いられる便利な数学記法を紹介する．

4.1.1 関数の内積とブラ-ケット表示

関数の内積

$r = (x, y, z)$ の任意の関数 $f(r)$ と $g(r)$ について，それらが定義されている領域 V 内での空間積分（一般には三重積分）

$$\int_V f^*(r)g(r)dV \equiv \iiint_V f^*(r)g(r)dxdydz \tag{4.1}$$

を，関数 $f(r)$ と $g(r)$ の**内積**と呼び，特に量子力学では，内積を $\langle f|g \rangle$ という記号で表す．

$$\langle f|g \rangle \equiv \int_V f^*(r)g(r)dV \tag{4.2}$$

ここで，$f^*(r)$ は $f(r)$ の複素共役である $((f^*(r))^* = f(r))$．

なお，数学の分野では，関数の内積を $(f, g) \equiv \langle f|g \rangle$ と表す場合がある[2]．

以降では，基本的に内積が定義できる関数を考えることとして，領域 V を囲む境界 S 上で関数値が

$$f(r)|_S = 0 \tag{4.3}$$

となることを仮定する．たとえば，x 軸上の $-\infty < x < \infty$ で定義された関数 $f(x)$ について，

$$\lim_{x \to \pm\infty} f(x) = 0 \tag{4.4}$$

---

[2] 厳密な内積の定義は数学の教科書を参照のこと．

であるとする．(4.2) で定義される関数の内積をベクトルの内積と同一視し，内積記号の括弧（ブラケット：bracket）を，ブラ（bra）とケット（ket）に分けたと見做して，$\langle f|$ をブラベクトル f，または，単に f ブラと呼び，$|g\rangle$ をケットベクトル g，または，単に g ケットと呼ぶ．ブラとケットを用いた記法をブラ-ケット表示と呼ぶことがある[3]．

内積は，その定義から，以下の関係を満たす．

内積の性質

$$\langle g|f\rangle = \langle f|g\rangle^* \qquad (4.5)$$

（証明）(4.5)：

$$\langle g|f\rangle \overset{(4.2)}{=} \int_V g^*(\boldsymbol{r})f(\boldsymbol{r})dV = \int_V f(\boldsymbol{r})g^*(\boldsymbol{r})dV = \int_V \left(f^*(\boldsymbol{r})g(\boldsymbol{r})\right)^* dV$$

$$= \left(\int_V f^*(\boldsymbol{r})g(\boldsymbol{r})dV\right)^* \overset{(4.2)}{=} \langle f|g\rangle^*$$

$\square$

ブラとケットの複素定数倍は次のように考えることができる．まず，c を任意の複素定数として，関数 $h(\boldsymbol{r})$ を $h(\boldsymbol{r}) \equiv cg(\boldsymbol{r})$ と定義しておくと，$f(\boldsymbol{r})$ と $h(\boldsymbol{r})$ の内積は，

$$\langle f|h\rangle = \int_V f^*(\boldsymbol{r})h(\boldsymbol{r})dV = \int_V f^*(\boldsymbol{r})(cg(\boldsymbol{r}))dV = c\int_V f^*(\boldsymbol{r})g(\boldsymbol{r})dV = c\langle f|g\rangle$$

$$(4.6)$$

となる．(4.6) の最左辺と最右辺を比較するとケット $|h\rangle$ は，$|h\rangle = c|g\rangle$ と表記されるべきである．さらに，

$$\langle h|f\rangle \overset{(4.5)}{=} \langle f|h\rangle^* \overset{(4.6)}{=} (c\langle f|g\rangle)^* = c^*\langle f|g\rangle^* \overset{(4.5)}{=} c^*\langle g|f\rangle \qquad (4.7)$$

となるので，(4.7) の最左辺と最右辺を比較すると，ブラ $\langle h|$ は，$\langle h| = c^*\langle g|$ となることがわかる．つまり，任意の複素定数 c によるケット $|g\rangle$ の定数倍のケット

---

[3] 「"ブラ"と"ケット"で"ブラケット"になる」とは駄洒落だが，これは Dirac の発案であるといわれ，量子力学的状態を表す「状態ベクトル」の記述に便利な記法として標準的に使用される．実際，Dirac の著書 [9] にも記述がある．

$|h\rangle$ を, $|h\rangle \equiv c|g\rangle$ とすると, 対応するブラ $\langle h|$ は,

$$\langle h| = c^* \langle g| \tag{4.8}$$

であり, 内積についても,

$$\langle h|f\rangle = c^* \langle g|f\rangle \tag{4.9}$$

$$\langle f|h\rangle = \langle f|c|g\rangle = c \langle f|g\rangle \tag{4.10}$$

となる.

ここで, ブラ-ケットの関係を

$$|g\rangle \quad \overset{\text{d.c.}}{\Longleftrightarrow} \quad \langle g| \tag{4.11}$$

$$|h\rangle = c|g\rangle \quad \overset{\text{d.c.}}{\Longleftrightarrow} \quad \langle h| = c^* \langle g| \tag{4.12}$$

と表しておく（双対対応）. d. c. は「双対対応」(dual correspondence) の略である[4)][5)].

ベクトルの大きさ（ノルム）に相当する概念も以下のように定義される.

── 関数のノルム ──

任意の関数 $f(\boldsymbol{r})$ について, 自身との内積の正の平方根 $\sqrt{\langle f|f\rangle}$ を, 関数 $f(\boldsymbol{r})$ のノルム（大きさ）と呼び,

$$\|f\| \equiv \sqrt{\langle f|f\rangle} \tag{4.13}$$

で表す.

[4)] 量子力学では, 一般に, ブラ-ケットの関係を双対対応とは呼ばずに **Hermite 共役**と呼ぶのが慣例的であるが, 9.1 節で詳しく学ぶまでは便宜的に双対対応と呼ぶこととする.

[5)] ベクトル空間 V の元 $\boldsymbol{x}$ から, 対応するスカラー $f(\boldsymbol{x})$ を対応させる線型写像を線型汎関数という. 線型汎関数全体はやはりベクトル空間 (V^* と表記する) となる. このとき, V^* を V の双対空間という. ブラベクトル $\langle f|$ は, ベクトル空間 V 内のケットベクトル $|g\rangle \in V$ に対して, 内積 $\langle f|g\rangle$ というスカラーを対応させる線型汎関数全体の双対空間 V^* の元 ($\langle f| \in V^*$) となる双対ベクトルであるといえる. 双対という概念は, 内積という概念に先立つものであり, ブラ-ケットも, 本来は内積によって定義されるべきではなく, 双対対応で定義されるべきだが, ここでは, (4.2) を用いて定義されるものとした.

ノルムは実数であり,

$$\langle f|f \rangle \geq 0 \tag{4.14}$$

なので,

$$\|f\| \geq 0 \tag{4.15}$$

である. 等号は $f(\boldsymbol{r}) = 0$ のときのみ成り立つ.

(証明) (4.14):

$$\langle f|f \rangle \overset{(4.2)}{=} \int_{\mathrm{V}} f^*(\boldsymbol{r})f(\boldsymbol{r})dV = \int_{\mathrm{V}} |f(\boldsymbol{r})|^2 \, dV \geq 0 \qquad \square$$

なお, ノルム $\sqrt{\langle f|f \rangle}$ を, ケット $|f\rangle$ のノルムであることを強調して,

$$\| \, |f\rangle \, \| = \sqrt{\langle f|f \rangle} \tag{4.16}$$

と表すこともある.

4.1.2 Hermite 演算子

2.1 節で, 関数の線型結合や, それを用いて定義される線型演算子の概念を学んだ. Schrödinger 方程式は線型微分方程式であり, ハミルトニアンは線型演算子であるので, Schrödinger 方程式を満たす波動関数の線型結合は, やはり同じ Schrödinger 方程式を満たす波動関数になっているという, 重ね合わせの原理が成り立つのであった. ハミルトニアンをはじめとして, 量子力学で扱う演算子は, すべて線型演算子であるので, 以降では線型演算子を単に「演算子」と呼ぶ.

量子力学ではハミルトニアンをはじめとする演算子が重要な役割を果たす. 量子力学における演算子の役割を知るために, Hermite 共役演算子という概念を定義しておく.

任意の演算子 A について, A をケット $|g\rangle$ に演算した結果である $A|g\rangle$ も新たなケットである. 演算子 A に対して, 任意のブラ $\langle f|$ とケット $|g\rangle$ およびそれらの双対対応を用いた次の内積

$$\langle f|A|g \rangle = \langle g|B|f \rangle^*$$

により定義される演算子 B を，演算子 A の **Hermite（エルミート）共役演算子** と呼び，$A^\dagger$ で表す．記号「$\dagger$」は「ダガー (dagger)」と読む[6]．

── Hermite 共役演算子 ─────────────

$$\langle f|A|g\rangle \equiv \langle g|A^\dagger|f\rangle^* \tag{4.17}$$

$$\int_V f^*(\boldsymbol{r})Ag(\boldsymbol{r})dV \equiv \left(\int_V g^*(\boldsymbol{r})A^\dagger f(\boldsymbol{r})dV\right)^* \tag{4.18}$$

演算子 A とその Hermite 共役演算子 $A^\dagger$ について，

$$(A^\dagger)^\dagger = A \tag{4.19}$$

である．これを，演算子 A と $A^\dagger$ は**互いに Hermite 共役である**という．

（証明） 任意のブラ $\langle f|$ とケット $|g\rangle$ について，

$$\langle f|A|g\rangle \overset{(4.17)}{=} \langle g|A^\dagger|f\rangle^* \overset{(4.17)}{=} \left(\langle f|(A^\dagger)^\dagger|g\rangle^*\right)^* = \langle f|(A^\dagger)^\dagger|g\rangle$$

最終等号は，ある数の共役複素数の共役複素数は自身に等しいことを用いた．この式が，任意の $\langle f|$ と $|g\rangle$ について成り立つためには，(4.19) でなければならない． □

なお，演算子を演算したケット $A|g\rangle$ を新たなケット $|h\rangle$ として，$|h\rangle \equiv A|g\rangle$ とすると，(4.17) から，$\langle f|h\rangle = \langle f|A|g\rangle \overset{(4.17)}{=} \langle g|A^\dagger|f\rangle^*$ であるが，一方，(4.5) から，$\langle f|h\rangle \overset{(4.5)}{=} \langle h|f\rangle^*$ であるので，両式の最右辺どうしを比較することで，次の対応があることがわかる．

── ブラ-ケットの双対対応と Hermite 共役演算子 ──

$$|h\rangle = A|g\rangle \overset{\text{d.c.}}{\Longleftrightarrow} \langle h| = \langle g|A^\dagger \tag{4.20}$$

演算子とベクトルの順序に注意せよ．

---

[6] "dagger" は「短剣」の意味である．記号「$\dagger$」は本の脚注などに用いられることが多い．

演算子とそれ自体のHermite共役演算子が等しい場合がある．そのような演算子について，以下のように定義される．

> **Hermite 演算子**
>
> ある演算子 A について，
> $$A^\dagger = A \tag{4.21}$$
> が満たされるとき，演算子 A を **Hermite 演算子**と呼ぶ（「演算子 A は Hermite である」ともいう）．

Hermite演算子の持つ数学的な性質は，量子力学において重要な意味がある．以下でHermite演算子の性質を調べてみよう．

ある演算子 A がHermite演算子だと仮定する．すなわち，

$$A^\dagger = A \tag{4.22}$$

を仮定する．Hermite演算子 A の任意の固有値を a とし，対応する固有関数を $u_a(\boldsymbol{r})$ とする：

$$Au_a(\boldsymbol{r}) = au_a(\boldsymbol{r}) \quad (u_a(\boldsymbol{r}) \neq 0) \tag{4.23}$$

固有ケット $|u_a\rangle$ についても，同様に，

$$A|u_a\rangle = a|u_a\rangle \quad (|u_a\rangle \neq 0) \tag{4.24}$$

である．

(4.24) の左辺について，その双対対応を考えれば，(4.20) より，

$$A|u_a\rangle \quad \overset{\text{d.c.}}{\Longleftrightarrow} \quad \langle u_a|A^\dagger$$

であるが，今，A はHermite演算子と仮定していて，(4.22) が成り立つから

$$\langle u_a|A^\dagger \overset{(4.22)}{=} \langle u_a|A$$

である．一方，(4.24) の右辺の双対対応は，(4.8) より，

$$a|u_a\rangle \quad \overset{\text{d.c.}}{\Longleftrightarrow} \quad a^*\langle u_a|$$

であることから,

$$\langle u_a | A = a^* \langle u_a | \tag{4.25}$$

とも表されることに注意しよう.

このとき, 内積 $\langle u_a | A | u_a \rangle$ を考えると, (4.24) から,

$$\langle u_a | A | u_a \rangle \overset{(4.24)}{=} \langle u_a | a | u_a \rangle \overset{(4.10)}{=} a \langle u_a | u_a \rangle \tag{4.26}$$

を得る. 一方, $\langle u_a | A | u_a \rangle$ は, (4.25) から,

$$\langle u_a | A | u_a \rangle \overset{(4.25)}{=} a^* \langle u_a | u_a \rangle \tag{4.27}$$

と表すこともできる.

(4.26) と (4.27) から,

$$a \langle u_a | u_a \rangle = a^* \langle u_a | u_a \rangle$$
$$(a - a^*) \langle u_a | u_a \rangle = 0 \tag{4.28}$$

を得るが, 今, $u_a(\boldsymbol{r}) \neq 0$ で, $\langle u_a | u_a \rangle > 0$ なので, (4.28) の両辺を $\langle u_a | u_a \rangle$ で割ると,

$$a = a^* \tag{4.29}$$

となり, A の固有値 a はその共役複素数と等しい. つまり, a は実数であることが示される. したがって, (4.29) から, 次が結論される.

Hermite 演算子の固有値の性質

Hermite 演算子の固有値はすべて実数である.

量子力学では, 物理量とそれを観測して得られる測定値について, 次を要請する.

量子力学の要請 1

すべての物理量は Hermite 演算子で表される. 物理量を観測して得られる測定値は, その物理量に対応する Hermite 演算子の固有値のどれか 1 つで

> ある．

(4.29) のように，Hermite 演算子の固有値はすべて実数であることが証明されたので，【要請1】により，物理量を観測して得られる測定値が必ず実数であることが保証される．

ある Hermite 演算子 A で表される物理量を観測することを考えよう．A の固有値を a_n とする．n は固有値を区別する量子数である．固有値 a_n に対応する A の固有関数を $u_n(\boldsymbol{r})$ とすれば，

$$Au_n(\boldsymbol{r}) = a_n u_n(\boldsymbol{r})$$

であるが，【要請1】は，A で表される物理量を観測したとき，得られる測定値は a_n のうちのどれか1つであるという意味であり，a_n が必ず実数となることが数学的に保証される．たとえば，ハミルトニアンについては，ハミルトニアンが Hermite 演算子であることから，その固有値であるエネルギー固有値が実数であることが保証される．

例題 4.1　1次元（x 軸とする）のみを運動する質量 m の粒子を考える．ポテンシャル $V(x)$ とすれば，系のハミルトニアン H は，

$$H = -\frac{\hbar^2}{2m}\frac{d^2}{dx^2} + V(x) \tag{4.30}$$

である．(4.30) のハミルトニアンが (4.21) を満たす Hermite 演算子であることを示せ．

解答　$-\infty < x < \infty$ で定義された，(4.4) を満たす任意の関数 $f(x)$ と $g(x)$ について，内積 $\langle f|H|g \rangle$ を考えよう．

$$\langle f|H|g \rangle = \int_{-\infty}^{\infty} f^*(x) H g(x)dx = \int_{-\infty}^{\infty} f^*(x)\left\{ -\frac{\hbar^2}{2m}\frac{d^2}{dx^2} + V(x) \right\} g(x)dx$$

$$= -\frac{\hbar^2}{2m} \int_{-\infty}^{\infty} f^*(x) \frac{d^2 g(x)}{dx^2} dx + \int_{-\infty}^{\infty} f^*(x) V(x) g(x) dx \qquad (4.31)$$

(4.31) の最右辺第 1 項の定積分について，部分積分を用いると，

$$\int_{-\infty}^{\infty} f^*(x) \frac{d^2 g(x)}{dx^2} dx = \left[f^*(x) \frac{dg(x)}{dx} \right]_{-\infty}^{\infty} - \int_{-\infty}^{\infty} \frac{df^*(x)}{dx} \frac{dg(x)}{dx} dx$$

$$\qquad (4.32)$$

となるが，$f(x)$ は (4.4) を満たすので，$\lim_{x \to \pm\infty} f^*(x) = 0$ であり，(4.32) の右辺第 1 項は 0 になる．したがって，(4.32) の右辺第 2 項にさらに部分積分を用いれば，

$$(4.32) = -\left[\frac{df^*(x)}{dx} g(x) \right]_{-\infty}^{\infty} + \int_{-\infty}^{\infty} \frac{d^2 f^*(x)}{dx^2} g(x) dx \qquad (4.33)$$

となる．ここで，$g(x)$ もまた (4.4) を満たすので，$\lim_{x \to \pm\infty} g(x) = 0$ であり，(4.33) の右辺第 1 項も 0 になる．結局，まとめれば，

$$\begin{aligned}
\langle f|H|g \rangle &= -\frac{\hbar^2}{2m} \int_{-\infty}^{\infty} \frac{d^2 f^*(x)}{dx^2} g(x) dx + \int_{-\infty}^{\infty} f^*(x) V(x) g(x) dx \\
&= \int_{-\infty}^{\infty} \left\{ \left(-\frac{\hbar^2}{2m} \frac{d^2}{dx^2} + V(x) \right) f^*(x) \right\} g(x) dx \\
&= \left(\int_{-\infty}^{\infty} g^*(x) \left\{ \left(-\frac{\hbar^2}{2m} \frac{d^2}{dx^2} + V(x) \right) f(x) \right\} dx \right)^* \\
&= \langle g|H|f \rangle^* \qquad (4.34)
\end{aligned}$$

ただし，(4.34) の 3 つ目の等号には，ポテンシャル $V(x)$ が実関数であることを用いた．(4.34) は，まさに，$H^\dagger = H$ であることを表すので，(4.30) のハミルトニアン H が (4.21) を満たす Hermite 演算子であることが示された．

　(4.30) のハミルトニアン H の固有値を E_n，対応する固有関数を $u_n(x)$ で表せば，

$$Hu_n(x) = E_n u_n(x)$$

であり，(4.30) で記述される系に対する時間に依存しない Schrödinger 方程式

$$H\phi(x) = \left(-\frac{\hbar^2}{2m}\frac{d^2}{dx^2} + V(x) \right)\phi(x) = E\phi(x) \tag{4.35}$$

が，H の固有値 E_n と固有関数 $u_n(x)$ を求める方程式であることがわかる．この系のエネルギーを観測したとき，その測定値は E_n のどれか1つになり，H がHermite演算子であることから，E_n が実数であることが保証される．

> **問題 4.1** (4.30)で記述される系について，x 軸方向の運動量に対応する演算子 p_x を，
>
> $$p_x \equiv -i\hbar\frac{d}{dx}$$
>
> とする．(4.34)の導出に倣って，(4.4)を満たす任意の関数 $f(x)$ と $g(x)$ について，内積 $\langle f|p_x|g\rangle$ を考えることで，p_x がHermite演算子であることを確かめよ．

4.1.3 Hermite演算子の固有関数の正規直交性

Hermite演算子 A の固有値を a_n とし，対応する固有関数を $u_n(\boldsymbol{r})$，固有ケットを $|u_n\rangle$ とする（n は固有値を区別する量子数）．すなわち，以下が成り立つ．

$$Au_n(\boldsymbol{r}) = a_n u_n(\boldsymbol{r}) \quad (u_n(\boldsymbol{r}) \neq 0) \tag{4.36}$$

$$A|u_n\rangle = a_n|u_n\rangle \quad (|u_n\rangle \neq 0) \tag{4.37}$$

固有関数 $u_n(\boldsymbol{r})$ は $u_n(\boldsymbol{r}) \neq 0$ なので，$u_n(\boldsymbol{r})$ のノルム $\|u_n\|$ について，(4.15)より $\|u_n\| > 0$ であり，$u_n(\boldsymbol{r})$ を $\|u_n\|$ で割って，$u_n(\boldsymbol{r})/\|u_n\| \equiv \tilde{u}_n(\boldsymbol{r})$ を改めて固有関数ととることにすれば，常に固有関数のノルムを1にすることができる：

$$\langle \tilde{u}_n|\tilde{u}_n\rangle = \frac{1}{\|u_n\|^2}\langle u_n|u_n\rangle \overset{(4.13)}{=} \frac{1}{\|u_n\|^2}\|u_n\|^2 = 1$$

固有関数（固有ベクトル）のノルムを1とすることを，固有関数（固有ベクトル）を**規格化する**，または，**正規化する**という．以降では，規格化された固有関数（固有ベクトル）を改めて $u_n(\boldsymbol{r})$（$|u_n\rangle$）で表して，すべての n について，

$$\|u_n\|^2 = \langle u_n|u_n\rangle = \int_V u_n^*(\boldsymbol{r})u_n(\boldsymbol{r})dV = 1 \tag{4.38}$$

が成り立つようにしておく．

今，Hermite 演算子 A の，異なる量子数 l と m $(l \neq m)$ の固有値 a_l と a_m，および，それらに対応する固有関数 $u_l(\boldsymbol{r})$ と $u_m(\boldsymbol{r})$ を考える．固有値 a_l と a_m の値は異なるものとする[7]．

$$a_l \neq a_m \tag{4.39}$$

このとき，$u_l(\boldsymbol{r})$ と，A を演算した $u_m(\boldsymbol{r})$ との内積 $\langle u_l | A | u_m \rangle$ を考えると，

$$\langle u_l | A | u_m \rangle \overset{(4.37)}{=} \langle u_l | a_m | u_m \rangle \overset{(4.10)}{=} a_m \langle u_l | u_m \rangle \tag{4.40}$$

となる．一方，A が Hermite 演算子であること (4.21) に注意すれば，

$$\langle u_l | A | u_m \rangle \overset{(4.25)}{=} a_l^* \langle u_l | u_m \rangle \overset{(4.29)}{=} a_l \langle u_l | u_m \rangle \tag{4.41}$$

を得る．(4.40) と (4.41) から，

$$a_l \langle u_l | u_m \rangle = a_m \langle u_l | u_m \rangle$$
$$(a_l - a_m) \langle u_l | u_m \rangle = 0 \tag{4.42}$$

となるが，仮定 (4.39) より，両辺を $a_l - a_m \neq 0$ で割ると，

$$\langle u_l | u_m \rangle = 0 \tag{4.43}$$

となり，Hermite 演算子 A の異なる固有値 a_l と a_m に対応する固有関数 $u_l(\boldsymbol{r})$ と $u_m(\boldsymbol{r})$ の内積が 0 となることがわかる．関数について「内積が 0 となる」ということを，ベクトルの内積が 0 になることになぞらえて，関数が「**直交する**」という．(4.43) から，次が結論される．

> ── **Hermite 演算子の固有関数の直交性** ──────────
> Hermite 演算子の異なる固有値に対応する固有関数（固有ベクトル）は互いに直交する．

固有値を区別する量子数について $l \neq m$ であっても，$a_l = a_m$ となることがあり得る．この場合を，量子数 l の状態と量子数 m の状態は「**固有値が縮退してい**

---

[7] これを，量子数 l の状態と量子数 m の状態は**縮退していない**という．詳細は後述する．

る」，または単に「縮退している」という．このとき，(4.42) からは $\langle u_l | u_m \rangle = 0$ が導かれず，固有値が縮退している場合には対応する固有関数（固有ベクトル）が互いに直交するとは限らない．その場合には，$u_m(\boldsymbol{r})$ または $|u_m\rangle$ の代わりに，

$$\tilde{u}_m(\boldsymbol{r}) \equiv \frac{1}{\|u'_m\|} u'_m(\boldsymbol{r}) \; ; \;\; |\tilde{u}_m\rangle \equiv \frac{1}{\|u'_m\|} |u'_m\rangle \tag{4.44}$$

$$u'_m(\boldsymbol{r}) \equiv u_m(\boldsymbol{r}) - \langle u_l | u_m \rangle u_l(\boldsymbol{r}) \; ; \;\; |u'_m\rangle \equiv |u_m\rangle - \langle u_l | u_m \rangle |u_l\rangle \tag{4.45}$$

で定義される $\tilde{u}_m(\boldsymbol{r})$ または $|\tilde{u}_m\rangle$ を固有関数（固有ベクトル）に採用すればよい．

実際，(4.44) により，$\tilde{u}_m(\boldsymbol{r})$ または $|\tilde{u}_m\rangle$ の正規性

$$\langle \tilde{u}_m | \tilde{u}_m \rangle \overset{(4.44)}{=} \frac{1}{\|u'_m\|^2} \langle u'_m | u'_m \rangle = \frac{1}{\|u'_m\|^2} \|u'_m\|^2 = 1$$

が保証され，(4.45) により，$l \neq m$ の場合の $u_l(\boldsymbol{r})$ と $\tilde{u}_m(\boldsymbol{r})$ の直交性も，

$$
\begin{aligned}
\langle u_l | \tilde{u}_m \rangle &\overset{(4.44)(4.10)}{=} \frac{1}{\|u'_m\|} \langle u_l | u'_m \rangle \\
&\overset{(4.45)}{=} \frac{1}{\|u'_m\|} \{ \langle u_l | u_m \rangle - \langle u_l | u_m \rangle \langle u_l | u_l \rangle \} \\
&= \frac{1}{\|u'_m\|} \{ \langle u_l | u_m \rangle - \langle u_l | u_m \rangle \} \\
&= 0 \quad (l \neq m)
\end{aligned}
$$

のように保証される（固有関数 $u_l(\boldsymbol{r})$ が規格化されていること，すなわち，$\langle u_l | u_l \rangle = \|u_l\|^2 = 1$ を用いた）．このように，直交しない固有関数（固有ベクトル）を直交化し，改めて規格化（正規化）された固有関数（固有ベクトル）を構成する方法を，**Gram-Schmidt（グラム-シュミット）の正規直交化法**という．

Gram-Schmidt の正規直交化法により，Hermite 演算子の固有関数（固有ベクトル）をすべて規格化し，互いに直交するようにできる．すなわち，互いに直交化された固有関数（固有ベクトル）の組を，改めて $\{u_n(\boldsymbol{r})\}$（または $\{|u_n\rangle\}$）と表せば，$l \neq m$ となる任意の l と m について，

$$\langle u_l | u_m \rangle = \int_V u_l^*(\boldsymbol{r}) u_m(\boldsymbol{r}) dV = 0 \quad (l \neq m) \tag{4.46}$$

が成り立つ．互いに直交する規格化された固有関数（固有ベクトル）の組を，**正規直交系**，または**規格直交系**と呼ぶ．

以上をまとめると，次が結論される．

─ **Hermite 演算子の固有関数の正規直交性** ──────────
Hermite 演算子の固有関数（固有ベクトル）の組は正規直交系を成す．

これは，(4.38) と (4.46) を合わせて，Hermite 演算子の固有関数の組 $\{u_n(\boldsymbol{r})\}$（固有ベクトルの組 $\{|u_n\rangle\}$）について，次が成り立つことを意味する．

─ **正規直交性の表現** ──────────
$$\langle u_l|u_m\rangle = \int_V u_l^*(\boldsymbol{r})u_m(\boldsymbol{r})dV = \delta_{lm} \qquad (4.47)$$

ただし，δ_{lm} は **Kronecker（クロネッカー）のデルタ記号**であり，

$$\delta_{lm} = \begin{cases} 1 \ (l = m) \\ 0 \ (l \neq m) \end{cases} \qquad (4.48)$$

である．

例題 4.2 3.1 節で学んだ，1 次元の有限領域に閉じ込められた自由粒子を記述するハミルトニアンの固有関数と固有エネルギーは，自然数 n を量子数として，(3.21) と (3.22) で与えられた．(3.21) で与えられる固有関数の組 $\{\phi_n(x)\}$ が正規直交系を成すことを確かめよ．

解答 (3.21) で与えられる固有関数の間の内積 $\langle \phi_l|\phi_m\rangle$ は，

$$\langle \phi_l|\phi_m\rangle = \int_0^L \phi_l^*(x)\phi_m(x)dx = \int_0^L \left(\sqrt{\frac{2}{L}}\sin\frac{l\pi x}{L}\right)^* \left(\sqrt{\frac{2}{L}}\sin\frac{m\pi x}{L}\right)dx$$

$$= \frac{2}{L}\int_0^L \sin\frac{l\pi x}{L}\sin\frac{m\pi x}{L}dx$$

$$= \frac{1}{L} \int_0^L \left\{ \cos \frac{(l-m)\pi x}{L} - \cos \frac{(l+m)\pi x}{L} \right\} dx \tag{4.49}$$

となる（(3.21) の $\phi_n(x)$ は，$0 \le x \le L$ の領域以外では 0 なので，積分範囲を $0 < x \le L$ としている）．(4.49) の最終等号では，三角関数の積和の公式

$$\sin\alpha\sin\beta = \frac{1}{2}\{\cos(\alpha-\beta) - \cos(\alpha+\beta)\}$$

を用いた．

ここで，$l \ne m$ の場合には

$$\int_0^L \cos\frac{(l-m)\pi x}{L} dx = \frac{L}{(l-m)\pi} \left[\sin\frac{(l-m)\pi x}{L} \right]_0^L$$
$$= \frac{L}{(l-m)\pi} \sin(l-m)\pi \quad (l \ne m)$$

となるが，自然数 l と m の差は必ず整数となるので，$\sin(l-m)\pi = 0$ $(l \ne m)$ である．一方，$l = m$ の場合には

$$\int_0^L \cos\frac{(l-m)\pi x}{L} dx = \int_0^L dx = [x]_0^L = L \quad (l = m)$$

となる．また，$l \ne m$ でも $l = m$ でも，

$$\int_0^L \cos\frac{(l+m)\pi x}{L} dx = \frac{L}{(l+m)\pi} \left[\sin\frac{(l+m)\pi x}{L} \right]_0^L = \frac{L}{(l+m)\pi} \sin(l+m)\pi$$

となるが，自然数 l と m の和も必ず整数となるので，常に $\sin(l+m)\pi = 0$ である．つまり，

$$(4.49) = \begin{cases} \dfrac{1}{L}(L-0) = 1 & (l = m) \\ \dfrac{1}{L}(0-0) = 0 & (l \ne m) \end{cases}$$

となるので，

$$\langle \phi_l | \phi_m \rangle = \delta_{lm}$$

が成り立ち，(3.21) で与えられる固有関数の組 $\{\phi_n(x)\}$ が正規直交系を成すことが確かめられる．

4.2 固有関数の完全性と確率解釈

4.2.1 全確率の保存

2.3 節で見た規格化条件 (2.25) は，任意の時刻で波動関数が規格化されていることを要請していたが，実は，Schrödinger 方程式に従う波動関数 $\psi(\boldsymbol{r}, t)$ で表される状態では，$\psi(\boldsymbol{r}, t)$ が定義されている全領域 V 内で粒子が見つかる確率が時間変化しないことを示せる．

全確率の保存

Hermite 演算子であるハミルトニアン H $(H^\dagger = H)$ と波動関数 $\psi(\boldsymbol{r}, t)$, 状態ベクトル $|\psi(t)\rangle$ について，

$$i\hbar \frac{\partial}{\partial t} \psi(\boldsymbol{r}, t) = H\psi(\boldsymbol{r}, t)$$

$$i\hbar \frac{\partial}{\partial t} |\psi(t)\rangle = H |\psi(t)\rangle \overset{\text{d.c.}}{\iff} -i\hbar \frac{\partial}{\partial t} \langle \psi(t)| = \langle \psi(t)| H^\dagger = \langle \psi(t)| H$$

$$(4.50)$$

が成り立つとき，

$$\frac{d}{dt} \langle \psi(t) | \psi(t) \rangle = \frac{d}{dt} \int_V |\psi(\boldsymbol{r}, t)|^2 dV = 0 \qquad (4.51)$$

である．

(証明) $\dfrac{d}{dt} \langle \psi(t) | \psi(t) \rangle = \left(\dfrac{\partial}{\partial t} \langle \psi(t)| \right) |\psi(t)\rangle + \langle \psi(t)| \left(\dfrac{\partial}{\partial t} |\psi(t)\rangle \right)$

$$\overset{(4.50)}{=} -\frac{1}{i\hbar} \langle \psi(t)|H|\psi(t)\rangle + \langle \psi(t)| \frac{1}{i\hbar} H|\psi(t)\rangle$$

$$\overset{(4.10)}{=} -\frac{1}{i\hbar} \langle \psi(t)|H|\psi(t)\rangle + \frac{1}{i\hbar} \langle \psi(t)|H|\psi(t)\rangle = 0 \qquad \square$$

つまり，(4.51) より，ある時刻 t_0 で波動関数が規格化されていて，

$$\int_V |\psi(\boldsymbol{r}, t_0)|^2 dV = \langle \psi(t_0) | \psi(t_0) \rangle = 1$$

であれば，(2.25) が成り立つこと，すなわち，任意の時刻 t で波動関数が規格化さ

れていることが保証される.

4.2.2 固有関数の完全性と射影演算子

ある物理量に対応する Hermite 演算子 A の固有値の組を $\{a_n\}$, 対応する固有関数および固有ケットの組を $\{u_n(\boldsymbol{r})\}$ および $\{|u_n\rangle\}$ とする (n は固有値を区別する量子数):

$$
\begin{aligned}
Au_n(\boldsymbol{r}) &= a_n u_n(\boldsymbol{r}) \\
A\,|u_n\rangle &= a_n\,|u_n\rangle
\end{aligned}
\tag{4.52}
$$

このとき,次を要請する.

> **━ 量子力学の要請2 ━**
>
> 任意の波動関数 $\phi(\boldsymbol{r})$ および状態ケット $|\phi\rangle$ は,$\{u_n(\boldsymbol{r})\}$ および $\{|u_n\rangle\}$ で展開できる.すなわち,$\phi(\boldsymbol{r})$ および $|\phi\rangle$ を $\{u_n(\boldsymbol{r})\}$ および $\{|u_n\rangle\}$ の線型結合(重ね合わせ)で表すことができる:
>
> $$
> \phi(\boldsymbol{r}) = \sum_n c_n u_n(\boldsymbol{r})
> \tag{4.53}
> $$
>
> $$
> |\phi\rangle = \sum_n c_n\,|u_n\rangle \overset{\text{d.c.}}{\iff} \langle\phi| = \sum_n c_n^*\,\langle u_n|
> $$

これを,「固有関数の組 $\{u_n(\boldsymbol{r})\}$ および固有ケットの組 $\{|u_n\rangle\}$ は完全系を成す」という.

物理量に対応する演算子(Hermite 演算子)の固有関数(固有ベクトル)は正規直交系を成すという性質 (4.47) と,【要請2】(4.53) から,次がいえる.

> **━ Hermite 演算子の固有関数の完全正規直交性 ━**
>
> 物理量に対応する演算子(Hermite 演算子)の固有関数(固有ベクトル)は完全正規直交系を成す.

3次元実ベクトルの場合,x, y, z 方向の単位ベクトルを,各々,$e_x = (1,0,0)$, $e_y = (0,1,0)$, $e_z = (0,0,1)$ として,ベクトル $\boldsymbol{a}$ を $\boldsymbol{a} = a_x e_x + a_y e_y + a_z e_z$

と表したとき，$a = (a_x, a_y, a_z)$ と成分表示をすることができる．たとえば，a を x 軸へ射影した成分，すなわち，a の x 成分は，e_x と a との内積 $e_x \cdot a$ により，

$$e_x \cdot a = e_x \cdot (a_x e_x + a_y e_y + a_z e_z) = a_x$$

$$(\because e_x \cdot e_x = 1, \ e_x \cdot e_y = 0, \ e_x \cdot e_z = 0)$$

で与えられたことを思い出そう．

これに倣うと，(4.53) の展開係数 c_m は，固有関数（固有ベクトル）の正規直交性 (4.47) から，$u_m(r)$ と $\phi(r)$ との内積，すなわち，$\phi(r)$ を $u_m(r)$ に「射影」した成分として，次のように与えられる．

$$\langle u_m | \phi \rangle \overset{(4.53)}{=} \langle u_m | \left(\sum_n c_n | u_n \rangle \right) = \sum_n \langle u_m | c_n | u_n \rangle \overset{(4.10)}{=} \sum_n c_n \langle u_m | u_n \rangle$$

$$\overset{(4.47)}{=} \sum_n c_n \delta_{mn} = c_m \tag{4.54}$$

時間に依存する任意の波動関数 $\psi(r, t)$（状態ベクトル $|\psi(t)\rangle$）についても，(4.53) と同様に，時間に依存する複素係数 $\{C_n(t)\}$ を用いて，

$$\psi(r, t) = \sum_n C_n(t) u_n(r) \ ; \quad |\psi(t)\rangle = \sum_n C_n(t) | u_n \rangle \tag{4.55}$$

と展開されると考えればよい．

(4.54) を (4.53) に用いれば，

$$|\phi\rangle = \sum_n c_n | u_n \rangle \overset{(4.54)}{=} \sum_n \langle u_n | \phi \rangle | u_n \rangle = \sum_n | u_n \rangle \langle u_n | \phi \rangle \tag{4.56}$$

最後の等号は，表記の順序を変えただけで意味は変わらない．(4.56) の最右辺で，形式的に，$\sum_n | u_n \rangle \langle u_n |$ を，$|\phi\rangle$ に演算する「演算子」だと考えれば，

$$|\phi\rangle = \left(\sum_n | u_n \rangle \langle u_n | \right) |\phi\rangle \tag{4.57}$$

となるが，(4.57) の両辺が任意の $|\phi\rangle$ について成り立つためには，「演算子」としての $\sum_n |u_n\rangle\langle u_n|$ は，**恒等演算子** I でなければならない[8]．したがって，次が成り立つ．

固有ベクトルが完全系を成すことの表現

$$\sum_n |u_n\rangle\langle u_n| = I \tag{4.58}$$

(4.58) からわかるように，$|u_n\rangle\langle u_n|$ のようにケットとブラを並べたものは演算子としての性質を持つ．(4.58) 自体は恒等演算子 I であるが，$|u_n\rangle\langle u_n|$ はどのような性質を持つ演算子であろうか．$|u_n\rangle\langle u_n|$ を状態ケット $|\phi\rangle$ に演算してみよう．

$$(|u_n\rangle\langle u_n|)\,|\phi\rangle = |u_n\rangle\langle u_n|\phi\rangle \overset{(4.54)}{=} |u_n\rangle c_n = c_n |u_n\rangle \tag{4.59}$$

(4.59) の最終等号では，完全系 $\{|u_n\rangle\}$ による $|\phi\rangle$ の展開係数 c_n を $|u_n\rangle$ と入れ替えた．

(4.59) の最右辺と最左辺を見ると，$|\phi\rangle$ に $|u_n\rangle\langle u_n|$ を演算した結果が，$|\phi\rangle$ の $|u_n\rangle$ への「射影」になっていることがわかる[9]．ここでは，$|\phi\rangle$ を3次元実ベクトルに見立てて（鉤括弧付きの）「射影」としたが，数学的には，抽象的なケットベクトルに対しても，(4.59) を $|\phi\rangle$ の $|u_n\rangle$ への**射影**（projection）と呼び，

$$|u_n\rangle\langle u_n| \tag{4.60}$$

を，$|u_n\rangle$ への**射影演算子**（projection operator）と呼ぶ．

固有値・固有ケットの組が (4.52) と定まっている Hermite 演算子 A については，(4.60) の射影演算子を用いて，次のように表すことができる（スペクトル表現）．

---

[8] 恒等演算子 I は，「何もしない」という「演算」をする演算子である．または，「1倍する」という演算子だと考えてもよい．その意味で，(4.58) の右辺を 1 と書く場合もある．

[9] 再び，3次元実ベクトル $\boldsymbol{a}$ を例にすれば，$\boldsymbol{a}$ の x 軸への射影が $a_x \boldsymbol{e}_x$ であることに対応する．

Hermite 演算子のスペクトル表現 ───────────

$$A = \sum_m a_m \left| u_m \right\rangle \left\langle u_m \right| \tag{4.61}$$

(証明)

$$A \left| u_n \right\rangle \overset{(4.61)}{=} \left(\sum_m a_m \left| u_m \right\rangle \left\langle u_m \right| \right) \left| u_n \right\rangle = \sum_m a_m \left| u_m \right\rangle \left\langle u_m | u_n \right\rangle$$

$$\overset{(4.47)}{=} \sum_m a_m \left| u_m \right\rangle \delta_{mn} = a_n \left| u_n \right\rangle \tag{4.62}$$

となって，(4.52) が成り立つ．□

4.2.3 連続固有値の場合の一般化

これまで，完全正規直交系としての固有ベクトルは，n という指数（量子数）で区別できる離散的な固有値を持つとしてきたが，より一般的に，連続的な値（実数）の固有値を持つ固有ベクトルについても，同様の概念を考えることができる（3.6.2 節の (3.205) 参照）．たとえば，粒子の位置の x 成分（x 座標）という物理量に対応する演算子（位置演算子）を $\hat{x}$ として，対応する固有ベクトルを $\left| x_0 \right\rangle$ とすれば，

$$\hat{x} \left| x_0 \right\rangle = x_0 \left| x_0 \right\rangle \tag{4.63}$$

と表される[10]．ここで，x_0 は，粒子の位置の x 座標を観測したときに得られる観測値としての $\hat{x}$ の固有値である．同様に，3 次元空間での粒子の位置に対応する位置演算子を $\hat{\boldsymbol{r}} = (\hat{x}, \hat{y}, \hat{z})$ として，対応する固有ベクトルを $\left| \boldsymbol{r}_0 \right\rangle$（$\boldsymbol{r}_0 = (x_0, y_0, z_0)$）とすれば，

$$\hat{\boldsymbol{r}} \left| \boldsymbol{r}_0 \right\rangle = \boldsymbol{r}_0 \left| \boldsymbol{r}_0 \right\rangle \tag{4.64}$$

と表される．これらの位置演算子の固有ベクトルの完全性は，(4.58) と同様に，次のように表される．

---

[10] ここでは，演算子にはハット記号を付けている．

位置演算子の固有ベクトルの完全性

$$\int_V |\boldsymbol{r}\rangle \langle \boldsymbol{r}| \, dV = I \tag{4.65}$$

$$\int_{-\infty}^{\infty} |x\rangle \langle x| \, dx = I \tag{4.66}$$

この位置演算子の固有ベクトルの完全性 (4.65) を用いて，関数の内積の定義 (4.2) を再考してみよう．4.1.1 節では，(4.2) の左辺が関数の内積の形式的な表現であり，右辺が具体的な定義式であると考えたが，(4.2) の左辺をブラ $\langle f|$ とケット $|g\rangle$ の内積と考え，位置演算子の固有ベクトルの完全性を表す (4.65) の右辺が恒等演算子であることに注意すると，

$$\langle f|g\rangle = \langle f|I|g\rangle \overset{(4.65)}{=} \langle f| \left(\int_V |\boldsymbol{r}\rangle \langle \boldsymbol{r}| \, dV \right) |g\rangle$$

$$= \int_V \langle f|\boldsymbol{r}\rangle \langle \boldsymbol{r}|g\rangle \, dV \overset{(4.5)}{=} \int_V \langle \boldsymbol{r}|f\rangle^* \langle \boldsymbol{r}|g\rangle \, dV \tag{4.67}$$

と表される（(4.67) の最終等号では，$\langle f|\boldsymbol{r}\rangle = \langle \boldsymbol{r}|f\rangle^*$ を用いた）．

4.2.2 節の (4.60) と同様に，$|\boldsymbol{r}\rangle \langle \boldsymbol{r}|$ は，$\boldsymbol{r}$ で指定される位置演算子の固有状態への射影演算子である．$|f\rangle$ で表される状態に，この射影演算子 $|\boldsymbol{r}\rangle \langle \boldsymbol{r}|$ を演算すると，$(|\boldsymbol{r}\rangle \langle \boldsymbol{r}|)|f\rangle = |\boldsymbol{r}\rangle \langle \boldsymbol{r}|f\rangle = \langle \boldsymbol{r}|f\rangle |\boldsymbol{r}\rangle$ となるので，内積 $\langle \boldsymbol{r}|f\rangle$ は，$|f\rangle$ で表される状態を $\boldsymbol{r}$ で指定される位置演算子の固有状態へ射影した成分といえる．これを簡潔に $|f\rangle$ で表される状態の $\boldsymbol{r}$ 成分と呼ぶことにすれば，同じく，$\langle \boldsymbol{r}|g\rangle$ は，$|g\rangle$ で表される状態の $\boldsymbol{r}$ 成分である．これらの $\boldsymbol{r}$ 成分 $\langle \boldsymbol{r}|f\rangle$ と $\langle \boldsymbol{r}|g\rangle$ を，各々，$f(\boldsymbol{r})$ と $g(\boldsymbol{r})$ と表記すると，(4.67) は，

$$\langle f|g\rangle = \int_V \langle \boldsymbol{r}|f\rangle^* \langle \boldsymbol{r}|g\rangle \, dV = \int_V f^*(\boldsymbol{r})g(\boldsymbol{r}) dV \tag{4.68}$$

となる．この (4.68) は，まさしく，関数の内積の定義 (4.2) の右辺になっている．

(4.68) からわかるように，(4.2) の右辺は，関数の内積の定義式というより，抽象的な内積（(4.2) の左辺）の位置座標表現になっていると考えるべきである．さらにいえば，我々がこれまで扱ってきた位置座標 $\boldsymbol{r}$ の関数としての波動関数とは，

実は，より抽象的な状態ベクトルを，$\boldsymbol{r}$ で指定される位置演算子の固有状態へ射影した成分にすぎない．つまり，たとえば，$\phi(\boldsymbol{r})$ で表記される波動関数は，抽象的な状態ベクトル $|\phi\rangle$ を，$\boldsymbol{r}$ で指定される位置演算子の固有状態へ射影した成分 $\langle\boldsymbol{r}|\phi\rangle$ であり，時間に依存する波動関数 $\psi(\boldsymbol{r},t)$ は，時間に依存する状態ベクトル $|\psi(t)\rangle$ の，位置演算子の固有状態へ射影した成分 $\langle\boldsymbol{r}|\psi(t)\rangle$ である．

$$\phi(\boldsymbol{r}) = \langle\boldsymbol{r}|\phi\rangle \tag{4.69}$$

$$\psi(\boldsymbol{r},t) = \langle\boldsymbol{r}|\psi(t)\rangle \tag{4.70}$$

すなわち，本質的なのは $\phi(\boldsymbol{r})$ や $\psi(\boldsymbol{r},t)$ ではなく，$|\phi\rangle$ や $|\psi(t)\rangle$ のほうなのである．以降では，必要な場合以外は，状態ベクトルを用いた表記を行うこととする．

(4.69) に倣って，(4.63) の固有方程式を位置座標表現してみよう．つまり，(4.63) の両辺と $\langle x|$ との内積を考えればよい．

$$\langle x|\hat{x}|x_0\rangle = \langle x|x_0|x_0\rangle = x_0 \langle x|x_0\rangle \tag{4.71}$$

(4.71) の最右辺では，固有値 x_0 を内積の外に出した．(4.71) の最左辺は，$\langle x|$ が $\hat{x}$ の固有ブラであること $\langle x|\hat{x} = x\langle x|$ を用いれば，$\langle x|\hat{x}|x_0\rangle = x\langle x|x_0\rangle$ となるので，結局，(4.71) から，

$$x \langle x|x_0\rangle = x_0 \langle x|x_0\rangle \tag{4.72}$$

が得られる．

(4.72) の両辺に現れる内積 $\langle x|x_0\rangle$ は，$\hat{x}$ の固有ケット $|x_0\rangle$ を，x で指定される位置演算子の固有状態へ射影した成分であり，粒子の位置演算子 (の x 成分) の固有値 x_0 に対応する固有ケット $|x_0\rangle$ の位置座標表現であるので，(4.72) は，(3.205) と同じ内容を表す等式になるべきである．すなわち，固有ケット $|x_0\rangle$ の位置座標表現 $\langle x|x_0\rangle$ は，Dirac のデルタ関数になっている．

$$\langle x|x_0\rangle = \delta(x - x_0) \tag{4.73}$$

3次元の位置ベクトル $\boldsymbol{r}$ についても同様であり，粒子の位置演算子 $\hat{\boldsymbol{r}}$ の固有値 $\boldsymbol{r}_0$ に対応する固有ケット $|\boldsymbol{r}_0\rangle$ の位置座標表現は，

$$\langle\boldsymbol{r}|\boldsymbol{r}_0\rangle = \delta(\boldsymbol{r} - \boldsymbol{r}_0) \tag{4.74}$$

となる. ただし, $\delta(\boldsymbol{r} - \boldsymbol{r}_0)$ は, 3.6.2節で学んだ Dirac のデルタ関数の 3 次元への拡張であり, (3.204) と同様に, 次のように定義される.

$$\begin{cases} \displaystyle\int_V \delta(\boldsymbol{r} - \boldsymbol{r}_0)dV = 1 \\[2mm] \delta(\boldsymbol{r} - \boldsymbol{r}_0) = 0 \quad (\boldsymbol{r} \neq \boldsymbol{r}_0) \end{cases} \tag{4.75}$$

(3.204) で定義された 1 次元 (1 変数) のデルタ関数 $\delta(x - x_0)$ を用いて,

$$\delta(\boldsymbol{r} - \boldsymbol{r}_0) = \delta(x - x_0)\delta(y - y_0)\delta(z - z_0) \tag{4.76}$$

とも表せる.

(4.74) は, 固有ケット $|\boldsymbol{r}_0\rangle$ の位置座標表現であるが, 一方, (4.74) を, 固有ブラ $\langle\boldsymbol{r}|$ と固有ケット $|\boldsymbol{r}_0\rangle$ の内積と見ると, この関係式を, 連続固有値を持つ系の異なる固有値に対応する固有ベクトルの「正規直交性」に対応する関係と見做すことができる. つまり, 連続固有値を持つ位置の固有ベクトルの正規直交性は, (4.47) のような Kronecker のデルタ記号を用いた離散的な表現はできず, 次のように Dirac のデルタ関数を用いて表されると考えるべきなのである.

> **位置演算子の固有ベクトルの正規直交性**
>
> $$\langle\boldsymbol{r}|\boldsymbol{r}'\rangle = \delta(\boldsymbol{r} - \boldsymbol{r}') \tag{4.77}$$
>
> $$\langle x|x'\rangle = \delta(x - x') \tag{4.78}$$

(4.47) と (4.77) や (4.78) を比較すれば, Dirac のデルタ関数が, 離散的な Kronecker のデルタ記号の連続変数への自然な拡張になっていることがわかるであろう.

4.2.4 測定値の得られる確率

物理量を観測して得られる測定値については, 【要請1】があるが, 測定値が得られる確率について, 次を要請する.

量子力学の要請 3

【要請 2】が要請されているとする．状態ベクトル $|\phi\rangle$ で表される状態の下で，A で表される物理量を観測したとき，その測定値として a_m が得られる確率 P_m は，(4.53) の c_m を用いて，

$$P_m = |c_m|^2 = c_m^* c_m \tag{4.79}$$

で与えられる．

ここで，状態ベクトル $|\phi\rangle$ が規格化されていること (2.28) と，固有ベクトルの完全正規直交性 (4.47)(4.53) から，

$$1 \overset{(2.28)}{=} \langle\phi|\phi\rangle \overset{(4.53)}{=} \sum_m \sum_n c_m^* c_n \langle u_m | u_n \rangle \overset{(4.47)}{=} \sum_m \sum_n c_m^* c_n \delta_{mn}$$

$$= \sum_m c_m^* c_m = \sum_m |c_m|^2 = \sum_m P_m \tag{4.80}$$

となる．つまり，(4.79) より，$P_m \geq 0$ であり，(4.80) より，$\sum_m P_m = 1$ であることから，$P_m = |c_m|^2$ を確率と見做すことの妥当性が保証される．

さらに，たとえば，状態 $|\phi\rangle$ が n_0 番目の固有ベクトル $|u_{n_0}\rangle$ 自体である場合，(4.53) を用いて，$|\phi\rangle = |u_{n_0}\rangle$ を $\{|u_n\rangle\}$ で展開して，

$$|u_{n_0}\rangle = |\phi\rangle \overset{(4.53)}{=} \sum_n c_n |u_n\rangle$$

を得るので，$c_{n_0} = 1$ で，かつ，他の n については，$c_n = 0 \ (n \neq n_0)$ である．この状態 $|\phi\rangle = |u_{n_0}\rangle$ の下で，A で表される物理量を観測すると，その測定値として a_{n_0} が得られる確率が，$P_{n_0} = |c_{n_0}|^2 = 1$ となる．すなわち，必ず（確率 1 で）a_{n_0} が得られることになり，【要請 3】が妥当であることがわかる．

また，もし，ある状態ベクトル $|\chi\rangle$ が，A の固有ベクトルで展開できない場合，すなわち，

$$|\chi\rangle = \sum_n c_n |u_n\rangle + |f\rangle$$

のように，余分な $|f\rangle$ がないと $|\chi\rangle$ が表せない場合があるとする．この場合に，すべての n について $c_n = 0$ で，$|\chi\rangle = |f\rangle$ という状態の下で物理量 A を観測したと

き, 測定値として a_n が得られる確率 P_n は, すべての n について, $P_n = |c_n|^2 = 0$ となり, 測定値が A の固有値 a_n のどれか1つになるという【要請1】に反することになる. これは, 任意の状態ベクトルが固有ベクトルで展開できるとする【要請2】が妥当であることを意味する.

4.2.5　観測と波動関数の収縮

4.2.4節で述べたとおり,【要請3】の (4.79) について, 演算子 A の n_0 番目の固有ベクトル $|u_{n_0}\rangle$ で表される状態の下で, A で表される物理量を観測したときは, その測定値として, 確率1で a_{n_0} が得られる. A の固有ベクトル $\{|u_n\rangle\}$ を重ね合わせた状態ベクトル $|\phi\rangle = \sum_n c_n |u_n\rangle$ で表される状態の下で, A で表される物理量を観測したとき, 実際に測定値として a_{n_0} が得られた場合は, 物理量を観測した瞬間に, $|\phi\rangle$ で表される状態から $|u_{n_0}\rangle$ で表される状態に変化したと考える.

一般的に, 時間変化する状態ベクトル $|\psi(t)\rangle$ を $\{|u_n\rangle\}$ で展開して, その展開係数を $\{C_n(t)\}$ としよう.

$$|\psi(t)\rangle = \sum_n C_n(t) |u_n\rangle$$

$|\psi(t)\rangle$ で表される状態の下で, 時刻 $t = t_0$ に A で表される物理量を観測したとき, 測定値として a_{n_0} が得られた場合には, 時刻 $t = t_0$ において, 瞬間的に

$$|\psi(t)\rangle \longrightarrow |u_{n_0}\rangle \tag{4.81}$$

または,

$$C_n(t) \longrightarrow C_n(t_0) = \delta_{nn_0} \tag{4.82}$$

という変化が起きたと考える.

同様に, 連続固有値の場合を考えよう. 波動関数 $\psi(\boldsymbol{r}, t) = \langle \boldsymbol{r}|\psi(t)\rangle$ で表される状態の下で, 時刻 $t = t_0$ に, 粒子の位置を観測したとき, 実際に, $\boldsymbol{r} = \boldsymbol{r}_0$ に粒子を見出した場合には, 時刻 $t = t_0$ において, 瞬間的に

$$\psi(\boldsymbol{r}, t) \longrightarrow \psi(\boldsymbol{r}, t_0) = \delta(\boldsymbol{r} - \boldsymbol{r}_0) \tag{4.83}$$

と変化したと考える. この変化を,「観測する前までは空間的に拡がっていた波動関数 $\psi(\boldsymbol{r}, t)$ が, 時刻 $t = t_0$ に, 瞬間的に $\boldsymbol{r} = \boldsymbol{r}_0$ 以外に拡がりを持たない Dirac

のデルタ関数 $\delta(\boldsymbol{r} - \boldsymbol{r}_0)$ に収縮した」と表現することがある（**波動関数の収縮**）. (4.81) または (4.82) についても，(4.83) に倣って，波動関数（波動ベクトル）の収縮と呼ぶ.

波動関数は，時間に依存する Schrödinger 方程式 (2.1) に従って時間変化（時間発展）するが，波動関数の収縮は Schrödinger 方程式では記述されない．その意味で，物理量の観測は物理的過程に含めず，(4.82) や (4.83) を，$\{C_n(t)\}$ または $\psi(\boldsymbol{r}, t)$ についての $t = t_0$ での初期条件を与える式と解釈する.

なお，物理量の観測自体も物理的過程の 1 つだと考えるべきであるという立場もあり，その立場では，「時刻 $t = t_0$ での物理量の観測」自体をどのように理解するべきかが重要な問題となる．そのような問題を広く**観測問題**と呼ぶ．観測問題についてはここでは扱わない[11].

---

[11] 量子情報を扱う分野では実際的な問題として研究されている．観測問題については，[6] が詳しい.

第 5 章

物理量の期待値と不確定性関係

本章では，量子力学における物理量と古典力学的な観測値の間を結ぶ，物理量の期待値の概念を学ぶ．物理量の期待値の時間変化を調べることで，古典力学における Newton の運動方程式が，量子力学の中でどのように位置付けられるかを示す，Ehrenfest の定理を導出する．また，物理量の期待値を用いて，不確定性関係の厳密な定式化を行う．

5.1 物理量の期待値

5.1.1 期待値の定義

Hermite 演算子 A で表される物理量を，簡潔に，「物理量 A」と呼び，A の固有値の組を $\{a_n\}$，対応する固有ベクトルの組を $\{|u_n\rangle\}$ とする．すなわち，

$$A |u_n\rangle = a_n |u_n\rangle \tag{5.1}$$

が成り立つとする（n は固有値を区別する量子数）．このとき，Hermite 演算子 A は，（4.61）のようなスペクトル表現

$$A = \sum_n a_n |u_n\rangle \langle u_n| \tag{5.2}$$

を持つのであった．

今，状態ベクトル $|\phi\rangle$ で表される状態（誤解の 虞 がない限り，「状態 $|\phi\rangle$」とも呼ぶ）の下で，物理量 A を観測したとき，測定値として a_m が得られる確率を P_m

とする．4.2節では，【要請3】により，$|\phi\rangle$（または，その双対対応$\langle\phi|$）をAの固有ベクトルで展開して

$$|\phi\rangle = \sum_n c_n |u_n\rangle \quad \overset{\text{d.c.}}{\Longleftrightarrow} \quad \langle\phi| = \sum_n c_n^* \langle u_n| \tag{5.3}$$

と表したときの$|u_m\rangle$の展開係数

$$c_m = \langle u_m|\phi\rangle$$
$$c_m^* = \langle u_m|\phi\rangle^* \overset{(4.5)}{=} \langle\phi|u_m\rangle \tag{5.4}$$

を用いて，P_mが，

$$P_m = |c_m|^2 = c_m^* c_m \tag{5.5}$$

と表されることを見た．物理量Aを状態$|\phi\rangle$の下で観測したときの測定値の期待値を，簡潔に，「**物理量Aの期待値**」と呼び，$\langle A\rangle$と書く．$\langle A\rangle$は，一般的な期待値の定義から，

物理量の期待値

$$\langle A\rangle = \sum_n a_n P_n = \sum_n a_n |c_n|^2 \tag{5.6}$$

と表される．これは，たとえば，ある宝くじの賞金とその当選確率が，

$$100\,万円の当選確率 = \frac{1}{10000}$$

$$10\,万円の当選確率 = \frac{1}{1000}$$

$$1\,万円の当選確率 = \frac{1}{100}$$

$$何も当たらない確率 = 1 - \left(\frac{1}{10000} + \frac{1}{1000} + \frac{1}{100}\right) = \frac{9889}{10000}$$

であるとき，

$$1000000 \times \frac{1}{10000} + 100000 \times \frac{1}{1000} + 10000 \times \frac{1}{100} + 0 \times \frac{9889}{10000} = 300$$

となることから，この宝くじをたくさん購入したとき，1枚当たりの「期待される賞金」，すなわち，賞金の期待値が300円だと評価できることを思い起こせばよい[1].

この状態 $|\phi\rangle$ の下での物理量 A の期待値 $\langle A \rangle$ は，状態ベクトル $|\phi\rangle$ を用いた内積として，次のように表されることを示せる.

時間に依存しない波動関数・状態ベクトルによる期待値の表現

$$\langle A \rangle = \langle \phi | A | \phi \rangle = \int_V \phi^*(\boldsymbol{r}) A \phi(\boldsymbol{r}) dV \tag{5.7}$$

（証明）　(5.7)：

$$\langle \phi | A | \phi \rangle \overset{(5.2)}{=} \langle \phi | \left(\sum_n a_n |u_n\rangle \langle u_n| \right) |\phi\rangle = \sum_n a_n \langle \phi | u_n \rangle \langle u_n | \phi \rangle$$

$$\overset{(5.4)}{=} \sum_n a_n c_n^* c_n = \sum_n a_n |c_n|^2$$

$$\overset{(5.6)}{=} \langle A \rangle \tag{5.8}$$

$\square$

時間に依存する状態ベクトル $|\psi(t)\rangle$ についても同様に，$|\psi(t)\rangle$ で表される状態での時刻 t での物理量の期待値を $\langle A \rangle(t)$ とすると，次のように表される[2].

時間に依存する波動関数・状態ベクトルによる期待値の表現

$$\langle A \rangle(t) = \langle \psi(t) | A | \psi(t) \rangle = \int_V \psi^*(\boldsymbol{r}, t) A \psi(\boldsymbol{r}, t) dV \tag{5.9}$$

---

[1] このような宝くじが1枚200円で売っていれば是非たくさんの枚数を購入するべきである．200万円で1万枚を購入すれば，確率的には，そのうちの1枚が100万円，10枚が10万円，100枚が1万円となり，総額300万円を手にすることができる？！

[2] 「時間に依存する」ということを，「時間 t の関数で表される」という意味で，期待値自体が t の関数であることを引数の形で表したが，このような引数表記は一般的ではなく，本書で限定的に用いるものである.

(5.9) も，固有関数の係数が時間に依存する複素係数となることに注意すれば，(5.8) と同様に証明できる.

問題 5.1　時間に依存する状態ベクトル $|\psi(t)\rangle$ で表される状態での時刻 t での物理量 A の期待値 $\langle A\rangle(t)$ が (5.9) で表されることを，(5.8) の導出と同様に示せ. ただし，$|\psi(t)\rangle$ は，A の固有ベクトルの組 $\{|u_n\rangle\}$ を用いて，$|\psi(t)\rangle = \sum_n C_n(t)|u_n\rangle$ と展開できるとせよ（各 $C_n(t)$ は t のみに依存する複素係数）.

5.1.2　定常状態での物理量の期待値

2.3 節で述べたように，波動関数 (2.26) で表される定常状態では，(2.27) で与えられるように，確率密度が時間に依らないのであった. (2.26) に対応するケットおよびブラ

$$|\psi(t)\rangle = e^{-i\frac{E}{\hbar}t}|\phi\rangle \overset{\text{d.c.}}{\Longleftrightarrow} \langle\psi(t)| = e^{i\frac{E}{\hbar}t}\langle\phi| \tag{5.10}$$

で表される状態について，$|\phi\rangle$ がハミルトニアンの固有状態であり，対応する固有値が E であるので，

$$H|\phi\rangle = E|\phi\rangle$$

$$H|\psi(t)\rangle = H(e^{-i\frac{E}{\hbar}t}|\phi\rangle) = e^{-i\frac{E}{\hbar}t}H|\phi\rangle = e^{-i\frac{E}{\hbar}t}E|\phi\rangle = E|\psi(t)\rangle$$

が成り立っている. つまり，定常状態 $|\psi(t)\rangle = e^{-i\frac{E}{\hbar}t}|\phi\rangle$ はハミルトニアンの固有状態となっている.

この定常状態 $|\psi(t)\rangle = e^{-i\frac{E}{\hbar}t}|\phi\rangle$ の下での物理量 A の期待値 $\langle A\rangle(t)$ を調べてみよう. ここで，A 自体はあらわに t に依らないとする（すなわち，$\frac{\partial A}{\partial t} = 0$）. $\langle A\rangle(t)$ は，

$$\langle A\rangle(t) \overset{(5.9)}{=} \langle\psi(t)|A|\psi(t)\rangle$$

$$\overset{(5.10)}{=} e^{i\frac{E}{\hbar}t}\langle\phi|Ae^{-i\frac{E}{\hbar}t}|\phi\rangle \overset{(4.10)}{=} e^{i\frac{E}{\hbar}t}e^{-i\frac{E}{\hbar}t}\langle\phi|A|\phi\rangle$$

$$= \langle\phi|A|\phi\rangle = \langle A\rangle \tag{5.11}$$

と，$\langle A \rangle = \langle \phi | A | \phi \rangle$ と等しくなって，t に依らないことがわかる．つまり，ハミルトニアンの固有ベクトルとなる状態ベクトルで表される状態（ハミルトニアンの固有状態）では，物理量の期待値も定常的になり，時間に依存しない．

定常状態

ハミルトニアンの固有状態（対応する固有値を E とする）は定常状態であり，その状態ベクトルは

$$|\psi(t)\rangle = e^{-i\frac{E}{\hbar}t} |\phi\rangle \quad \overset{\text{d.c.}}{\Longleftrightarrow} \quad \langle\psi(t)| = e^{i\frac{E}{\hbar}t} \langle\phi| \tag{5.12}$$

と変数分離型で表される．また，定常状態での物理量 A の期待値 $\langle A \rangle(t)$ は，時間に依存しない．すなわち，

$$\langle A \rangle(t) = \langle\psi(t)|A|\psi(t)\rangle = \langle\phi|A|\phi\rangle = \langle A \rangle \tag{5.13}$$

が成り立つ．

5.1.3　ハミルトニアンと可換な物理量の期待値

3.2節で定義した交換子を用いた演算子の可換性を復習しておこう．

演算子の可換性・非可換性

演算子 A と B の交換子 $[A, B] \equiv AB - BA$ について

$$[A, B] = 0$$

が成り立つとき，A と B は**可換**であるという．可換でない場合，**非可換**であるという．

たとえば，粒子の位置演算子や運動量演算子の x 成分について，3.2節で学んだ (2.14) のように，物理量を表す演算子どうしが非可換となる場合があることが，古典力学と異なる量子力学の大きな特徴である．古典力学では，物理量は常に確定した値を持ち，演算子で表されるようなものではないので，そもそも物理量の可換性という概念がない．

ある物理量 A が，ハミルトニアン H と可換であるとする．

$$[H, A] = 0 \tag{5.14}$$

また，A は，それ自体，あらわに t に依らないとする．

$$\frac{\partial A}{\partial t} = 0$$

このとき，時間に依存する状態ベクトル $|\psi(t)\rangle$ で表される状態での物理量 A の期待値 $\langle A \rangle(t)$ の時間変化を考える．ハミルトニアン H が Hermite 演算子であることから (4.50) を用いると，

$$
\begin{aligned}
\frac{d\langle A \rangle(t)}{dt} &\overset{(5.9)}{=} \frac{d}{dt}\langle\psi(t)|A|\psi(t)\rangle = \left(\frac{\partial}{\partial t}\langle\psi(t)|\right)A|\psi(t)\rangle + \langle\psi(t)|A\left(\frac{\partial}{\partial t}|\psi(t)\rangle\right)\\
&\overset{(4.50)}{=} -\frac{1}{i\hbar}\langle\psi(t)|HA|\psi(t)\rangle + \langle\psi(t)|A\frac{1}{i\hbar}H|\psi(t)\rangle\\
&\overset{(4.10)}{=} -\frac{1}{i\hbar}\langle\psi(t)|HA|\psi(t)\rangle + \frac{1}{i\hbar}\langle\psi(t)|AH|\psi(t)\rangle\\
&= -\frac{1}{i\hbar}\langle\psi(t)|(HA - AH)|\psi(t)\rangle \overset{(2.12)}{=} -\frac{1}{i\hbar}\langle\psi(t)|[H, A]|\psi(t)\rangle\\
&\overset{(5.14)}{=} 0 \tag{5.15}
\end{aligned}
$$

となって，$\langle A \rangle(t)$ が時間変化しない，すなわち，$\langle A \rangle(t)$ が保存されることが示される[3]．

5.1.4 時間並進対称性とエネルギー保存則

ハミルトニアン H 自体があらわに t に依らない場合，時間に依存する Schrödinger 方程式 (4.50) はどの時刻でも同じであり，時間をずらしても系の時間発展は変わらない．これを，「系には**時間並進対称性がある**」という．ハミルトニアン H は，もちろんそれ自体と可換であるので，(5.14) を満たす演算子 A として H 自体を考えると，系に時間並進対称性がある場合，(5.15) で示したとおり，

$$\frac{d\langle H \rangle(t)}{dt} = 0 \tag{5.16}$$

---

[3] (5.15) の 2 つ目の等号では，内積記号の中で $|\psi(t)\rangle$ と表される状態ベクトルについて，形式的に t についての偏微分記号 ∂ を用いている．

である.

　状態 $|\psi(t)\rangle$ の下でのハミルトニアンの期待値 $\langle H \rangle(t)$ は観測されるエネルギーの期待値であるので，(5.16) は，エネルギーが時間変化しない，すなわち，エネルギーが保存されることを示している.

> ── **時間並進対称性とエネルギー保存則** ──────────
>
> 系に時間並進対称性がある場合（ハミルトニアン自体があらわに時間に依らない場合），系のハミルトニアンの期待値（エネルギー期待値）は保存される.

5.2　Ehrenfest の定理

　あらわに時間に依らないハミルトニアンとして，ポテンシャル $V(\boldsymbol{r})$ の下で運動する質量 m の粒子についてのハミルトニアン

$$H = -\frac{\hbar^2}{2m}\Delta + V(\boldsymbol{r}) \tag{5.17}$$

を考える．運動量演算子 $\boldsymbol{p} = (p_x, p_y, p_z) = -i\hbar\boldsymbol{\nabla}$ について，

$$p_\mu = -i\hbar\frac{\partial}{\partial\mu} \quad (\mu = x, y, z) \tag{5.18}$$

$$p^2 \equiv \boldsymbol{p}\cdot\boldsymbol{p} = p_x^2 + p_y^2 + p_z^2 \overset{(5.18)}{=} -\hbar^2\left(\frac{\partial^2}{\partial x^2} + \frac{\partial^2}{\partial y^2} + \frac{\partial^2}{\partial z^2}\right) \tag{5.19}$$

に注意して，(5.17) の H を

$$H = \frac{p^2}{2m} + V(\boldsymbol{r}) \tag{5.20}$$

と表しておく.

　この系において，時刻 t における状態 $|\psi(t)\rangle$ の下での物理量の期待値の時間変化を調べてみよう．粒子の位置演算子の x 成分の期待値 $\langle x \rangle(t)$ と運動量演算子の x 成分の期待値 $\langle p_x \rangle(t)$ について，(5.15) の 6 番目の等号までを適用すれば，

$$\frac{d\langle x \rangle(t)}{dt} = -\frac{1}{i\hbar}\langle\psi(t)|[H, x]|\psi(t)\rangle \tag{5.21}$$

$$\frac{d\langle p_x \rangle(t)}{dt} = -\frac{1}{i\hbar} \langle \psi(t) | [H, p_x] | \psi(t) \rangle \tag{5.22}$$

となるので，交換子 $[H, x]$ と $[H, p_x]$ について考えよう．

まず，$[H, x]$ について，位置演算子は互いに可換であり，$[x, x] = [y, x] = [z, x] = 0$ なので，$\boldsymbol{r} = (x, y, z)$ の関数であるポテンシャル $V(\boldsymbol{r})$ は x と可換である：

$$[V(\boldsymbol{r}), x] = 0 \tag{5.23}$$

したがって，

$$[H, x] \overset{(5.20)}{=} \left[\frac{p^2}{2m} + V(\boldsymbol{r}), x \right] \overset{(2.16)}{=} \frac{1}{2m}[p^2, x] + [V(\boldsymbol{r}), x]$$

$$\overset{(5.23)}{=} \frac{1}{2m}[p^2, x] \overset{(2.16)(5.19)}{=} \frac{1}{2m}([p_x^2, x] + [p_y^2, x] + [p_z^2, x]) \tag{5.24}$$

となる．

ここで，位置演算子と運動量演算子の交換子については，3.2.1 節で示した (2.14) を含めて，

$$[x, p_x] = i\hbar \tag{5.25}$$

$$[x, p_y] = [x, p_z] = 0 \tag{5.26}$$

が成り立つので，3.2 節で学んだ交換子の公式を用いれば，

$$[p_x^2, x] \overset{(2.17)}{=} p_x[p_x, x] + [p_x, x]p_x \overset{(2.15)}{=} -p_x[x, p_x] - [x, p_x]p_x \overset{(5.25)}{=} -2i\hbar p_x$$

$$[p_y^2, x] \overset{(2.17)}{=} p_y[p_y, x] + [p_y, x]p_y \overset{(2.15)(5.26)}{=} 0$$

$$[p_z^2, x] \overset{(2.17)}{=} p_z[p_z, x] + [p_z, x]p_z \overset{(2.15)(5.26)}{=} 0$$

となる．これらの交換子の計算結果を (5.24) に代入すれば，

$$[H, x] = \frac{1}{2m}(-2i\hbar p_x + 0 + 0) = -i\frac{\hbar}{m}p_x \tag{5.27}$$

となり，結局，(5.21) より，

$$
\frac{d\langle x\rangle(t)}{dt} = -\frac{1}{i\hbar}\langle\psi(t)|[H,x]|\psi(t)\rangle \overset{(5.27)}{=} -\frac{1}{i\hbar}\langle\psi(t)|\left(-i\frac{\hbar}{m}\right)p_x|\psi(t)\rangle
$$

$$
\overset{(4.10)}{=} \frac{1}{m}\langle\psi(t)|p_x|\psi(t)\rangle \overset{(5.9)}{=} \frac{1}{m}\langle p_x\rangle(t) \tag{5.28}
$$

を得る．

次に，$[H,p_x]$ について，運動量演算子は互いに可換であり，$[p_x,p_x]=[p_y,p_x]=[p_z,p_x]=0$ なので，(5.20) の第1項は p_x と可換である：

$$
\left[\frac{p^2}{2m},p_x\right] \overset{(2.16)(5.19)}{=} \frac{1}{2m}[p_x^2,p_x]+[p_y^2,p_x]+[p_z^2,p_x]=0 \tag{5.29}
$$

したがって，

$$
[H,p_x] \overset{(5.20)}{=} \left[\frac{p^2}{2m}+V(\boldsymbol{r}),p_x\right] = \left[\frac{p^2}{2m},p_x\right]+[V(\boldsymbol{r}),p_x] \overset{(5.29)}{=} [V(\boldsymbol{r}),p_x] \tag{5.30}
$$

となる．

ここで任意の関数 $f(\boldsymbol{r})$ に対して，

$$
\begin{aligned}
[V(\boldsymbol{r}),p_x]f(\boldsymbol{r}) \overset{(2.12)}{=}& (V(\boldsymbol{r})p_x - p_x V(\boldsymbol{r}))f(\boldsymbol{r}) \\
\overset{(5.18)}{=}& V(\boldsymbol{r})\left(-i\hbar\frac{\partial f(\boldsymbol{r})}{\partial x}\right) - \left(-i\hbar\frac{\partial}{\partial x}(V(\boldsymbol{r})f(\boldsymbol{r}))\right) \\
=& -i\hbar V(\boldsymbol{r})\frac{\partial f(\boldsymbol{r})}{\partial x} + i\hbar\left(\frac{\partial V(\boldsymbol{r})}{\partial x}f(\boldsymbol{r}) + V(\boldsymbol{r})\frac{\partial f(\boldsymbol{r})}{\partial x}\right) \\
=& i\hbar\frac{\partial V(\boldsymbol{r})}{\partial x}f(\boldsymbol{r})
\end{aligned}
$$

が成り立つので，演算子の等式として，

$$
[V(\boldsymbol{r}),p_x] = i\hbar\frac{\partial V(\boldsymbol{r})}{\partial x} \tag{5.31}
$$

が成り立つ. これを (5.30) に代入すれば,

$$[H, p_x] \overset{(5.30)}{=} [V(\boldsymbol{r}), p_x] \overset{(5.31)}{=} i\hbar \frac{\partial V(\boldsymbol{r})}{\partial x} \tag{5.32}$$

となり, 結局, (5.22) より,

$$\frac{d\langle p_x \rangle (t)}{dt} \overset{(5.22)}{=} -\frac{1}{i\hbar} \langle \psi(t)|[H, p_x]|\psi(t) \rangle \overset{(5.32)}{=} -\frac{1}{i\hbar} \langle \psi(t)| \left(i\hbar \frac{\partial V(\boldsymbol{r})}{\partial x} \right) |\psi(t) \rangle$$

$$\overset{(4.10)}{=} -\langle \psi(t)| \frac{\partial V(\boldsymbol{r})}{\partial x} |\psi(t) \rangle \overset{(5.9)}{=} -\left\langle \frac{\partial V(\boldsymbol{r})}{\partial x} \right\rangle (t) \tag{5.33}$$

を得る.

同様の論理から, (5.28) と (5.33) の両方について, 各々の y 成分や z 成分についても同様の結論が得られるので, 以下のように各成分をまとめてベクトル表記することができる.

$$\frac{d\langle \boldsymbol{r} \rangle (t)}{dt} = \frac{1}{m} \langle \boldsymbol{p} \rangle (t) \tag{5.34}$$

$$\frac{d\langle \boldsymbol{p} \rangle (t)}{dt} = -\langle \boldsymbol{\nabla} V(\boldsymbol{r}) \rangle (t) \tag{5.35}$$

一方, 古典力学的な変数としての時刻 t における質量 m の粒子の位置 $\boldsymbol{r}(t)$ と運動量 $\boldsymbol{p}(t)$ については,

$$\boldsymbol{p}(t) = m\boldsymbol{v}(t) \tag{5.36}$$

$$\boldsymbol{v}(t) = \frac{d\boldsymbol{r}(t)}{dt} \tag{5.37}$$

であり, 位置 $\boldsymbol{r}$ にある粒子に力 $\boldsymbol{F}(\boldsymbol{r})$ が働くときの Newton の運動方程式は,

$$m\frac{d^2 \boldsymbol{r}(t)}{dt^2} = m\frac{d\boldsymbol{v}(t)}{dt} = \frac{d\boldsymbol{p}(t)}{dt} = \boldsymbol{F}(\boldsymbol{r}) \tag{5.38}$$

と表される. 力 $\boldsymbol{F}(\boldsymbol{r})$ が, 位置 $\boldsymbol{r}$ にある粒子の持つポテンシャルエネルギー $V(\boldsymbol{r})$ の勾配を用いて,

$$\boldsymbol{F}(\boldsymbol{r}) = -\boldsymbol{\nabla} V(\boldsymbol{r}) \tag{5.39}$$

で与えられることを思い出せば，(5.36)(5.37) と (5.38) をまとめて，

$$\frac{d\boldsymbol{r}(t)}{dt} = \frac{1}{m}\boldsymbol{p}(t) \tag{5.40}$$

$$\frac{d\boldsymbol{p}(t)}{dt} = -\boldsymbol{\nabla}V(\boldsymbol{r}) \tag{5.41}$$

と表すことができる[4]．

　(5.34)(5.35) と (5.40)(5.41) を比較すると，量子力学における物理量については，状態 $|\psi(t)\rangle$ の下での期待値の意味で，古典力学の運動方程式が成り立つことがわかる．つまり，古典力学における物理量の観測値は，量子力学における物理量の期待値として理解されるべきであるといえる．この事実 (5.34) と (5.35) を**Ehrenfest（エーレンフェスト）の定理**という．

── Ehrenfest の定理 ──

古典力学の運動方程式は，量子力学の物理量の期待値が従う方程式に対応している．

$$\frac{d\langle\boldsymbol{r}\rangle(t)}{dt} = \frac{1}{m}\langle\boldsymbol{p}\rangle(t)$$
$$\frac{d\langle\boldsymbol{p}\rangle(t)}{dt} = -\langle\boldsymbol{\nabla}V(\boldsymbol{r})\rangle(t)$$
$$\langle A\rangle(t) \equiv \langle\psi(t)|A|\psi(t)\rangle$$
$$= \int_{\mathrm{V}} \psi^*(\boldsymbol{r},t)A\psi(\boldsymbol{r},t)dV$$

　(5.35) の右辺は，あくまで，$\langle\boldsymbol{F}(\boldsymbol{r})\rangle(t)$ であり，決して $\boldsymbol{F}(\langle\boldsymbol{r}\rangle(t))$ ではないということに注意するべきである．つまり，量子力学における物体の位置の期待値 $\langle\boldsymbol{r}\rangle(t)$ が古典力学に従うわけではない[5]．

---

[4] (5.39) と表されるのは，力が保存力の場合である．

[5] 波動関数の空間的な拡がりがなく，十分局在していて，その拡がりの範囲内で $\boldsymbol{F}(\boldsymbol{r}) = -\boldsymbol{\nabla}V(\boldsymbol{r})$ がほとんど変化しない場合には，$\langle\boldsymbol{F}(\boldsymbol{r})\rangle(t) \simeq \boldsymbol{F}(\langle\boldsymbol{r}\rangle(t))$ が成り立ち，$\langle\boldsymbol{r}\rangle(t)$ が古典力学に従うことになる．

5.3 不確定性関係

粒子の位置の x 成分 x と運動量の x 成分 p_x について，それら物理量の状態 $|\phi\rangle$ の下での期待値

$$\langle x \rangle = \langle \phi | x | \phi \rangle = \int_V \phi^*(\boldsymbol{r}) x \phi(\boldsymbol{r}) dV \tag{5.42}$$

$$\langle p_x \rangle = \langle \phi | p_x | \phi \rangle = \int_V \phi^*(\boldsymbol{r}) p_x \phi(\boldsymbol{r}) dV \tag{5.43}$$

を用いて，x の不確定性 Δx と p_x の不確定性 Δp_x という量を定義する．

物理量の不確定性

$$\Delta x \equiv \sqrt{\langle (x - \langle x \rangle)^2 \rangle} = \sqrt{\langle x^2 \rangle - \langle x \rangle^2} \tag{5.44}$$

$$\Delta p_x \equiv \sqrt{\langle (p_x - \langle p_x \rangle)^2 \rangle} = \sqrt{\langle p_x^2 \rangle - \langle p_x \rangle^2} \tag{5.45}$$

問題 5.2 (5.44) と (5.45) の中辺から最右辺を確かめよ．ただし，(4.10) と (2.28) から，定数 a の期待値は，$\langle a \rangle = a\langle 1 \rangle = a$ であるので，$\langle \langle x \rangle \rangle = \langle x \rangle$ となることに注意せよ．

Δx と Δp_x は，各々，x と p_x の標準偏差に相当する量である．これらの不確定性には，次の重要な不等式が成り立つ．

位置と運動量の不確定性関係

(5.44) と (5.45) について，

$$\Delta x \Delta p_x \geq \frac{\hbar}{2} \tag{5.46}$$

が成り立つ．この関係を x と p_x の間の**不確定性関係**という．

（証明） まず，(5.44) と (5.45) を簡便に表すために，x と p_x の各々の期待値からのずれを表す新たな演算子 $\tilde{x}$ と $\tilde{p_x}$

$$\tilde{x} \equiv x - \langle x \rangle \tag{5.47}$$

$$\tilde{p_x} \equiv p_x - \langle p_x \rangle \tag{5.48}$$

を導入する．x と p_x が Hermite 演算子なので，もちろん，$\tilde{x}$ と $\tilde{p_x}$ も Hermite 演算子である：

$$\tilde{x}^\dagger = \tilde{x} \tag{5.49}$$

$$\tilde{p_x}^\dagger = \tilde{p_x} \tag{5.50}$$

$\tilde{x}$ と $\tilde{p_x}$ の交換子については，3.2節でも見たとおり，演算子と定数の交換子が 0 となることに注意すれば，(2.14) から，

$$[\tilde{x}, \tilde{p_x}] = [x, p_x] \stackrel{(2.14)}{=} i\hbar \tag{5.51}$$

となる[6]．$\tilde{x}$ と $\tilde{p_x}$ を用いれば，x と p_x の各々の不確定性は，(5.44) と (5.45) から，

$$(\Delta x)^2 \stackrel{(5.44)}{=} \langle \tilde{x}^2 \rangle \tag{5.52}$$

$$(\Delta p_x)^2 \stackrel{(5.45)}{=} \langle \tilde{p_x}^2 \rangle \tag{5.53}$$

と簡便に表すことができる．

今，任意の実数 α に対して，$\tilde{x}$ と $\tilde{p_x}$ を $|\phi\rangle$ に演算させて，新たな状態ベクトル $|\phi_\alpha\rangle$ を

$$|\phi_\alpha\rangle \equiv (\tilde{x} + i\alpha\tilde{p_x})\,|\phi\rangle \stackrel{\mathrm{d.c.}}{\Longleftrightarrow} \langle\phi_\alpha| = \langle\phi|\,(\tilde{x}^\dagger - i\alpha\tilde{p_x}^\dagger) \stackrel{(5.49)(5.50)}{=} \langle\phi|\,(\tilde{x} - i\alpha\tilde{p_x}) \tag{5.54}$$

と定義する．4.1.1節で示した (4.14) のとおり，任意の状態ベクトルとそれ自身の内積（状態ベクトルのノルムの2乗）は非負なので，$|\phi_\alpha\rangle$ についても，

$$\langle\phi_\alpha|\phi_\alpha\rangle \geq 0$$

である．したがって，

$$0 \quad \leq \quad \langle\phi_\alpha|\phi_\alpha\rangle$$

---

[6] x と p_x は演算子だが，$\langle x \rangle$ と $\langle p_x \rangle$ は定数である．

$$\overset{(5.54)}{=} \quad \langle\phi|(\tilde{x} - i\alpha\tilde{p_x})(\tilde{x} + i\alpha\tilde{p_x})|\phi\rangle$$

$$= \quad \langle\phi|(\tilde{x}^2 + i\alpha(\tilde{x}\tilde{p_x} - \tilde{p_x}\tilde{x}) + \alpha^2\tilde{p_x}^2)|\phi\rangle$$

$$\overset{(2.12)}{=} \quad \langle\phi|(\tilde{x}^2 + i\alpha[\tilde{x}, \tilde{p_x}] + \alpha^2\tilde{p_x}^2)|\phi\rangle$$

$$\overset{(5.51)}{=} \quad \langle\phi|(\tilde{x}^2 + i\alpha(i\hbar) + \alpha^2\tilde{p_x}^2)|\phi\rangle$$

$$= \quad \langle\phi|(\tilde{x}^2 - \alpha\hbar + \alpha^2\tilde{p_x}^2)|\phi\rangle$$

$$\overset{(4.10)}{=} \quad \langle\phi|\tilde{x}^2|\phi\rangle - \alpha\hbar\langle\phi|\phi\rangle + \alpha^2\langle\phi|\tilde{p_x}^2|\phi\rangle$$

$$\overset{(2.28)(5.7)}{=} \quad \langle\tilde{x}^2\rangle - \alpha\hbar + \alpha^2\langle\tilde{p_x}^2\rangle$$

$$\overset{(5.52)(5.53)}{=} \quad (\Delta x)^2 - \alpha\hbar + \alpha^2(\Delta p_x)^2 \tag{5.55}$$

が成り立つ.

(5.55) を実数 α についての二次不等式として書き換えると,

$$(\Delta p_x)^2\alpha^2 - \hbar\alpha + (\Delta x)^2 \geq 0 \tag{5.56}$$

となる. 不等式 (5.56) 左辺の α の二次関数が非負となる条件は, 判別式を用いて,

$$\hbar^2 - 4(\Delta p_x)^2(\Delta x)^2 \leq 0$$

$$(\Delta x)^2(\Delta p_x)^2 \geq \frac{\hbar^2}{4} \tag{5.57}$$

と求められる. Δx も Δp_x もその定義 (5.44) と (5.45) から非負であるので, 不等式 (5.57) の両辺の平方根をとることで,

$$\Delta x \Delta p_x \geq \frac{\hbar}{2}$$

となり, (5.46) が示される. $\quad\square$

一般的な不確定性関係 より一般的に, Hermite 演算子（または実定数）C を用いて, 交換子が,

$$[A, B] = iC \tag{5.58}$$

となるような Hermite 演算子 A と B について，(5.46) と同様の不等式

$$\Delta A \Delta B \geq \frac{1}{2}|\langle C \rangle| \tag{5.59}$$

が成り立つ．ただし，ΔA と ΔB は，各々，A と B の不確定性で，

$$\Delta A \equiv \sqrt{\langle (A - \langle A \rangle)^2 \rangle}, \quad \Delta B \equiv \sqrt{\langle (B - \langle B \rangle)^2 \rangle}$$

と定義される．

問題 5.3 (5.46) の証明に倣って (5.59) を示せ．

　　[ヒント：新たな演算子 $\tilde{A} \equiv A - \langle A \rangle$ と $\tilde{B} \equiv B - \langle B \rangle$ を用いて，新たな状態ベクトル $|\phi_\alpha\rangle$ を $|\phi_\alpha\rangle \equiv (\tilde{A} + i\alpha\tilde{B})|\phi\rangle$ と定義して，(5.55) と同様の不等式を考えよ．]

(5.46) で表される x と p_x の不確定性関係の意味を考えよう．$\langle x \rangle$ と $\langle p_x \rangle$ は，各々，ある状態 $|\phi\rangle$ の下での x と p_x の期待値である：

$$\langle x \rangle = \langle \phi|x|\phi \rangle \tag{5.60}$$

$$\langle p_x \rangle = \langle \phi|p_x|\phi \rangle \tag{5.61}$$

ここで，

<u>$|\phi\rangle$ が x と p_x の両方の固有状態であること</u>$_\mathrm{H}$

を仮定しよう．2.2.2 節では，このような状況を「x と p_x が**同時固有状態**（同時固有関数）を持つ」と呼ぶことを学んだ．もし，下線部 H が成り立つならば，すなわち，$|\phi\rangle$ が x と p_x の同時固有状態であるならば，

$$x|\phi\rangle = \xi|\phi\rangle \tag{5.62}$$

$$p_x|\phi\rangle = \eta|\phi\rangle \tag{5.63}$$

と，各々，対応する固有値 ξ と η を持つことになる．つまり，状態 $|\phi\rangle$ の下で，粒子の位置の x 成分 x と運動量の x 成分 p_x を同時に観測したとき，各々の測定値として，必ず ξ と η なる確定した値が得られることになる．このとき，状態 $|\phi\rangle$ の下での x と p_x の期待値は，

$$\langle x \rangle = \langle \phi|x|\phi \rangle \overset{(5.62)}{=} \langle \phi|\xi|\phi \rangle \overset{(4.10)}{=} \xi \langle \phi|\phi \rangle \overset{(2.28)}{=} \xi \tag{5.64}$$

$$\langle p_x \rangle = \langle \phi | p_x | \phi \rangle \stackrel{(5.63)}{=} \langle \phi | \eta | \phi \rangle \stackrel{(4.10)}{=} \eta \langle \phi | \phi \rangle \stackrel{(2.28)}{=} \eta \qquad (5.65)$$

と計算され，さらに，状態 $|\phi\rangle$ の下での各々の 2 乗の期待値も，

$$\langle x^2 \rangle = \langle \phi | x^2 | \phi \rangle \stackrel{(5.62)}{=} \langle \phi | \xi^2 | \phi \rangle = \xi^2 \qquad (5.66)$$

$$\langle p_x^2 \rangle = \langle \phi | p_x^2 | \phi \rangle \stackrel{(5.63)}{=} \langle \phi | \eta^2 | \phi \rangle = \eta^2 \qquad (5.67)$$

と固有値で表される．したがって，各々の不確定性は，

$$\Delta x \stackrel{(5.44)}{=} \sqrt{\langle x^2 \rangle - \langle x \rangle^2} \stackrel{(5.64)(5.66)}{=} \sqrt{\xi^2 - \xi^2} = 0 \qquad (5.68)$$

$$\Delta p_x \stackrel{(5.45)}{=} \sqrt{\langle p_x^2 \rangle - \langle p_x \rangle^2} \stackrel{(5.65)(5.67)}{=} \sqrt{\eta^2 - \eta^2} = 0 \qquad (5.69)$$

と，Δx と Δp_x ともに 0 となることになる．

　しかし，x と p_x の不確定性関係 (5.46) から，x と p_x の不確定性 Δx と Δp_x は同時に 0 となることはできず，前頁の下線部 H を仮定して導かれた (5.68) と (5.69) は，不確定性関係 (5.46) に矛盾する．つまり，前頁の下線部 H は否定され，(5.62) と (5.63) を同時に満たすような $|\phi\rangle$ は存在せず，x と p_x は同時固有状態を持たないことが示される．したがって，次がいえる．

> **不確定性関係の意味**
>
> 不確定性関係が成り立つ x と p_x は，同時固有状態を持たず，任意の状態の下で各々を同時に観測したとき，ともに確定した測定値が得られることはない．

　一般に，(5.59) からわかるように，非可換な物理量の間では，それらの不確定性の積が 0 にならず，両者には不確定性関係が成り立つため，一方の不確定性を小さくしようとすると，もう一方の不確定性は大きくなってしまう．両者は同時固有状態を持たず，同時に確定した測定値を得ることはない[7]．

　たとえば，(5.46) を見ると，粒子の位置座標の x 成分の不確定性 Δx が限りなく小さくなれば，粒子の運動量の x 成分の不確定性 Δp_x は限りなく大きくなって

---

[7] 3.2 節では，可換な物理量（演算子）が同時固有状態を持つことを学んだ．

しまう．逆も同様である．つまり，古典力学において，我々が疑いもなく想定していたような「ある時刻 t における粒子の位置と速度（運動量）」は確定しているものではなく，むしろ，粒子の位置と運動量は同時に確定した測定値が得られないというのが量子力学からの帰結なのである．

3.6 節で定義した，Dirac のデルタ関数の積分表示 (3.202) は，デルタ関数が平面波の逆 Fourier 変換で与えられることを示していた．(4.2) 節で見たとおり，デルタ関数は位置演算子の固有関数と見做すことができる．一方，(3.2) 節では平面波が運動量演算子の固有関数であることを学んだ．つまり，位置演算子の固有関数と運動量演算子の固有関数は Fourier 変換で結び付けられていて，位置が確定した値を持つ状態（位置演算子の固有関数）は，あらゆる値を持つ運動量の状態の重ね合わせで表されることになる．これは，まさに，位置の不確定性が 0 となる状態では，運動量の不確定性が無限大に発散するという，位置と運動量の不確定性関係 (5.46) の反映である．

不確定性関係は，測定手段・測定装置の問題に起因する測定誤差から生じるものではなく，量子力学の原理的な性質である．その意味で，**不確定性原理**と呼ばれることがある．量子力学の立役者の一人である Heisenberg（ハイゼンベルク：14 ページ脚注 19) 参照）が，上記のような粒子の位置と運動量の不確定性について考察を行ったことにちなんで，**Heisenberg の不確定性原理**とも呼ばれる．量子力学の枠組として，Heisenberg の不確定性原理を量子力学の基礎付けと考える立場もある．

第 6 章

1 次元調和振動子

　高校物理で学んだ単振動は，調和振動とも呼ばれる．バネに繋がれた質点の運動は調和振動（単振動）の典型である．質点が 1 次元方向に限られた調和振動を行うとき，この系を 1 次元調和振動子と呼ぶ．非常に単純な系ではあるが，その本質は様々な物理系に共通して現れるため，物理学の対象として重要な系である．1 次元調和振動子を量子力学的に扱う際に用いられる手法や概念は，多くの物理系の量子力学的な記述にも用いられる．本章では，1 次元調和振動子を量子力学的に扱う 2 つの手法を学ぶ．

6.1　1 次元調和振動子の Schrödinger 方程式

　バネに繋がれた質点は，Hooke（フック）の法則に従い，自然長からの変位に比例した力（弾性力）を受ける．質点が x 軸上で運動するとして，バネが自然長であるときの質点の座標を原点にとるとき，バネからの弾性力のみが質点に働くとすれば，バネ定数 k のバネに繋がれた質点は，$F(x) = -kx$ の力を受ける．この質点の位置エネルギーを $V(x)$ とすれば，

$$V(x) = \frac{1}{2}kx^2$$

と表されることも高校物理で学んだ．質点の質量を m とすると，この系は角周波数 $\omega = \sqrt{k/m}$ で振動するので，質点の位置エネルギーを

$$V(x) = \frac{1}{2}m\omega^2 x^2 \tag{6.1}$$

と表しておく.

1次元調和振動子とは,上述のようなバネに繋がれた質点に限らず,一般に (6.1) で与えられるポテンシャル中で質量 m の粒子が運動する系を指す.以降では,ポテンシャルが (6.1) で与えられる1次元調和振動子を量子力学で取り扱うことを考える.系のハミルトニアン H は,(6.1) を用いて,

$$H = \frac{p_x^2}{2m} + V(x) = -\frac{\hbar^2}{2m}\frac{d^2}{dx^2} + \frac{1}{2}m\omega^2 x^2 \tag{6.2}$$

で与えられるので,系の Schrödinger 方程式は,

$$H\phi(x) = \left(-\frac{\hbar^2}{2m}\frac{d^2}{dx^2} + \frac{1}{2}m\omega^2 x^2\right)\phi(x) = E\phi(x) \tag{6.3}$$

となる.

(6.3) は x についての2階微分方程式であるので,3章で扱った様々なポテンシャルの下での運動と同様に,微分方程式を解いて解を求めることが考えられる(解析的解法).一方,(6.3) は,(6.2) のハミルトニアンについての固有方程式でもある.固有方程式としての (6.3) を扱うために,演算子とそれが作用する対象についての性質に着目する方法がある(代数的解法).

各々の解法から得られる結果は一致するので,両解法は完全に等価であるが,各々の解法で用いる手法や概念が異なる.代数的解法は,解析的解法の単なる「別解」ではなく,そこで用いられる概念が,多粒子系の量子力学や場の量子論などで用いられる重要な概念に繋がっている.7章以降では,各々の概念に基づいた物理系の取り扱いを学ぶので,以降では,解析的解法・代数的解法の両方を紹介する.

6.2 解析的解法

(6.3) を整理すると,

$$\frac{d^2}{dx^2}\phi(x) - \frac{m^2\omega^2}{\hbar^2}x^2\phi(x) + \frac{2mE}{\hbar^2}\phi(x) = 0 \tag{6.4}$$

となる.

　(6.4) は線型 2 階斉次微分方程式であるが，第 2 項に変数 x を含んでいて，定係数の微分方程式ではないので，3 章で扱ったように，微分方程式に対応する特性方程式を用いて単純に一般解を導くことはできず，数学的に体系付けられた方法で微分方程式を解く必要がある．微分方程式の問題として (6.4) を数学的に扱うためには，物理量の単位（または**次元**）が方程式に現れないように，方程式を**無次元化**したほうが都合がよい．そこで，(6.4) に現れる物理量の次元を考えよう．

　質点の変位 x の次元 $[x]$ は長さの次元 L であるが，x についての微分が，x での「割り算」に基づく演算であることを思い出すと，x についての 2 階微分演算子については，

$$\left[\frac{d^2}{dx^2} \right] = \mathsf{L}^{-2}$$

である．したがって，(6.4) の第 2 項にある $(m^2\omega^2/\hbar^2)x^2$ の次元も，

$$\left[\frac{m^2\omega^2}{\hbar^2} x^2 \right] = \mathsf{L}^{-2}$$

と，L^{-2} に等しくなければならない[1]．すなわち，$\sqrt{\hbar/(m\omega)}$ の次元が，

$$\left[\sqrt{\frac{\hbar}{m\omega}} \right] = \mathsf{L}$$

と，長さの次元を持つので，変位 x をこの量で割ると変数を無次元にできる[2]．

　以降では，長さの逆数の次元を持つ定数 $\alpha \equiv \sqrt{m\omega/\hbar}$ を x に乗じた無次元量

$$\xi \equiv \alpha x = \sqrt{\frac{m\omega}{\hbar}} x \tag{6.5}$$

を変数に用い，波動関数も，変数が ξ であることを明示するため，

$$u(\xi) \equiv \phi(x) \tag{6.6}$$

---

[1] 物理学では，しばしば，このような方法で，等式における物理量の次元を同定することがある．これを**次元解析**と呼ぶ．

[2] そもそも，方程式に現れる定数 $m, \omega, \hbar$ から長さの次元を持つ量を作ろうとすれば，$\sqrt{\hbar/(m\omega)}$ の組み合わせしかあり得ない．

と，$u(\xi)$ で表すこととする．これらを用いて，(6.4) は，

$$\frac{d^2 u(\xi)}{d\xi^2} - \xi^2 u(\xi) + \frac{2E}{\hbar\omega} u(\xi) = 0 \tag{6.7}$$

と無次元化される．ξ を用いて，ハミルトニアン (6.2) を

$$H = \hbar\omega \left(-\frac{1}{2}\frac{d^2}{d\xi^2} + \frac{1}{2}\xi^2 \right)$$

と表すと，Schrödinger 方程式 (6.3) を，

$$Hu(\xi) = \hbar\omega \left(-\frac{1}{2}\frac{d^2}{d\xi^2} + \frac{1}{2}\xi^2 \right) u(\xi) = Eu(\xi) \tag{6.8}$$

と表すこともできる（(6.7) と (6.8) は等価な方程式である）．

問題 6.1　(6.5) で定義される変数 ξ や，変数を ξ とした波動関数 $u(\xi)$ を用いて，1次元調和振動子の Schrödinger 方程式 (6.4) が，(6.7) のように無次元化されることを確かめよ．

6.2.1　$|\xi| \gg 1$ での漸近解

無次元化された1次元調和振動子の Schrödinger 方程式 (6.7) について，$x \to \pm\infty$ で，

$$\lim_{x \to \pm\infty} \phi(x) = 0 \tag{6.9}$$

すなわち，$\xi \to \pm\infty$ で，

$$\lim_{\xi \to \pm\infty} u(\xi) = 0 \tag{6.10}$$

となる境界条件の下での解（束縛状態の解）を求めよう．そのために，まず，(6.7) の $|\xi| \gg 1$ での漸近形を考える．

$|\xi| \gg 1$ では，(6.7) 左辺の第2項に比べて第3項は十分小さいので，(6.7) の $|\xi| \gg 1$ での漸近形は，

$$\frac{d^2 u(\xi)}{d\xi^2} - \xi^2 u(\xi) = 0 \tag{6.11}$$

となる[3]. この方程式 (6.11) の $|\xi| \gg 1$ での漸近解は,

$$u(\xi) \sim e^{\pm \frac{\xi^2}{2}} \tag{6.12}$$

である. 実際, $e^{\pm \frac{\xi^2}{2}}$ の ξ についての1階・2階導関数は, 各々,

$$\frac{d}{d\xi} e^{\pm \frac{\xi^2}{2}} = \pm \xi e^{\pm \frac{\xi^2}{2}}$$

$$\frac{d^2}{d\xi^2} e^{\pm \frac{\xi^2}{2}} = \frac{d}{d\xi}\left(\frac{d}{d\xi} e^{\pm \frac{\xi^2}{2}}\right) = \pm e^{\pm \frac{\xi^2}{2}} + \xi^2 e^{\pm \frac{\xi^2}{2}} = (\xi^2 \pm 1)e^{\pm \frac{\xi^2}{2}}$$

$$\sim \xi^2 e^{\pm \frac{\xi^2}{2}} \quad (|\xi| \gg 1)$$

(複号同順) となり, $|\xi| \gg 1$ では

$$\frac{d^2}{d\xi^2} u(\xi) - \xi^2 u(\xi) \sim \xi^2 e^{\pm \frac{\xi^2}{2}} - \xi^2 e^{\pm \frac{\xi^2}{2}} = 0 \quad (|\xi| \gg 1)$$

となるので, 漸近的に (6.11) が成り立つことがわかる. すなわち, (6.12) が, $|\xi| \gg 1$ での (6.11) の漸近解であることが確かめられる.

この漸近解について, (6.12) の複号の＋の解は, $\xi \to \pm\infty$ で発散してしまい, 境界条件 (6.10) を満たさない. したがって, 境界条件を満たす漸近解は,

$$u(\xi) \sim e^{-\frac{\xi^2}{2}} \tag{6.13}$$

となる. さらに, この $|\xi| \gg 1$ での漸近解 (6.13) を,

$$u(\xi) = A e^{-\frac{\xi^2}{2}} \tag{6.14}$$

(A は任意複素定数) とおいて, 漸近形でない元の方程式 (6.7) に代入すると,

$$\frac{d^2 u(\xi)}{d\xi^2} - \xi^2 u(\xi) + \frac{2E}{\hbar\omega} u(\xi) = A\frac{d^2}{d\xi^2} e^{-\frac{\xi^2}{2}} - A\xi^2 e^{-\frac{\xi^2}{2}} + A\frac{2E}{\hbar\omega} e^{-\frac{\xi^2}{2}}$$

---

[3] 第1項まで無視してはいけない. 第1項を無視すれば微分方程式でなくなってしまう.

$$= A \left(-e^{-\frac{\xi^2}{2}} + \xi^2 e^{-\frac{\xi^2}{2}} \right) - A\xi^2 e^{-\frac{\xi^2}{2}} + A\frac{2E}{\hbar\omega} e^{-\frac{\xi^2}{2}}$$

$$= A \left(\frac{2E}{\hbar\omega} - 1 \right) e^{-\frac{\xi^2}{2}} \tag{6.15}$$

となるので，(6.15) の最右辺が 0 となる条件

$$\frac{2E}{\hbar\omega} = 1$$

を満たすとき，(6.14) が (6.7) を満たすことがわかる．すなわち，(6.14) は，固有方程式 (6.8) の固有関数であり，対応する固有値は，上式を E について解いて，

$$E = \frac{1}{2}\hbar\omega \tag{6.16}$$

となることがわかる．

6.2.2　級数展開による解法

(6.7) の解の $|\xi| \gg 1$ での漸近形が (6.13) であることから，$u(\xi)$ の関数形を

$$u(\xi) = \chi(\xi)e^{-\frac{\xi^2}{2}} \tag{6.17}$$

の形に仮定して，(6.7) に代入することで，関数 $\chi(\xi)$ についての微分方程式を導出する．その微分方程式を満たす解として，$\chi(\xi)$ を求めてみよう．
導関数の記号として，以降では，

$$u'(\xi) = \frac{du(\xi)}{d\xi}, \quad u''(\xi) = \frac{d^2u(\xi)}{d\xi^2}$$

のような記法（Lagrange（ラグランジュ）の記法）も用いる．Lagrange の記法を用いて，(6.17) の ξ による導関数を表せば，

$$u'(\xi) = \chi'(\xi)e^{-\frac{\xi^2}{2}} - \xi\chi(\xi)e^{-\frac{\xi^2}{2}}$$

$$u''(\xi) = \chi''(\xi)e^{-\frac{\xi^2}{2}} - 2\xi\chi'(\xi)e^{-\frac{\xi^2}{2}} - \chi(\xi)e^{-\frac{\xi^2}{2}} + \xi^2\chi(\xi)e^{-\frac{\xi^2}{2}}$$

となるので, (6.7) は,

$$u''(\xi) - \xi^2 u(\xi) + \frac{2E}{\hbar\omega}u(\xi) = \chi''(\xi)e^{-\frac{\xi^2}{2}} - 2\xi\chi'(\xi)e^{-\frac{\xi^2}{2}} - \chi(\xi)e^{-\frac{\xi^2}{2}} + \xi^2\chi(\xi)e^{-\frac{\xi^2}{2}}$$

$$- \xi^2\chi(\xi)e^{-\frac{\xi^2}{2}} + \frac{2E}{\hbar\omega}\chi(\xi)e^{-\frac{\xi^2}{2}}$$

$$= \left\{\chi''(\xi) - 2\xi\chi'(\xi) + \left(\frac{2E}{\hbar\omega} - 1\right)\chi(\xi)\right\}e^{-\frac{\xi^2}{2}} = 0 \tag{6.18}$$

となる. $e^{-\frac{\xi^2}{2}}$ $(\neq 0)$ で (6.18) の最終の両辺を割ると, 関数 $\chi(\xi)$ についての微分方程式

$$\chi''(\xi) - 2\xi\chi'(\xi) + \left(\frac{2E}{\hbar\omega} - 1\right)\chi(\xi) = 0 \tag{6.19}$$

を得る. 便宜的に, ν を

$$2\nu \equiv \frac{2E}{\hbar\omega} - 1 \tag{6.20}$$

と定義して, (6.19) を,

$$\chi''(\xi) - 2\xi\chi'(\xi) + 2\nu\chi(\xi) = 0 \tag{6.21}$$

と表しておく.

(6.17) で仮定された $\chi(\xi)$ は $\xi = 0$ で解析的なので, $\chi(\xi)$ を ξ の冪級数

$$\chi(\xi) = \sum_{k=0}^{\infty} c_k \xi^k \tag{6.22}$$

で表そう. ξ の冪級数で表した $\chi(\xi)$ (6.22) を微分方程式 (6.21) に代入し, (6.22) の係数 c_k の関係式を導くことを考える (級数展開による解法).

★ (この★から 135 ページの☆までを飛ばしても, その後の論理を追うことができる.)

(6.22) の右辺を項別微分すると,

$$\chi'(\xi) = \sum_{k=1}^{\infty} kc_k \xi^{k-1} \tag{6.23}$$

$$\chi''(\xi) = \sum_{k=2}^{\infty} k(k-1)c_k\xi^{k-2} = \sum_{k=0}^{\infty}(k+2)(k+1)c_{k+2}\xi^k \qquad (6.24)$$

となる. 定数を微分すると 0 となるので, 級数の初項は, 1 階微分 (6.23) は $k=1$ から (係数は c_1 から), 2 階微分 (6.24) は $k=2$ から (係数は c_2 から), 各々始まっていることに注意しよう. 特に, (6.24) の第 2 等号では, 和の変数を $k=0$ からとり直している (もちろん, 係数が c_2 から始まることに変わりはない).

(6.22), (6.23), (6.24) を (6.21) に代入すると,

$$\sum_{k=0}^{\infty}(k+2)(k+1)c_{k+2}\xi^k - 2\xi\sum_{k=1}^{\infty}kc_k\xi^{k-1} + 2\nu\sum_{k=0}^{\infty}c_k\xi^k = 0 \qquad (6.25)$$

となるが, (6.25) の左辺第 2 項について,

$$\xi\sum_{k=1}^{\infty}kc_k\xi^{k-1} = \sum_{k=1}^{\infty}kc_k\xi^k = \sum_{k=0}^{\infty}kc_k\xi^k$$

と表せるので (一般項 $kc_k\xi^k$ は $k=0$ では 0 なので, $k=0$ の項を級数に加えてもよい), (6.25) のすべての項を

$$\sum_{k=0}^{\infty}\{(k+2)(k+1)c_{k+2} - 2kc_k + 2\nu c_k\}\xi^k = 0 \qquad (6.26)$$

のように, $k=0$ からの級数でまとめることができる.

任意の ξ について, (6.26) の等式が成立するためには, ξ の冪乗の係数 ((6.26) 左辺の { } の中身) が 0 でなければならない. すなわち,

$$(k+2)(k+1)c_{k+2} - 2(k-\nu)c_k = 0 \quad (k=0,1,2,\cdots) \qquad (6.27)$$

が成り立つ. (6.27) において, $k=0,1,2,\cdots$ では $(k+2)(k+1)>0$ なので, (6.27) の両辺を $(k+2)(k+1)$ で割って整理すると,

$$c_{k+2} = \frac{2(k-\nu)}{(k+2)(k+1)}c_k \quad (k=0,1,2,\cdots) \qquad (6.28)$$

という，$\chi(\xi)$ の級数展開 (6.22) の係数についての漸化式を得る．便宜的に，(6.28) の k を 2 つずらして，

$$c_k = \frac{2(k-2-\nu)}{k(k-1)} c_{k-2} \quad (k = 2, 3, 4, \cdots) \tag{6.29}$$

とも書くことができる．

　漸化式は，数列のある項をそれ以前の項から構成する式だが，今の場合，(6.29) の k を，さらに 2 つずらして，

$$c_{k-2} = \frac{2(k-4-\nu)}{(k-2)(k-3)} c_{k-4}$$

と表したものを (6.29) の右辺の c_{k-2} に代入すれば，

$$c_k = \frac{2(k-2-\nu)}{k(k-1)} \frac{2(k-4-\nu)}{(k-2)(k-3)} c_{k-4}$$

となる．以降，逐次的に係数を代入していくと，

$$c_k = \begin{cases} \dfrac{2(k-2-\nu)}{k(k-1)} \dfrac{2(k-4-\nu)}{(k-2)(k-3)} \cdots \dfrac{2(2-\nu)}{4 \cdot 3} \dfrac{2(-\nu)}{2 \cdot 1} c_0 & (k \text{ が偶数}) \\[3mm] \dfrac{2(k-2-\nu)}{k(k-1)} \dfrac{2(k-4-\nu)}{(k-2)(k-3)} \cdots \dfrac{2(3-\nu)}{5 \cdot 4} \dfrac{2(1-\nu)}{3 \cdot 2} c_1 & (k \text{ が奇数}) \end{cases}$$

となるので，各々の式の分母を整理すれば，

$$c_k = \begin{cases} \dfrac{2(k-2-\nu) \cdot 2(k-4-\nu) \cdots 2(2-\nu) \cdot 2(-\nu)}{k!} c_0 & (k \text{ が偶数}) \\[3mm] \dfrac{2(k-2-\nu) \cdot 2(k-4-\nu) \cdots 2(3-\nu) \cdot 2(1-\nu)}{k!} c_1 & (k \text{ が奇数}) \end{cases} \tag{6.30}$$

となって，すべての係数が，k が偶数のときは c_0 を，k が奇数のときは c_1 を，各々用いて表されることがわかる．

6.2.3 境界条件の下で許される束縛状態

級数展開 (6.22) で表した $\chi(\xi)$，さらに，$\chi(\xi)$ を用いて表される $u(\xi)$ について，$\xi \to \pm\infty$ での境界条件 (6.10) の下で許される束縛状態を考慮するため，$\chi(\xi)$ の $|\xi| \gg 1$ での漸近形を考える．今，$\chi(\xi)$ の級数展開の係数についての漸化式 (6.29) について，

<u>漸化式 (6.29) が途切れることなく限りなく続くこと</u>H

を仮定しよう．

$\chi(\xi)$ が偶関数である場合と奇関数である場合に分けて考えれば，偶関数の級数展開には ξ の偶数次のみ，奇関数の級数展開には ξ の奇数次のみが現れるので，(6.22) を

$$\chi(\xi) = \begin{cases} \displaystyle\sum_{m=0}^{\infty} c_{2m}\xi^{2m} & (\chi(\xi) \text{ が偶関数}) \\ \displaystyle\sum_{m=0}^{\infty} c_{2m+1}\xi^{2m+1} & (\chi(\xi) \text{ が奇関数}) \end{cases} \tag{6.31}$$

と表しておこう．このとき，展開係数間の漸化式 (6.29) も，

$$\begin{cases} c_{2m} = \dfrac{2(2m-2-\nu)}{2m(2m-1)}c_{2m-2} \\[4mm] c_{2m+1} = \dfrac{2(2m-1-\nu)}{(2m+1)2m}c_{2m-1} \end{cases} \quad (m = 1, 2, 3, \cdots) \tag{6.32}$$

と，次数の偶奇に分けて表しておく．

$\chi(\xi)$ の $|\xi| \gg 1$ での漸近形においては，その級数展開 (6.31) から明らかなように，展開係数 c_{2m} や c_{2m+1} についても，$m \gg 1$ となる係数のみが主要項になる．展開係数間の漸化式 (6.32) の $m \gg 1$ での漸近形は，

$$\begin{cases} c_{2m} \sim \dfrac{2(2m)}{(2m)^2}c_{2m-2} \sim \dfrac{1}{m}c_{2m-2} \\[4mm] c_{2m+1} \sim \dfrac{2(2m)}{(2m)^2}c_{2m-1} \sim \dfrac{1}{m}c_{2m-1} \end{cases} \quad (m \gg 1)$$

となるので，級数展開 (6.31) で表した $\chi(\xi)$ の $|\xi| \gg 1$ での漸近形では，$m \gg 1$ に限らず，すべての係数で

$$
\begin{cases}
c_{2m} = \dfrac{1}{m} c_{2m-2} \\[4mm]
c_{2m+1} = \dfrac{1}{m} c_{2m-1}
\end{cases}
$$

が成り立つとしてよい．これらの式から，再帰的に，

$$
\begin{cases}
c_{2m} = \dfrac{1}{m} c_{2m-2} = \dfrac{1}{m} \cdot \dfrac{1}{m-1} c_{2m-4} = \cdots = \dfrac{1}{m} \cdot \dfrac{1}{m-1} \cdots \dfrac{1}{2} \cdot \dfrac{1}{1} c_0 = \dfrac{1}{m!} c_0 \\[4mm]
c_{2m+1} = \dfrac{1}{m} c_{2m-1} = \dfrac{1}{m} \cdot \dfrac{1}{m-1} c_{2m-3} = \cdots = \dfrac{1}{m} \cdot \dfrac{1}{m-1} \cdots \dfrac{1}{2} \cdot \dfrac{1}{1} c_1 = \dfrac{1}{m!} c_1
\end{cases}
\tag{6.33}
$$

が得られる．

したがって，(6.33) を用いると，級数展開 (6.31) で表した $\chi(\xi)$ の $|\xi| \gg 1$ での漸近形は，

$$
\chi(\xi) \overset{(6.31)}{=}
\begin{cases}
\displaystyle\sum_{m=0}^{\infty} c_{2m} \xi^{2m} \overset{(6.33)}{\sim} \sum_{m=0}^{\infty} \frac{1}{m!} c_0 \xi^{2m} = c_0 \sum_{m=0}^{\infty} \frac{1}{m!} (\xi^2)^m = c_0 e^{\xi^2} \\[2mm]
\hspace{5cm} (\chi(\xi)\,\text{が偶関数}) \\[4mm]
\displaystyle\sum_{m=0}^{\infty} c_{2m+1} \xi^{2m+1} \overset{(6.33)}{\sim} \sum_{m=0}^{\infty} \frac{1}{m!} c_1 \xi^{2m+1} = c_1 \xi \sum_{m=0}^{\infty} \frac{1}{m!} (\xi^2)^m = c_1 \xi e^{\xi^2} \\[2mm]
\hspace{5cm} (\chi(\xi)\,\text{が奇関数})
\end{cases}
\tag{6.34}
$$

となる．ただし，(6.34) の最終等号では，指数関数 e^{ξ^2} の $\xi^2 = 0$ の周りでの Taylor（テイラー）展開を用いている．

ここで，(6.17) を思い出すと，$u(\xi)$ の $|\xi| \gg 1$ での漸近形は，(6.34) の $\chi(\xi)$ を漸近形を用いて，

$$u(\xi) \overset{(6.17)}{=} \chi(\xi)e^{-\frac{\xi^2}{2}} \overset{(6.34)}{\sim} \begin{cases} c_0 e^{\xi^2} e^{-\frac{\xi^2}{2}} = c_0 e^{+\frac{\xi^2}{2}} & (\chi(\xi)\,\text{が偶関数}) \\[2mm] c_1 \xi e^{\xi^2} e^{-\frac{\xi^2}{2}} = c_1 \xi e^{+\frac{\xi^2}{2}} & (\chi(\xi)\,\text{が奇関数}) \end{cases}$$

となる. この式において, 明らかに $u(\xi)$ は $\xi \to \pm\infty$ で発散し, $\xi \to \pm\infty$ での境界条件 (6.10) を満たさないため, 不適である.

ここまでの論理を辿ると, 不適となった原因は, 132ページの下線部Hのように, 「(6.29), すなわち, (6.28) の漸化式が途切れることなく限りなく続くこと」を仮定したことにある. つまり, $u(\xi)$ が $\xi \to \pm\infty$ での境界条件 (6.10) を満たすようにするためには, 漸化式 (6.28) がどこかで途切れる必要がある.

「漸化式 (6.28) がどこかで途切れる」とは, (6.28) において, k の最大値 $k_{\max}$ が存在して, その $k_{\max}$ について, $c_{k_{\max}} \neq 0$ で, かつ, $c_{k_{\max}+2} = 0$ となることである. $k_{\max}$ は, (6.28) から, $k_{\max} = 0, 1, 2, \cdots$ で表される. すなわち, $k_{\max}$ は非負の整数である. この非負の整数 $k_{\max}$ を n と書けば, n は, その定義から, 上述のとおり,

$$\begin{cases} c_{n+2} = \dfrac{2(n-\nu)}{(n+2)(n+1)}c_n = 0 \\[4mm] c_n \neq 0 \end{cases} \tag{6.35}$$

を満たす. (6.35) の上段の中辺と最右辺の両辺を, c_n ($\neq 0$) で割れば,

$$n - \nu = 0$$

すなわち,

$$\nu = n \quad (n = 0, 1, 2, \cdots) \tag{6.36}$$

の関係を得る.

$\nu = 0$ ($n = 0$) のとき, (6.35) より,

$$\begin{cases} c_2 = \dfrac{2(0-0)}{2 \cdot 1}c_0 = 0 \\[4mm] c_0 \neq 0 \end{cases}$$

であるが，(6.28) より，

$$c_4 = c_6 = \cdots = 0$$

となり，k が偶数の系列は $k = 4$ 以降，すべての係数が 0 となる．このとき，k が奇数の系列については，もし $c_1 \neq 0$ ならば，

$$c_3 = \frac{2(1-0)}{3 \cdot 2}c_1, \quad c_5 = \frac{2(3-0)}{5 \cdot 4}c_3, \quad \cdots$$

と，(6.28) が限りなく続いてしまい，結果的に境界条件 (6.10) を満たさないため，不適となる．つまり，k が奇数の系列については，その初期値となる c_1 が 0 でなければならない．

また，$\nu = 1$ $(n = 1)$ のときは，(6.35) より，

$$\begin{cases} c_3 = \dfrac{2(1-1)}{3 \cdot 2}c_1 = 0 \\[2mm] c_1 \neq 0 \end{cases}$$

であるが，(6.28) より，

$$c_5 = c_7 = \cdots = 0$$

となり，k が奇数の系列は $k = 5$ 以降，すべての係数が 0 となる．このとき，k が偶数の系列については，もし $c_0 \neq 0$ ならば，

$$c_2 = \frac{2(0-1)}{2 \cdot 1}c_0, \quad c_4 = \frac{2(2-1)}{4 \cdot 3}c_2, \quad \cdots$$

と，(6.28) が限りなく続いてしまい，やはり，境界条件 (6.10) を満たさないため，不適となる．つまり，k が偶数の系列については，その初期値となる c_0 が 0 でなければならない．

(129 ページの★から右の☆までを飛ばしても，この後の論理を追うことができる．)　　　　　☆

　一般に，非負の整数 n に対して，$\nu = n$ のとき，(6.22) の係数 c_k は，n が偶数であれば，$c_0 \neq 0$ で $c_1 = 0$ であり，n が奇数であれば，$c_0 = 0$ で $c_1 \neq 0$ である．

そして，偶数・奇数ともに，$k = n$ となる係数までは (6.28) に $\nu = n$ を代入した

$$c_{k+2} = \frac{2(k-n)}{(k+2)(k+1)} c_k \quad (k = 0, 1, 2, \cdots, n) \tag{6.37}$$

$$\begin{cases} c_0 \neq 0, & c_1 = 0 \quad (n：偶数) \\ c_0 = 0, & c_1 \neq 0 \quad (n：奇数) \end{cases} \tag{6.38}$$

によって定まるが，$k = n + 2$ 以降のすべての係数は 0 となる．すなわち，$\chi(\xi)$ は n 次の多項式である．その n 次多項式を $\chi_n(\xi)$ と表せば，$\chi_n(\xi)$ は，(6.37)・(6.38) で定まる係数を用いて，

$$\chi_n(\xi) = \begin{cases} c_0 + c_2\xi^2 + c_4\xi^4 + \cdots + c_n\xi^n & (n：偶数) \\ c_1\xi + c_3\xi^3 + c_5\xi^5 + \cdots + c_n\xi^n & (n：奇数) \end{cases} \tag{6.39}$$

と表される．n が偶数であれば，$\chi_n(\xi)$ は偶関数であり，n が奇数であれば，$\chi_n(\xi)$ は奇関数である．3.5 節で，ポテンシャル $V(x)$ が偶関数である場合は，系の固有関数が偶関数と奇関数に分類できることを注意したが，(6.1) で定義される 1 次元調和振動子ポテンシャルはまさにその場合である．実際，(6.39) のように，n の偶奇は，$\chi_n(\xi)$ の関数としての対称性（偶関数・奇関数）に対応している．

ν を (6.20) で定義したことを思い出すと，

$$\nu = \frac{1}{2}\left(\frac{2E}{\hbar\omega} - 1\right) = n \quad (n = 0, 1, 2, \cdots)$$

となる．この式を固有値 E を定める式と考えて，E について解くと次式を得る．

1 次元調和振動子のエネルギー固有値

$$E = \hbar\omega\left(n + \frac{1}{2}\right) \equiv E_n \quad (n = 0, 1, 2, \cdots) \tag{6.40}$$

これまでの論理で，非負の整数 n が現れたのは，$x \to \pm\infty$ の極限で $\phi(x) \to 0$ という境界条件を満たす束縛状態を考えたためであったことを思い出そう．3.1

節でも指摘したように，エネルギー固有値 E が (6.40) で定義された E_n のように離散的になるのは，粒子が束縛状態にある場合だということを強調しておく．

また，(6.40) から明らかなように，最低エネルギー状態は $n=0$ の状態であるが，このエネルギー固有値 E_0 は，6.2.1 節で導出した (6.16) である．$n=0$ の最低エネルギー状態（**基底状態**）でも，そのエネルギー固有値 E_0 は

$$E_0 = \frac{1}{2}\hbar\omega > 0 \qquad (6.41)$$

であり，決して 0 にならない．古典力学的調和振動子では，力学的エネルギーが 0 となる状態を「静止状態」と呼ぶことができたが，量子力学的には基底状態であってもエネルギーは 0 とならず，3.1 節で学んだ，**零点振動**となっていることがわかる．

(6.40) のエネルギー固有値 E_n に対応する固有関数を $\phi_n(x)$ とし，(6.6) と同様に，変数を (6.5) に従って x から ξ に変換した固有関数を $u_n(\xi)$ と表す．Schrödinger 方程式 (6.8) の解を (6.17) の形で表したときの $\chi(x)$ が，(6.39) の $\chi_n(\xi)$ なので，E_n に対応する固有関数 $\phi_n(x)$ を，(6.37) で定まる係数を持つ $\chi_n(\xi)$(6.39) を用いて，

$$\phi_n(x) = u_n(\xi) = \chi_n(\xi)e^{-\frac{\xi^2}{2}} \qquad (\xi = \alpha x = \sqrt{\frac{m\omega}{\hbar}}x) \qquad (6.42)$$

と表すことができる．(6.38) の c_0 または c_1 は，$\phi_n(x)$ の規格化定数として定まることになる．以上のように，1 次元調和振動子の固有値 (6.40) を定め，固有関数 (6.42) を構成する一連の方法を，**解析的解法**と呼ぶ．

6.2.2 節の (6.21) の微分方程式

$$\chi''(\xi) - 2\xi\chi'(\xi) + 2\nu\chi(\xi) = 0 \qquad (6.43)$$

について，6.2.3 節では，$\lim_{\xi\to\pm\infty}\chi(\xi)=0$ という境界条件を満たす (6.21) の解が，$\nu = n \quad (n=0,1,2,\cdots)$ のときのみ存在し，そのような束縛状態の解（束縛解）が，(6.39) で与えられる n 次多項式となることを示した．実は，(6.43) について，$\nu = n \quad (n=0,1,2,\cdots)$ の場合の微分方程式は，**Hermite（エルミート）の微分方程式**と呼ばれ，上記の束縛解に対応する n 次多項式 $H_n(\xi)$ は **Hermite**

多項式と呼ばれる（ここでは $H_n(\xi)$ と表記したが，表記や定義は書物によって異なる）．Hermite多項式 $H_n(\xi)$ は，

$$H_n(\xi) = (-1)^n e^{\xi^2} \frac{d^n e^{-\xi^2}}{d\xi^n} \quad (n = 0, 1, 2, \cdots) \tag{6.44}$$

のように構成できることが知られており，

$$\int_{-\infty}^{\infty} H_m(\xi) H_n(\xi) e^{-\xi^2} d\xi = 2^n n! \sqrt{\pi} \delta_{mn} \tag{6.45}$$

のような直交性を満たすことがわかっている[4]．

以上より，1次元調和振動子ハミルトニアンの規格化された固有関数は，Hermite多項式 (6.44) を用いて，次式のように表される．

1次元調和振動子ハミルトニアンの規格化された固有関数

$$\phi_n(x) = u_n(\xi) = \sqrt{\frac{1}{2^n n! \sqrt{\pi}}} \sqrt{\frac{m\omega}{\hbar}} H_n(\xi) e^{-\frac{\xi^2}{2}} \quad (n = 0, 1, 2, \cdots) \tag{6.46}$$

$$\xi = \alpha x = \sqrt{m\omega/\hbar} x$$

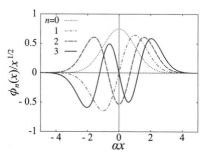

図 6.1 1次元調和振動子の固有関数

---
[4] Hermite多項式についての詳細は，たとえば，[13][14][15] などを参照のこと．

図 6.1 に，(6.46) で与えられる固有関数 $\phi_n(x)$ のグラフを示した（縦軸・横軸を α を用いて無次元化して表した）．(6.39) で見たように，$\chi_n(\xi)$ の偶関数・奇関数の対称性が n の偶奇に対応しているので，(6.42) で $\chi_n(\xi)$ から定まる $\phi_n(x)$ の対称性も n の偶奇を反映していることがわかる．また，基底状態の固有関数には節がなく，エネルギー固有値が大きくなるほど，対応する固有関数に節が多くなることは，3.1 節や 3.5 節で扱った束縛状態の固有関数と同様である．

6.3 代数的解法

6.3.1 生成・消滅演算子による無次元化ハミルトニアンの表式

6.2 節で扱った無次元化された Schrödinger 方程式 (6.8) の両辺を $\hbar\omega$ で割って，

$$\left(-\frac{1}{2}\frac{d^2}{d\xi^2} + \frac{1}{2}\xi^2\right)u(\xi) = \frac{E}{\hbar\omega}u(\xi) \tag{6.47}$$

と表す．元の Schrödinger 方程式 (6.3) と比較すると，(6.47) は，無次元化された "エネルギー固有値" $E/(\hbar\omega)$ と固有関数 $u(\xi)$ を持つ，無次元化された "ハミルトニアン" $\mathcal{H} = H/(\hbar\omega)$

$$\mathcal{H} \equiv \frac{1}{\hbar\omega}H = -\frac{1}{2}\frac{d^2}{d\xi^2} + \frac{1}{2}\xi^2 \tag{6.48}$$

についての固有方程式と見ることができる．

ここで，ξ と ξ についての微分演算子 $d/d\xi$ から，新しい演算子 a と $a^\dagger$ を，

$$\begin{cases} a \equiv \dfrac{1}{\sqrt{2}}\left(\xi + \dfrac{d}{d\xi}\right) \\[2mm] a^\dagger \equiv \dfrac{1}{\sqrt{2}}\left(\xi - \dfrac{d}{d\xi}\right) \end{cases} \tag{6.49}$$

と構成する．(6.49) の逆変換は，

$$\begin{cases} \xi \;=\; \dfrac{1}{\sqrt{2}}\left(a + a^\dagger\right) \\[3mm] \dfrac{d}{d\xi} \;=\; \dfrac{1}{\sqrt{2}}\left(a - a^\dagger\right) \end{cases} \tag{6.50}$$

と得られる．ξ や $d/d\xi$ を元の変数 x で表し，x 方向の運動量演算子 p_x が $p_x = -i\hbar(d/dx)$ であることに注意すると，

$$\begin{cases} \xi \;=\; \sqrt{\dfrac{m\omega}{\hbar}}\,x \\[3mm] \dfrac{d}{d\xi} \;=\; \dfrac{dx}{d\xi}\dfrac{d}{dx} = \sqrt{\dfrac{\hbar}{m\omega}}\dfrac{p_x}{(-i\hbar)} = \dfrac{i}{\sqrt{m\hbar\omega}}p_x \end{cases} \tag{6.51}$$

となるので，(6.49) の a と $a^\dagger$ も，x と p_x を用いて，

生成・消滅演算子

$$\begin{cases} a \;=\; \dfrac{1}{\sqrt{2}}\sqrt{\dfrac{m\omega}{\hbar}}\left(x + i\dfrac{1}{m\omega}p_x\right) \\[3mm] a^\dagger \;=\; \dfrac{1}{\sqrt{2}}\sqrt{\dfrac{m\omega}{\hbar}}\left(x - i\dfrac{1}{m\omega}p_x\right) \end{cases} \tag{6.52}$$

と表すことができる．後述する理由により，a を**消滅演算子**，$a^\dagger$ を**生成演算子**と呼ぶ．(6.52) の逆変換は，

生成・消滅演算子を用いた位置・運動量演算子の表現

$$\begin{cases} x \;=\; \dfrac{1}{\sqrt{2}}\sqrt{\dfrac{\hbar}{m\omega}}\left(a + a^\dagger\right) \\[3mm] p_x \;=\; \dfrac{1}{\sqrt{2}}\dfrac{\sqrt{m\hbar\omega}}{i}\left(a - a^\dagger\right) \end{cases} \tag{6.53}$$

となる．

x も p_x も Hermite演算子であり，

$$x^\dagger = x \tag{6.54}$$

$$p_x^\dagger = p_x \tag{6.55}$$

であることに注意すれば，演算子 a と $a^\dagger$ が互いに Hermite 共役であることがわかる．また，3.2 節で確かめたように，x と p_x の交換関係が

$$[x, p_x] = i\hbar \tag{6.56}$$

であったことを思い出すと，a と $a^\dagger$ の交換関係が，

━━ 生成・消滅演算子の交換関係 ━━━━━━━━━━━━━━━━━━
$$[a, a^\dagger] = 1 \tag{6.57}$$

となることがわかる[5]．　(6.48) で定義された無次元化されたハミルトニアン $\mathcal{H}$ を (6.49) で定義される a と $a^\dagger$ で書き換えると，

━━ 生成・消滅演算子を用いたハミルトニアンの表現 ━━━━━━━━━
$$\mathcal{H} = a^\dagger a + \frac{1}{2} \tag{6.58}$$

となる．

> **問題 6.2**　x と p_x が Hermite 演算子であること（(6.54) と (6.55)）を用いて，(6.52) から，a の Hermite 共役演算子が確かに $a^\dagger$ となることを確かめよ．

> **問題 6.3**　(6.56) を用いて，(6.57) を示せ．
> ［ヒント：(6.57) の左辺に (6.52) を代入して，交換子の公式 (2.16) を用いて変形した後で，(6.56) を用いればよい．］

> **問題 6.4**　(6.50) を用いて，(6.48) の無次元化ハミルトニアンが，(6.58) と表せることを示せ（交換関係 (6.57) があるため，a と $a^\dagger$ が交換しないことに注意せよ）．

ここで，(6.58) に現れた演算子の積 $a^\dagger a$ を，後述する理由により，**数演算子**と呼ぶ．

---

[5] ここでは，(6.49) を天下り的に定義したが，論理的には，むしろ，交換関係が (6.57) となるような演算子を構成したものが a と $a^\dagger$ である．

数演算子

$$N \equiv a^\dagger a \tag{6.59}$$

数演算子 N を用いて，(6.58) の $\mathcal{H}$ を

$$\mathcal{H} = N + \frac{1}{2} \tag{6.60}$$

と表しておく．この N と a および $a^\dagger$ との交換子を，交換子の公式 (2.17) を用いて計算すると，次の重要な交換関係を得る．

数演算子と生成・消滅演算子の交換関係

$$[N, a] = -a \tag{6.61}$$

$$[N, a^\dagger] = a^\dagger \tag{6.62}$$

例題 6.1 a と $a^\dagger$ の交換関係 (6.57) を用いて，(6.61) を示せ（$N = a^\dagger a$ に注意して交換子の公式 (2.17) を用いよ）．

解答 (6.61) の左辺に (6.59) を代入して，(2.17) を用いれば

$$[N, a] \overset{(6.59)}{=} [a^\dagger a, a] \overset{(2.17)}{=} a^\dagger[a, a] + [a^\dagger, a]a \overset{(2.13)}{=} [a^\dagger, a]a \overset{(2.15)}{=} -[a, a^\dagger]a$$
$$\overset{(6.57)}{=} -a$$

となることが示される．

問題 6.5 上の例題の (6.61) の導出に倣って，(6.57) を用いて，(6.62) を示せ．

以降では，(6.57) という a と $a^\dagger$ の交換関係に基づく (6.61) や (6.62) の交換関係から，1次元調和振動子の固有状態を構成する方法を見ていこう．

6.3.2　数演算子と生成・消滅演算子の性質

まず，(6.59) で定義された演算子 $N = a^\dagger a$ の性質を調べよう．任意の演算子 A と B の積について成り立つ恒等式（証明は後述の例題 6.2）

$$(AB)^\dagger = B^\dagger A^\dagger \tag{6.63}$$

を，N の Hermite 共役演算子 $N^\dagger = (a^\dagger a)^\dagger$ に適用すると，

$$N^\dagger = (a^\dagger a)^\dagger \overset{(6.63)}{=} (a)^\dagger (a^\dagger)^\dagger \overset{(4.19)}{=} a^\dagger a = N \tag{6.64}$$

となるので，N は Hermite 演算子であることがわかる．

例題 6.2　任意のブラ-ケット $\langle f|$ と $|g\rangle$ を用いた Hermite 共役演算子の定義 (4.17) を用いて，(6.63) を示せ．

解答　任意の演算子 A と B について，演算子 C を $C = AB$ とすれば，C の Hermite 共役演算子 $C^\dagger$ は，(4.17) により

$$\langle f|C|g\rangle \overset{(4.17)}{=} \langle g|C^\dagger|f\rangle^* \tag{6.65}$$

で定義されるので，

$$\langle f|AB|g\rangle = \langle g|(AB)^\dagger|f\rangle^* \tag{6.66}$$

と表される．一方，

$$|h\rangle \equiv B|g\rangle \tag{6.67}$$

というケット $|h\rangle$ を定義すれば，やはり，(4.17) により

$$\langle f|AB|g\rangle \overset{(6.67)}{=} \langle f|A|h\rangle \overset{(4.17)}{=} \langle h|A^\dagger|f\rangle^* \tag{6.68}$$

となる．ここで，ブラとケットの双対対応 (4.20) から，

$$|h\rangle = B|g\rangle \overset{\text{d.c.}}{\Longleftrightarrow} \langle h| = \langle g|B^\dagger \tag{6.69}$$

であるので，(6.68) は，

$$\langle f|AB|g\rangle \overset{(6.68)}{=} \langle h|A^\dagger|f\rangle^* \overset{(6.69)}{=} \langle g|B^\dagger A^\dagger|f\rangle^* \tag{6.70}$$

となる. (6.66) の右辺と (6.70) の最右辺の等式が任意のブラ-ケットについて成り立つためには,

$$(AB)^\dagger = B^\dagger A^\dagger \tag{6.71}$$

でなければならない.

4.1節で見たように Hermite 演算子の固有値は実数であったので, N の固有値も実数である. つまり, N の固有値となる実数を ν として, 対応する固有関数を $u_\nu(\xi)$ とすれば,

$$N u_\nu(\xi) = \nu u_\nu(\xi) \tag{6.72}$$

が成り立つことになる (もちろん, $u_\nu(\xi) \neq 0$ を前提とする).

4.2.3節で学んだように, 固有関数 $u_\nu(\xi)$ を, 固有ベクトル $|u_\nu\rangle$ の, ξ で指定される位置の固有状態 $|\xi\rangle$ への「射影」と考えることができるので, (4.69) と同様に, $u_\nu(\xi) = \langle\xi|u_\nu\rangle$ であり, $N u_\nu(\xi) = \langle\xi|N|u_\nu\rangle$ である. 固有ベクトル $|u_\nu\rangle$ は対応する固有値が ν であることのみが必要な情報であるので, それを強調して, 以降では $|u_\nu\rangle$ を $|\nu\rangle$ と表すことにし, (6.72) を

$$N|\nu\rangle = \nu|\nu\rangle \tag{6.73}$$

と表そう. ここで, $u_\nu(\xi) \neq 0$ より, $|\nu\rangle$ もゼロベクトルではないことに注意する. 固有関数 $u_\nu(\xi)$ どうしの内積は, (4.2) に従って,

$$\langle\nu|\nu'\rangle = \int_{-\infty}^{\infty} u_\nu^*(\xi) u_{\nu'}(\xi) d\xi \tag{6.74}$$

と表される.

演算子 N の固有方程式 (6.73) が成り立つとき, N の固有ベクトル $|\nu\rangle$ に a を演算した $a|\nu\rangle$ に, さらに N を演算すると,

$$N a|\nu\rangle \overset{(6.61)}{=} (aN - a)|\nu\rangle = a(N|\nu\rangle) - a|\nu\rangle$$

$$\overset{(6.73)}{=} a(\nu|\nu\rangle) - a|\nu\rangle = (\nu - 1)a|\nu\rangle \tag{6.75}$$

となる．また，N の固有ベクトル $|\nu\rangle$ に $a^\dagger$ を演算した $a^\dagger|\nu\rangle$ に，さらに N を演算すると，

$$Na^\dagger|\nu\rangle \overset{(6.62)}{=} (a^\dagger N + a^\dagger)|\nu\rangle = a^\dagger(N|\nu\rangle) + a^\dagger|\nu\rangle$$

$$\overset{(6.73)}{=} a^\dagger(\nu|\nu\rangle) + a^\dagger|\nu\rangle = (\nu+1)a^\dagger|\nu\rangle \tag{6.76}$$

となることがわかる．

　(6.75) と (6.76) を見ると，N を $a|\nu\rangle$ と $a^\dagger|\nu\rangle$ に演算した結果が，各々，元の $a|\nu\rangle$ と $a^\dagger|\nu\rangle$ の定数倍（$(\nu-1)$ 倍と $(\nu+1)$ 倍）になっているので，(6.73) のように，$|\nu\rangle$ が演算子 N の固有ベクトルで，対応する固有値が ν であるとき，$a|\nu\rangle$ と $a^\dagger|\nu\rangle$ も，（それら自体がゼロベクトルでない限り）やはり N の固有ベクトルであり，対応する固有値が各々，$(\nu-1)$ と $(\nu+1)$ となることがわかる．

　a を $|\nu\rangle$ に演算すると，固有値が ν から 1 だけ小さい固有値 $(\nu-1)$ に対応する固有ベクトルとなることから，演算子 a を**消滅**（annihilation）**演算子**と呼ぶ．また，$a^\dagger$ を $|\nu\rangle$ に演算すると，固有値が ν から 1 だけ大きい固有値 $(\nu+1)$ に対応する固有ベクトルとなることから，演算子 $a^\dagger$ を**生成**（creation）**演算子**と呼ぶ．

　さらに，ブラ $\langle\nu|$ と，N をケット $|\nu\rangle$ に演算したケット $N|\nu\rangle$ との内積 $\langle\nu|N|\nu\rangle$ を考えよう．(4.16) に倣って，$|\nu\rangle$ のノルムを

$$\||\nu\rangle\| \equiv \sqrt{\langle\nu|\nu\rangle} \tag{6.77}$$

と表すことにすると，

$$\langle\nu|N|\nu\rangle \overset{(6.73)}{=} \langle\nu|\nu|\nu\rangle \overset{(4.10)}{=} \nu\langle\nu|\nu\rangle \overset{(4.16)}{=} \nu\,\||\nu\rangle\|^2 \tag{6.78}$$

となる．

　一方，同じ内積を，$N = a^\dagger a$ を用いて，$\langle\nu|N|\nu\rangle = \langle\nu|a^\dagger a|\nu\rangle$ と表そう．このとき，a を演算した $|\nu\rangle$ を，改めて $|f\rangle = a|\nu\rangle$ とおけば，(4.20) で注意したように，

$$|f\rangle \overset{\text{d.c.}}{\Longleftrightarrow} \langle f| \tag{6.79}$$

$$a|\nu\rangle \overset{\text{d.c.}}{\Longleftrightarrow} \langle\nu|a^\dagger \tag{6.80}$$

の双対対応があるので,

$$\langle\nu|N|\nu\rangle = \langle\nu|a^\dagger a|\nu\rangle = \langle f|f\rangle = \|\,|f\rangle\,\|^2 = \|\,a\,|\nu\rangle\,\|^2 \tag{6.81}$$

となる.

例題 6.3　(6.74) の積分で定義される内積を用いて, (6.81) を確かめよ.

解答　$\langle\nu|a^\dagger a|\nu\rangle$ を (6.74) の形の内積で表して, Hermite 共役演算子の定義 (4.18) と, Hermite 共役の Hermite 共役が自身に戻ること (4.19) を用いれば

$$\langle\nu|a^\dagger a|\nu\rangle \overset{(6.74)}{=} \int_{-\infty}^{\infty} u_\nu^*(\xi)a^\dagger a u_\nu(\xi)d\xi \overset{(4.18)}{=} \int_{-\infty}^{\infty}\left((a^\dagger)^\dagger u_\nu(\xi)\right)^* a u_\nu(\xi)d\xi$$

$$\overset{(4.19)}{=} \int_{-\infty}^{\infty}(a u_\nu(\xi))^* a u_\nu(\xi)d\xi \overset{(6.74)}{=} \|\,a\,|\nu\rangle\,\|^2$$

となって, やはり (6.81) が成り立つ.

(6.78) と (6.81) から,

$$\|\,a\,|\nu\rangle\,\|^2 = \nu\,\|\,|\nu\rangle\,\|^2 \tag{6.82}$$

である. ノルムはその定義から非負であり, $a\,|\nu\rangle$ についても,

$$\|\,a\,|\nu\rangle\,\| \geq 0 \tag{6.83}$$

が成り立つ ((6.83) の等号は, $a\,|\nu\rangle$ 自体がゼロベクトルのときに限り成立する).
　今, N の固有ベクトルである $|\nu\rangle$ はゼロベクトルでないので, $|\nu\rangle$ のノルムについては, 特に,

$$\|\,|\nu\rangle\,\| > 0 \tag{6.84}$$

である. そこで, (6.82) の両辺を $\|\,|\nu\rangle\,\|^2 \neq 0$ で割って, (6.83) を用いると,

$$\nu = \frac{\|\,a\,|\nu\rangle\,\|^2}{\|\,|\nu\rangle\,\|^2} \geq 0 \tag{6.85}$$

を得る．(6.85) の等号は，$a\,|\nu\rangle$ 自体がゼロベクトルのときに限り成立するが，そのときは，(6.85) 自体から，$\nu = 0$ であることがわかるので，実は，$\nu = 0$ のときの $a\,|\nu\rangle = a\,|0\rangle$ 自体がゼロベクトルとなり，

$$a\,|0\rangle = 0 \tag{6.86}$$

が成り立つ[6]．逆に，$a\,|\nu\rangle$ がゼロベクトルとなるような ν は，$\nu = 0$ のみに限られる．

この $\nu = 0$ は，(6.85) からわかるように，N の固有値の最小値である．実際，$\nu = 0$ に対応する固有ベクトル $|0\rangle$ に N を演算すると，(6.59) より $N = a^\dagger a$ であることに注意して，

$$N\,|0\rangle \overset{(6.59)}{=} a^\dagger a\,|0\rangle \overset{(6.86)}{=} 0 = 0\,|0\rangle \tag{6.87}$$

と書くことができる．(6.87) は，確かに，$|0\rangle$ が N の固有ベクトルであり，その対応する固有値が 0 であることを表している．

改めて，以上のことをまとめておく：

$$a\,|0\rangle = 0 \tag{6.88}$$

$$N\,|0\rangle = 0\,|0\rangle \tag{6.89}$$

(6.88) は，N の最低固有値を与える固有ベクトル $|0\rangle$ の定義であり，(6.89) はその $|0\rangle$ が満たす固有方程式である．(6.79) や (6.80) から，(6.88) は

$$\langle 0|\,a^\dagger = 0 \tag{6.90}$$

と同じ意味であり，(6.90) はブラ $\langle 0|$ の定義になっている．$|0\rangle$ や $\langle 0|$ 自体は N の固有ベクトルであり，ゼロベクトルではない．すなわち，$|0\rangle \neq 0$ であり，$\langle 0| \neq 0$ である．なお，次式のように，固有ベクトル $|0\rangle$ が規格化されていることも要請しておく．

$$\langle 0|0\rangle = \|\,|0\rangle\,\|^2 = 1 \tag{6.91}$$

---

[6] ブラ-ケット表示では，ゼロベクトルを表す特別の記号がないので，数字の 0 でゼロベクトルの記号を代用する．$|0\rangle$ や $\langle 0|$ はゼロベクトルを表す記号ではないことに注意せよ．

(6.48) と (6.60) から，元々のハミルトニアン H は，N を用いて，

$$H = \hbar\omega\mathcal{H} = \hbar\omega\left(N + \frac{1}{2}\right)$$

と表されるので，N の固有値・固有ベクトルは，元々のハミルトニアン H の固有値・固有ベクトルでもあり，N の最低固有値を与える状態ベクトル（**基底状態ベクトル**）$|0\rangle$ は，

$$H|0\rangle = \hbar\omega\left(N + \frac{1}{2}\right)|0\rangle \overset{(6.89)}{=} \frac{1}{2}\hbar\omega|0\rangle \tag{6.92}$$

という固有方程式を満たす．$|0\rangle$ に対応するハミルトニアンのエネルギー固有値の最低値（**基底エネルギー**）を E_0 とすれば，

$$H|0\rangle = E_0|0\rangle \tag{6.93}$$

であるので，(6.92) と (6.93) を比べれば，結局，1次元調和振動子の量子力学的な基底エネルギー E_0 が，

$$E_0 = \frac{1}{2}\hbar\omega \tag{6.94}$$

と得られることになる．これは，まさに，6.2節の解析的解法で求めた基底エネルギー (6.41) と一致する．

6.3.3 生成・消滅演算子による固有ベクトルの構成

N の最低固有値 0 を与える固有ベクトル $|0\rangle$ に生成演算子 $a^\dagger$ を演算した $a^\dagger|0\rangle$ は，(6.76) から，

$$Na^\dagger|0\rangle \overset{(6.76)}{=} (0+1)a^\dagger|0\rangle = 1 \cdot a^\dagger|0\rangle \tag{6.95}$$

のように，固有値が 0 から 1 だけ大きい固有値，すなわち，固有値 1 に対応する固有ベクトルになるのであった．

固有方程式 (6.73) では，固有値 ν に対応する固有ベクトルを $|\nu\rangle$ と表したので，固有値 1 に対応する固有ベクトルは $|1\rangle$ と表すことになるが，それは，(6.95)

から，$a^\dagger |0\rangle$ に比例する．同様に考えると，$|1\rangle$ に $a^\dagger$ を演算した $a^\dagger |1\rangle$ は，対応する固有値が 2 となる固有ベクトル $|2\rangle$ に比例し，さらに，$|2\rangle$ に $a^\dagger$ を演算した $a^\dagger |2\rangle$ は，対応する固有値が 3 となる固有ベクトル $|3\rangle$ に比例する $\cdots$ というように，次々に固有ベクトルを構成できることになる．

★ (この★から 153 ページの☆までを飛ばしても，その後の論理を追うことができる．)

今，$k \geq 1$ となる k について，固有値が $(k-1)$ となる固有ベクトル $|k-1\rangle$ が構成できて，

$$N |k-1\rangle = (k-1) |k-1\rangle \tag{6.96}$$

が成り立ち，$|k-1\rangle$ が

$$\langle k-1|k-1\rangle = 1 \tag{6.97}$$

と規格化されているとする．このとき，$|k-1\rangle$ に $a^\dagger$ を演算した $a^\dagger |k-1\rangle$ を考える．この $a^\dagger |k-1\rangle$ に N を演算すると，(6.76) から，

$$N a^\dagger |k-1\rangle \overset{(6.76)}{=} (k-1+1) a^\dagger |k-1\rangle = k \cdot a^\dagger |k-1\rangle \tag{6.98}$$

となる．(6.98) は，$a^\dagger |k-1\rangle$ が N の固有ベクトルであり，対応する固有値が k であることを表している．つまり，$N |k\rangle = k |k\rangle$ で定義される，固有値 k に対応する固有ベクトル $|k\rangle$ は，(6.98) から，

$$|k\rangle \propto a^\dagger |k-1\rangle \tag{6.99}$$

と，$a^\dagger |k-1\rangle$ に比例する．この比例係数を C_k として，

$$|k\rangle = C_k a^\dagger |k-1\rangle \tag{6.100}$$

とすると，$|k\rangle$ の規格化条件

$$\langle k|k\rangle = 1 \tag{6.101}$$

から，

$$1 \overset{(6.101)}{=} \langle k|k\rangle \overset{(6.77)}{=} \| |k\rangle \|^2 \overset{(6.100)}{=} \| C_k a^\dagger |k-1\rangle \|^2 = |C_k|^2 \| a^\dagger |k-1\rangle \|^2$$

$$\overset{(6.80)(6.81)}{=} |C_k|^2 \langle k-1| a a^\dagger |k-1\rangle \overset{(6.57)(6.59)}{=} |C_k|^2 \langle k-1| (N+1) |k-1\rangle$$

$$\stackrel{(6.96)}{=} |C_k|^2 \langle k-1| (k-1+1) |k-1\rangle = k|C_k|^2 \langle k-1|k-1\rangle \stackrel{(6.97)}{=} k|C_k|^2$$

$$(6.102)$$

となり，規格化定数 C_k が（位相を 0 として一般性を失わないので），

$$C_k = \frac{1}{\sqrt{k}}$$

と定まる．したがって，(6.100) より，

$$|k\rangle = \frac{1}{\sqrt{k}} a^\dagger |k-1\rangle \tag{6.103}$$

が得られる．

(6.103) の関係を $|k-1\rangle$，$|k-2\rangle$，$\cdots$ と次々に適用していけば，

$$
\begin{aligned}
|k\rangle &= \frac{1}{\sqrt{k}} a^\dagger |k-1\rangle = \frac{1}{\sqrt{k}} a^\dagger \left(\frac{1}{\sqrt{k-1}} a^\dagger |k-2\rangle \right) \\
&= \frac{1}{\sqrt{k}} a^\dagger \left(\frac{1}{\sqrt{k-1}} a^\dagger \left(\frac{1}{\sqrt{k-2}} a^\dagger |k-3\rangle \right) \right) \\
&= \cdots = \frac{1}{\sqrt{k \cdot (k-1) \cdot (k-2) \cdots 2 \cdot 1}} (a^\dagger)^k |0\rangle \\
&= \frac{1}{\sqrt{k!}} (a^\dagger)^k |0\rangle
\end{aligned}
\tag{6.104}
$$

$$N |k\rangle = k |k\rangle \tag{6.105}$$

と，$|0\rangle$ から逐次的に $|k\rangle$ を構成できる．(6.104) の構成から，(6.105) の演算子 N の固有値 k は $0, 1, 2, \cdots$ という非負の整数であることがわかる．

それでは，演算子 N の固有値は，(6.104) の構成で得られる非負の整数以外にあり得るだろうか？　もし，非負の整数でない実数 $\nu\ (> 0)$ を固有値に持つ固有ベクトル $|\nu\rangle$ が存在すると仮定すると，(6.75) で示されたように，消滅演算子 a を作用させて，ν より 1 だけ小さい値を固有値に持つ固有ベクトル $|\nu-1\rangle$ が構成できる．固有ベクトルはゼロベクトルではないので，$|\nu-1\rangle \neq 0)$ である．さらに消滅演算子 a を作用させることで，

$$a |\nu\rangle \propto |\nu - 1\rangle$$

$$a^2 |\nu\rangle \propto a |\nu - 1\rangle \ \propto \ |\nu - 2\rangle$$
$$a^3 |\nu\rangle \propto a^2 |\nu - 1\rangle \ \propto \ a |\nu - 2\rangle \ \propto \ |\nu - 3\rangle$$
$$\vdots$$

というゼロベクトルでない系列, $|\nu - 1\rangle, |\nu - 2\rangle, |\nu - 3\rangle, \cdots$ が存在することになる.

ν は整数でない実数と仮定したので, この系列には, 消滅演算子 a を m 回演算したときに, $\nu - m < 0$ となるようなケット $a^m |\nu\rangle \propto |\nu - m\rangle$ が, どこかで必ず現れることになる. このとき, もちろん, $|\nu - m\rangle$ も N の固有ベクトルであり,

$$N |\nu - m\rangle = (\nu - m) |\nu - m\rangle \tag{6.106}$$

とならなければならない. しかし, (6.85) で示したように, N の固有値は必ず非負だったので, $\nu - m < 0$ となる固有値を持つことは許されない.

(6.106) が満たされないということは, $\nu - m < 0$ となるような $|\nu - m\rangle$ は存在しない, すなわち, $|\nu - m + 1\rangle$ はゼロベクトルでないが, $|\nu - m\rangle \propto a |\nu - m + 1\rangle$ がゼロベクトルとなること

$$\begin{cases} |\nu - m + 1\rangle \neq 0 \\ |\nu - m\rangle \quad \propto a |\nu - m + 1\rangle = 0 \end{cases} \tag{6.107}$$

を意味する. ここで, 消滅演算子 a を演算してゼロベクトルになるようなケットベクトルは, (6.88) で定義される $|0\rangle$ のみであったことを思い出すと, (6.107) においては $\nu - m + 1 = 0$ しか許されない. ところが, 今, ν は整数でない実数なので, $\nu - m + 1 \neq 0$ であり, (6.107) が満たされるような ν は存在しない. これは, N が, 非負の整数でない実数 ν (> 0) を固有値に持つとした仮定に矛盾する. つまり, この仮定が誤りであり, N は非負の整数以外の固有値を持たない.

以上をまとめると, N の固有ベクトルは, 対応する固有値が $n = 0, 1, 2, \cdots$ という非負の整数 n となるもののみであり, 次の固有方程式を満たす.

数演算子の固有値と固有ベクトル
$$N|n\rangle = n|n\rangle \quad (n = 0, 1, 2, \cdots) \tag{6.108}$$

　非負の整数 n は，個数を表す数でもあるので，個数を固有値に持つ演算子であることを強調して，N を**数演算子**と呼ぶ[7]．数演算子 N の固有ベクトルの組 $\{|n\rangle\}$ $(n = 0, 1, 2, \cdots)$ は，(6.104) と (6.105) で見たように，

$$a|0\rangle = 0 \tag{6.109}$$

で定義される，N の最低固有値に対応する固有ベクトル $|0\rangle$ に生成演算子 $a^\dagger$ を n 回演算して，

$$|n\rangle = \frac{1}{\sqrt{n!}}(a^\dagger)^n |0\rangle$$

と構成される．

　生成・消滅演算子の $|n\rangle$ への作用を考えよう．(6.103) で $k - 1$ を n とすれば，

$$|n + 1\rangle = \frac{1}{\sqrt{n+1}} a^\dagger |n\rangle$$

であるので，両辺に $\sqrt{n+1}$ を掛けて，

$$a^\dagger |n\rangle = \sqrt{n+1}|n+1\rangle \quad (n = 0, 1, 2, \cdots) \tag{6.110}$$

となる．また，(6.103) の両辺に消滅演算子 a を演算すると，

$$
\begin{aligned}
a|k\rangle &\overset{(6.103)}{=} \frac{1}{\sqrt{k}} a a^\dagger |k - 1\rangle \\
&\overset{(6.57)}{=} \frac{1}{\sqrt{k}} (a^\dagger a + 1) |k - 1\rangle \\
&\overset{(6.59)(6.108)}{=} \frac{1}{\sqrt{k}} (k - 1 + 1) |k - 1\rangle \\
&= \frac{k}{\sqrt{k}} |k - 1\rangle = \sqrt{k}|k - 1\rangle
\end{aligned}
\tag{6.111}
$$

---

[7] $a^\dagger$ と a を，各々，生成演算子と消滅演算子と呼ぶのは，個数と考えることのできる N の固有値を 1 だけ増やしたり減らしたりする演算子と考えられるからである．生成・消滅演算子の概念は，多粒子系の量子力学や場の量子論などで用いられる重要な概念でもある．(6.109) について，$|0\rangle$ が N の固有値をそれ以上「消滅」させることができない状態を表しているという意味で，$|0\rangle$ を「真空状態」と呼ぶことがある．

となるので，改めて，(6.111) の k を n と書いて，

$$a|n\rangle = \sqrt{n}|n-1\rangle \quad (n = 1, 2, 3, \cdots) \tag{6.112}$$

が得られる．

(149 ページの★から右の☆までを飛ばしても，この後の論理を追うことができる.)　　　☆

6.3.4　1 次元調和振動子ハミルトニアンの固有値と固有ベクトル

6.3.2 節で見たように，(6.48) と (6.60) から，

$$H \overset{(6.48)}{=} \hbar\omega\mathcal{H} \overset{(6.60)}{=} \hbar\omega\left(N + \frac{1}{2}\right) \tag{6.113}$$

であったので，6.3.3 節で構成した，N の固有値・固有ベクトルは，元の 1 次元調和振動子のハミルトニアン (6.2) の固有値・固有ベクトルになっている．つまり，非負の整数 $n = 0, 1, 2, \cdots$ に対して，次が成り立つ.

---
1 次元調和振動子の固有値と固有ベクトル

$$H|n\rangle = E_n|n\rangle \tag{6.114}$$

$$E_n = \hbar\omega\left(n + \frac{1}{2}\right) \tag{6.115}$$

$$|n\rangle = \frac{1}{\sqrt{n!}}(a^\dagger)^n|0\rangle \ ; \quad \langle n| = \frac{1}{\sqrt{n!}}\langle 0|a^n \tag{6.116}$$

生成・消滅演算子の固有ベクトルへの作用については，

生成・消滅演算子の性質

$$a|0\rangle = 0 \tag{6.117}$$

$$\langle 0|a^\dagger = 0 \tag{6.118}$$

$$a|n\rangle = \sqrt{n}|n-1\rangle \quad (n = 1, 2, 3, \cdots) \tag{6.119}$$

$$a^\dagger|n\rangle = \sqrt{n+1}|n+1\rangle \quad (n = 0, 1, 2, \cdots) \tag{6.120}$$

が成り立つ．ここで，(6.117) は $|0\rangle$ の定義式であり，(6.119) に $n = 0$ を代入

したものではないことに注意しよう（実際，(6.119)は $n = 0$ については定義されていない）.

4.1.3節で学んだように，Hermite演算子の固有状態は正規直交系を成すので，(6.116)で構成される1次元調和振動子の固有ベクトルも正規直交系を成す. 具体的な正規直交性は以下の例題のように確認することができる.

例題 6.4 (6.116)で構成される1次元調和振動子の固有ベクトル $\{|n\rangle\}$ が正規直交性

$$\langle m|n \rangle = \delta_{mn} \tag{6.121}$$

を示すことを確かめよ.

解答

(i) $m > n$ の場合:

$$\langle m|n \rangle \overset{(6.116)}{=} \frac{1}{\sqrt{m!}} \langle 0| a^m |n\rangle = \frac{1}{\sqrt{m!}} \langle 0| a^{m-n} a^n |n\rangle$$
$$\propto \langle 0| a^{m-n} |0\rangle \quad (\because (6.119) より a^n |n\rangle \propto |0\rangle)$$
$$\overset{(6.117)}{=} 0$$

(ii) $m < n$ の場合:

$$\langle m|n \rangle \overset{(6.116)}{=} \frac{1}{\sqrt{n!}} \langle m| (a^\dagger)^n |0\rangle = \frac{1}{\sqrt{n!}} \langle m| (a^\dagger)^m (a^\dagger)^{n-m} |n\rangle$$
$$\propto \langle 0| (a^\dagger)^{n-m} |n\rangle \quad (\because (6.119) より \langle m| (a^\dagger)^m \propto \langle 0|)$$
$$\overset{(6.118)}{=} 0$$

(iii) $m = n$ の場合:

真空状態の規格化の要請 (6.91) を基にして，(6.97) から (6.101) を帰納的に規格化することで規格化定数を定めているので，すべての n について規格化条件 $\langle n|n \rangle = 1$ が満たされている.

以上より，$\{|n\rangle\}$ が正規直交性 (6.121) が満たしていることが確かめられた.

1次元調和振動子について，a と $a^{\dagger}$ を用いた固有状態 (6.116) の一連の構成方法を，**代数的解法**と呼ぶ．得られる固有値 (6.115) は，6.2 節で扱った解析的解法によって得られた (6.40) と一致する．基底状態（真空状態）を与える固有ベクトル（真空ケット）$|0\rangle$ に対応する固有関数を $u_0(\xi)$ $(= \langle \xi|0\rangle)$ と書くことを思い出すと，真空ケット $|0\rangle$ の定義式 (6.117) は， (6.49) を用いれば，

$$au_0(\xi) = \frac{1}{\sqrt{2}} \left(\xi + \frac{d}{d\xi} \right) u_0(\xi) = 0 \qquad (6.122)$$

と表される．

(6.122) を整理して，

$$\frac{du_0(\xi)}{d\xi} = -\xi u_0(\xi)$$

とすれば，この線型1階常微分方程式は変数分離型であるので，その一般解は，C_0 を任意定数（波動関数としては規格化定数）として，

$$u_0(\xi) = C_0 \exp\left\{ \left(-\frac{1}{2}\xi^2 \right) \right\} \qquad (6.123)$$

と与えられる． (6.123) について，

$$\int_{-\infty}^{\infty} u_0^*(\xi)u_0(\xi)d\xi = \langle 0|0\rangle = 1$$

という規格化条件を満たすように C_0 を決定すればよい．こうして $u_0(\xi)$ が求まれば，ξ で表した生成演算子

$$a^{\dagger} = \frac{1}{\sqrt{2}} \left(\xi - \frac{d}{d\xi} \right)$$

を用いて， (6.116) に対応する演算を逐次行っていくことで，他の固有関数 $u_n(\xi)$ $(n = 1, 2, 3, \cdots)$ を得ることができる．こうして構成される固有関数は，6.2 節の解析的解法で得られた固有関数 (6.46) と一致する．

6.3.5　1次元調和振動子の固有状態における物理量の期待値

6.3.4節で求めた1次元調和振動子の固有状態に対して，5.1.1節で定義された物理量の期待値を考えてみよう．(5.7) に従えば，1次元調和振動子の固有関数 $u_n(x)$ で表される状態の下で物理量 A を観測したとき，得られる測定値の期待値（物理量 A の期待値）は，固有ベクトル $|n\rangle$ によるブラ-ケット表示では，

$$\int_{-\infty}^{\infty} u_n^*(x)Au_n(x)dx = \langle n|A|n\rangle \tag{6.124}$$

と表される.

　系における一般の物理量 A は，粒子の x 座標演算子 x と x 方向の運動量演算子 p_x で表されるが，(6.53) の関係からわかるように，x と p_x は，生成・消滅演算子 $a^\dagger$ と a で表されるので，(6.124) で与えられる物理量 A の期待値は，(6.110) や (6.112) の固有ベクトル $|n\rangle$ への $a^\dagger$ と a の作用や固有ベクトルの正規直交性に基づくことで，具体的に計算することができる.

例題 6.5　基底状態 $|0\rangle$ の下での，次の物理量の期待値を，各々求めよ.
(1) x, (2) p_x, (3) x^2, (4) p_x^2

解答

(1) と (2)：
　(6.117) から $a|0\rangle = 0$，(6.118) から $\langle 0|a^\dagger = 0$ であることに注意して，(6.53) を用いると，

$$\langle 0|x|0\rangle \overset{(6.53)}{=} \langle 0|\frac{1}{\sqrt{2}}\sqrt{\frac{\hbar}{m\omega}}\left(a + a^\dagger\right)|0\rangle$$

$$= \frac{1}{\sqrt{2}}\sqrt{\frac{\hbar}{m\omega}}\left(\langle 0|a|0\rangle + \langle 0|a^\dagger|0\rangle\right) \overset{(6.117)(6.118)}{=} 0$$

となる. p_x についても同様に，

$$\langle 0|p_x|0\rangle \overset{(6.53)}{=} \langle 0|\frac{1}{\sqrt{2}}\frac{\sqrt{m\hbar\omega}}{i}\left(a - a^\dagger\right)|0\rangle$$

$$= \frac{1}{\sqrt{2}} \frac{\sqrt{m\hbar\omega}}{i} \left(\langle 0|a|0\rangle - \langle 0|a^\dagger|0\rangle \right) \overset{(6.117)(6.118)}{=} 0$$

を得る.

(3) と (4)：

(1) と同様に，(6.53) を用いて，x^2 を a と $a^\dagger$ で表すと，

$$\langle 0|x^2|0\rangle \overset{(6.53)}{=} \left(\frac{1}{\sqrt{2}} \sqrt{\frac{\hbar}{m\omega}} \right)^2 \langle 0|(a + a^\dagger)^2|0\rangle$$

$$= \frac{\hbar}{2m\omega} \left(\langle 0|a^2|0\rangle + \langle 0|aa^\dagger|0\rangle + \langle 0|a^\dagger a|0\rangle + \langle 0|(a^\dagger)^2|0\rangle \right)$$

$$= \frac{\hbar}{2m\omega} \langle 0|aa^\dagger|0\rangle \quad (\because (6.117), (6.118))$$

$$= \frac{\hbar}{2m\omega}$$

となる. 最後の等号では，(6.120) とその双対対応から，$a^\dagger|0\rangle = |1\rangle$ と $\langle 0|a = \langle 1|$ を用いて $\langle 0|aa^\dagger|0\rangle = \langle 1|1\rangle$ とし，固有ベクトルの規格化条件 (6.101) を用いた.

p_x^2 も同様に (6.53) を用いて a と $a^\dagger$ で表すと，

$$\langle 0|p_x^2|0\rangle \overset{(6.53)}{=} \left(\frac{1}{\sqrt{2}} \frac{\sqrt{m\hbar\omega}}{i} \right)^2 \langle 0|(a - a^\dagger)^2|0\rangle$$

$$= -\frac{m\hbar\omega}{2} \left(\langle 0|a^2|0\rangle - \langle 0|aa^\dagger|0\rangle - \langle 0|a^\dagger a|0\rangle + \langle 0|(a^\dagger)^2|0\rangle \right)$$

$$= \frac{m\hbar\omega}{2} \langle 0|aa^\dagger|0\rangle \quad (\because (6.117), (6.118))$$

$$= \frac{m\hbar\omega}{2} \quad \left(\because \langle 0|aa^\dagger|0\rangle = \langle 1|1\rangle \overset{(6.101)}{=} 1 \right)$$

を得る.

> **例題 6.6** 基底状態 $|0\rangle$ の下で，(5.44) と (5.45) で定義される x と p_x の各々の不確定性
>
> $$\Delta x = \sqrt{\langle 0|x^2|0\rangle - \langle 0|x|0\rangle^2}, \quad \Delta p_x = \sqrt{\langle 0|p_x^2|0\rangle - \langle 0|p_x|0\rangle^2}$$
>
> を求めて，不確定性関係 (5.46) が満たされていることを確かめよ．

> **解答** 前の例題 6.5 で得られた基底状態 $|0\rangle$ の下での各物理量の期待値を用いれば，
>
> $$\begin{aligned}\Delta x &= \sqrt{\langle 0|x^2|0\rangle - \langle 0|x|0\rangle^2} \\ &= \sqrt{\frac{\hbar}{2m\omega} - 0^2} \quad \left(\because\ \langle 0|x^2|0\rangle = \frac{\hbar}{2m\omega},\ \ \langle 0|x|0\rangle = 0\right) \\ &= \sqrt{\frac{\hbar}{2m\omega}}\end{aligned}$$
>
> および
>
> $$\begin{aligned}\Delta p_x &= \sqrt{\langle 0|p_x^2|0\rangle - \langle 0|p_x|0\rangle^2} \\ &= \sqrt{\frac{m\hbar\omega}{2} - 0^2} \quad \left(\because\ \langle 0|p_x^2|0\rangle = \frac{m\hbar\omega}{2},\ \ \langle 0|p_x|0\rangle = 0\right) \\ &= \sqrt{\frac{m\hbar\omega}{2}}\end{aligned}$$
>
> を得るので，
>
> $$\Delta x \Delta p_x = \sqrt{\frac{\hbar}{2m\omega}}\sqrt{\frac{m\hbar\omega}{2}} = \frac{\hbar}{2} \geq \frac{\hbar}{2}$$
>
> となり，確かに不確定性関係 (5.46) を満たしていることがわかる．

問題 6.6 第 1 励起状態 $|1\rangle = a^\dagger |0\rangle$ の下での x と p_x の各々の不確定性を求めて，不確定性関係 (5.46) が満たされていることを確かめよ．

第7章

中心力が働く粒子の運動

これまでは主に1次元系の Schrödinger 方程式を扱ってきたが，現実の物理系に量子力学を適用するには，3次元系の Schrödinger 方程式を扱う必要がある．本章では，球座標表示で表した3次元 Schrödinger 方程式を解くことで，中心力の働く粒子の運動を量子力学的に取り扱う．

7.1 球座標表示の3次元 Schrödinger 方程式

粒子に働く力の作用線が，常にある1点を通るとき，その力を**中心力**と呼び，その点を**力の中心**と呼ぶ．力の中心を原点にとると，中心力は粒子の位置ベクトルと平行になる．ポテンシャルは一般に粒子の位置座標 $\boldsymbol{r} = (x, y, z)$ の関数であるが，中心力が原点からの距離にのみ依存するとき，中心力場を与えるポテンシャルは，原点からの距離 $r \equiv |\boldsymbol{r}| = \sqrt{x^2 + y^2 + z^2}$ のみの関数となり，**球対称ポテンシャル**（中心力ポテンシャル）と呼ばれる[1]．

球対称ポテンシャルを $V(r)$ と表すと，質量 μ の粒子の球対称ポテンシャルの下での状態を記述する（時間に依存しない）3次元 Schrödinger 方程式は，状態を表す波動関数を $\psi(\boldsymbol{r})$ として，

---

[1] 非常に一般的に考えるならば，中心力ポテンシャルが球対称であるとは限らないが，ここで対象とする中心力は原点からの距離にのみ依存するものを考えるので，中心力ポテンシャルは球対称であるとする．

$$\left\{-\frac{\hbar^2}{2\mu}\Delta + V(r)\right\}\psi(\boldsymbol{r}) = E\psi(\boldsymbol{r}) \tag{7.1}$$

と表される[2]．　　以下で，球対称ポテンシャル $V(r)$ が存在する場合の 3 次元 Schrödinger 方程式の特徴を調べよう．

7.1.1 球座標表示のラプラシアン

　球対称の系であるので，座標も球座標（3 次元極座標）で記述するのが適切である．デカルト座標と球座標の変換は，

$$\begin{cases} x = r\sin\theta\cos\phi \\ y = r\sin\theta\sin\phi \\ z = r\cos\theta \end{cases} \tag{7.2}$$

および，

$$\begin{cases} r = \sqrt{x^2 + y^2 + z^2} \\ \theta = \tan^{-1}\dfrac{\sqrt{x^2 + y^2}}{z} \\ \phi = \tan^{-1}\dfrac{y}{x} \end{cases} \tag{7.3}$$

で定義される（図 7.1）．この球座標を用いてラプラシアン (1.16) を書き換える．

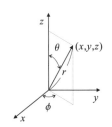

図 7.1　球座標（3 次元極座標）

---

[2] 本章と次章では，粒子の質量と波動関数の記号に，各々，μ と ψ を用いる．通常用いる m や ϕ は，各々別の意味に用いられる．

★ (この★から 168 ページの☆までを飛ばしても，その後の論理を追うことができる．)

ラプラシアンを球座標表示する準備として次の例題を考えよう．

例題 7.1 球座標を用いて，

$$\frac{\partial}{\partial x} = \sin\theta\cos\phi\frac{\partial}{\partial r} + \frac{1}{r}\cos\theta\cos\phi\frac{\partial}{\partial\theta} - \frac{1}{r}\frac{\sin\phi}{\sin\theta}\frac{\partial}{\partial\phi} \tag{7.4}$$

となることを示せ．

解答 まず，チェーンルールを用いて，

$$\frac{\partial}{\partial x} = \frac{\partial r}{\partial x}\frac{\partial}{\partial r} + \frac{\partial\theta}{\partial x}\frac{\partial}{\partial\theta} + \frac{\partial\phi}{\partial x}\frac{\partial}{\partial\phi} \tag{7.5}$$

と表されることを思い出そう．(7.3) を変形して，

$$\begin{cases} r^2 &= x^2 + y^2 + z^2 \\ \tan^2\theta &= \dfrac{x^2+y^2}{z^2} \\ \tan\phi &= \dfrac{y}{x} \end{cases} \tag{7.6}$$

と表しておくと，(7.6) 第1式の左辺の x についての偏導関数は，

$$\frac{\partial}{\partial x}r^2 = \frac{\partial r}{\partial x}\frac{d}{dr}r^2 = 2r\frac{\partial r}{\partial x}$$

となり，同じく右辺については，

$$\frac{\partial}{\partial x}\left(x^2 + y^2 + z^2\right) = 2x$$

となるので，

$$\frac{\partial r}{\partial x} = \frac{x}{r} = \sin\theta\cos\phi$$

を得る．同様に，(7.6) 第2式の左辺の x についての偏導関数は，

$$\frac{\partial}{\partial x}\tan^2\theta = \frac{\partial\theta}{\partial x}\frac{d}{d\theta}\tan^2\theta = 2\tan\theta\frac{1}{\cos^2\theta}\frac{\partial\theta}{\partial x}$$

となり，同じく右辺については，

$$\frac{\partial}{\partial x}\frac{x^2+y^2}{z^2} = \frac{2x}{z^2}$$

となるので，

$$\frac{\partial \theta}{\partial x} = \frac{x}{z^2}\frac{\cos^2\theta}{\tan\theta} = \frac{r\sin\theta\cos\phi}{r^2\cos^2\theta}\frac{\cos^2\theta}{\tan\theta} = \frac{1}{r}\cos\theta\cos\phi$$

を得る．最後に，(7.6) 第3式の左辺の x についての偏導関数は，

$$\frac{\partial}{\partial x}\tan\phi = \frac{\partial \phi}{\partial x}\frac{d}{d\phi}\tan\phi = \frac{1}{\cos^2\phi}\frac{\partial \phi}{\partial x}$$

となり，同じく右辺については，

$$\frac{\partial}{\partial x}\frac{y}{x} = -\frac{y}{x^2}$$

となるので，

$$\frac{\partial \phi}{\partial x} = -\frac{y}{x^2}\cos^2\phi = -\frac{r\sin\theta\sin\phi}{r^2\sin^2\theta\cos^2\phi}\cos^2\phi = -\frac{1}{r}\frac{\sin\phi}{\sin\theta}$$

を得る．これらを用いて，(7.5) を表せば，(7.4) となることがわかる．

問題 **7.1**　(7.4) の導出に倣って，

$$\frac{\partial}{\partial y} = \sin\theta\sin\phi\frac{\partial}{\partial r} + \frac{1}{r}\cos\theta\sin\phi\frac{\partial}{\partial \theta} + \frac{1}{r}\frac{\cos\phi}{\sin\theta}\frac{\partial}{\partial \phi} \tag{7.7}$$

$$\frac{\partial}{\partial z} = \cos\theta\frac{\partial}{\partial r} - \frac{1}{r}\sin\theta\frac{\partial}{\partial \theta} \tag{7.8}$$

となることを示せ．

ラプラシアン (1.16) には2階偏導関数が必要なので，さらに，次の例題を考える．

例題 **7.2**　球座標を用いて,

$$
\frac{\partial^2}{\partial x^2} + \frac{\partial^2}{\partial y^2} = \sin^2\theta \frac{\partial^2}{\partial r^2} + \sin\theta\cos\theta\left(-\frac{1}{r^2}\frac{\partial}{\partial\theta} + \frac{1}{r}\frac{\partial^2}{\partial r\partial\theta}\right)
$$

$$
+ \frac{1}{r}\cos\theta\left(\cos\theta\frac{\partial}{\partial r} + \sin\theta\frac{\partial^2}{\partial\theta\partial r}\right)
$$

$$
+ \frac{1}{r^2}\cos\theta\left(-\sin\theta\frac{\partial}{\partial\theta} + \cos\theta\frac{\partial^2}{\partial\theta^2}\right)
$$

$$
+ \frac{1}{r}\frac{\partial}{\partial r} + \frac{1}{r^2}\cot\theta\frac{\partial}{\partial\theta} + \frac{1}{r^2}\frac{1}{\sin^2\theta}\frac{\partial^2}{\partial\phi^2} \tag{7.9}
$$

となることを示せ.

解答　(7.4) を二度用いれば,

$$
\frac{\partial^2}{\partial x^2} = \left(\sin\theta\cos\phi\frac{\partial}{\partial r} + \frac{1}{r}\cos\theta\cos\phi\frac{\partial}{\partial\theta} - \frac{1}{r}\frac{\sin\phi}{\sin\theta}\frac{\partial}{\partial\phi}\right)
$$

$$
\cdot\left(\sin\theta\cos\phi\frac{\partial}{\partial r} + \frac{1}{r}\cos\theta\cos\phi\frac{\partial}{\partial\theta} - \frac{1}{r}\frac{\sin\phi}{\sin\theta}\frac{\partial}{\partial\phi}\right)
$$

$$
= \sin\theta\cos\phi\frac{\partial}{\partial r}\left(\sin\theta\cos\phi\frac{\partial}{\partial r}\right) + \sin\theta\cos\phi\frac{\partial}{\partial r}\left(\frac{1}{r}\cos\theta\cos\phi\frac{\partial}{\partial\theta}\right)
$$

$$
- \sin\theta\cos\phi\frac{\partial}{\partial r}\left(\frac{1}{r}\frac{\sin\phi}{\sin\theta}\frac{\partial}{\partial\phi}\right) + \frac{1}{r}\cos\theta\cos\phi\frac{\partial}{\partial\theta}\left(\sin\theta\cos\phi\frac{\partial}{\partial r}\right)
$$

$$
+ \frac{1}{r}\cos\theta\cos\phi\frac{\partial}{\partial\theta}\left(\frac{1}{r}\cos\theta\cos\phi\frac{\partial}{\partial\theta}\right) - \frac{1}{r}\cos\theta\cos\phi\frac{\partial}{\partial\theta}\left(\frac{1}{r}\frac{\sin\phi}{\sin\theta}\frac{\partial}{\partial\phi}\right)
$$

$$
- \frac{1}{r}\frac{\sin\phi}{\sin\theta}\frac{\partial}{\partial\phi}\left(\sin\theta\cos\phi\frac{\partial}{\partial r}\right) - \frac{1}{r}\frac{\sin\phi}{\sin\theta}\frac{\partial}{\partial\phi}\left(\frac{1}{r}\cos\theta\cos\phi\frac{\partial}{\partial\theta}\right)
$$

$$
+ \frac{1}{r}\frac{\sin\phi}{\sin\theta}\frac{\partial}{\partial\phi}\left(\frac{1}{r}\frac{\sin\phi}{\sin\theta}\frac{\partial}{\partial\phi}\right)
$$

となる. ここで, 各偏微分については, 任意の 3 変数関数 $f(r,\theta,\phi)$ に演算した結果が等しいという意味で, 以下の演算子としての等式が成り立つ (後述の問題 7.2 参照):

$$
\frac{\partial}{\partial r}\left(\frac{1}{r}\frac{\partial}{\partial\theta}\right) = -\frac{1}{r^2}\frac{\partial}{\partial\theta} + \frac{1}{r}\frac{\partial^2}{\partial r\partial\theta}, \quad \frac{\partial}{\partial r}\left(\frac{1}{r}\frac{\partial}{\partial\phi}\right) = -\frac{1}{r^2}\frac{\partial}{\partial\phi} + \frac{1}{r}\frac{\partial^2}{\partial r\partial\phi},
$$

$$\frac{\partial}{\partial\theta}\left(\sin\theta\frac{\partial}{\partial r}\right) = \cos\theta\frac{\partial}{\partial r} + \sin\theta\frac{\partial^2}{\partial\theta\partial r}$$

$$\frac{\partial}{\partial\theta}\left(\cos\theta\frac{\partial}{\partial\theta}\right) = -\sin\theta\frac{\partial}{\partial\theta} + \cos\theta\frac{\partial^2}{\partial\theta^2},$$

$$\frac{\partial}{\partial\theta}\left(\frac{1}{\sin\theta}\frac{\partial}{\partial\phi}\right) = -\frac{\cos\theta}{\sin^2\theta}\frac{\partial}{\partial\phi} + \frac{1}{\sin\theta}\frac{\partial^2}{\partial\theta\partial\phi},$$

$$\frac{\partial}{\partial\phi}\left(\cos\phi\frac{\partial}{\partial r}\right) = -\sin\phi\frac{\partial}{\partial r} + \cos\phi\frac{\partial^2}{\partial\phi\partial r},$$

$$\frac{\partial}{\partial\phi}\left(\cos\phi\frac{\partial}{\partial\theta}\right) = -\sin\phi\frac{\partial}{\partial\theta} + \cos\phi\frac{\partial^2}{\partial\phi\partial\theta},$$

$$\frac{\partial}{\partial\phi}\left(\sin\phi\frac{\partial}{\partial\phi}\right) = \cos\phi\frac{\partial}{\partial\phi} + \sin\phi\frac{\partial^2}{\partial\phi^2}$$

これらを用いれば,

$$
\begin{aligned}
\frac{\partial^2}{\partial x^2} = {}& \sin^2\theta\cos^2\phi\frac{\partial^2}{\partial r^2} + \sin\theta\cos\theta\cos^2\phi\left(-\frac{1}{r^2}\frac{\partial}{\partial\theta} + \frac{1}{r}\frac{\partial^2}{\partial r\partial\theta}\right)\\
& - \cos\phi\sin\phi\left(-\frac{1}{r^2}\frac{\partial}{\partial\phi} + \frac{1}{r}\frac{\partial^2}{\partial r\partial\phi}\right)\\
& + \frac{1}{r}\cos\theta\cos^2\phi\left(\cos\theta\frac{\partial}{\partial r} + \sin\theta\frac{\partial^2}{\partial\theta\partial r}\right)\\
& + \frac{1}{r^2}\cos\theta\cos^2\phi\left(-\sin\theta\frac{\partial}{\partial\theta} + \cos\theta\frac{\partial^2}{\partial\theta^2}\right)\\
& - \frac{1}{r^2}\cos\theta\cos\phi\sin\phi\left(-\frac{\cos\theta}{\sin^2\theta}\frac{\partial}{\partial\phi} + \frac{1}{\sin\theta}\frac{\partial^2}{\partial\theta\partial\phi}\right)\\
& - \frac{1}{r}\sin\phi\left(-\sin\phi\frac{\partial}{\partial r} + \cos\phi\frac{\partial^2}{\partial\phi\partial r}\right)\\
& - \frac{1}{r^2}\cot\theta\sin\phi\left(-\sin\phi\frac{\partial}{\partial\theta} + \cos\phi\frac{\partial^2}{\partial\phi\partial\theta}\right)\\
& + \frac{1}{r^2}\frac{1}{\sin^2\theta}\sin\phi\left(\cos\phi\frac{\partial}{\partial\phi} + \sin\phi\frac{\partial^2}{\partial\phi^2}\right)
\end{aligned}
\tag{7.10}
$$

を得る $(\cot\theta = 1/\tan\theta)$.

次に，(7.7) を二度用いれば，

$$
\frac{\partial^2}{\partial y^2} = \left(\sin\theta \sin\phi \frac{\partial}{\partial r} + \frac{1}{r} \cos\theta \sin\phi \frac{\partial}{\partial \theta} + \frac{1}{r} \frac{\cos\phi}{\sin\theta} \frac{\partial}{\partial \phi} \right)
$$
$$
\left(\sin\theta \sin\phi \frac{\partial}{\partial r} + \frac{1}{r} \cos\theta \sin\phi \frac{\partial}{\partial \theta} + \frac{1}{r} \frac{\cos\phi}{\sin\theta} \frac{\partial}{\partial \phi} \right)
$$
$$
= \sin\theta \sin\phi \frac{\partial}{\partial r} \left(\sin\theta \sin\phi \frac{\partial}{\partial r} \right) + \sin\theta \sin\phi \frac{\partial}{\partial r} \left(\frac{1}{r} \cos\theta \sin\phi \frac{\partial}{\partial \theta} \right)
$$
$$
+ \sin\theta \sin\phi \frac{\partial}{\partial r} \left(\frac{1}{r} \frac{\cos\phi}{\sin\theta} \frac{\partial}{\partial \phi} \right) + \frac{1}{r} \cos\theta \sin\phi \frac{\partial}{\partial \theta} \left(\sin\theta \sin\phi \frac{\partial}{\partial r} \right)
$$
$$
+ \frac{1}{r} \cos\theta \sin\phi \frac{\partial}{\partial \theta} \left(\frac{1}{r} \cos\theta \sin\phi \frac{\partial}{\partial \theta} \right) + \frac{1}{r} \cos\theta \sin\phi \frac{\partial}{\partial \theta} \left(\frac{1}{r} \frac{\cos\phi}{\sin\theta} \frac{\partial}{\partial \phi} \right)
$$
$$
+ \frac{1}{r} \frac{\cos\phi}{\sin\theta} \frac{\partial}{\partial \phi} \left(\sin\theta \sin\phi \frac{\partial}{\partial r} \right) + \frac{1}{r} \frac{\cos\phi}{\sin\theta} \frac{\partial}{\partial \phi} \left(\frac{1}{r} \cos\theta \sin\phi \frac{\partial}{\partial \theta} \right)
$$
$$
+ \frac{1}{r} \frac{\cos\phi}{\sin\theta} \frac{\partial}{\partial \phi} \left(\frac{1}{r} \frac{\cos\phi}{\sin\theta} \frac{\partial}{\partial \phi} \right)
$$

となる．ここで，各偏微分について，(7.10) の導出に用いた式の他に，以下の演算子としての等式（後述の問題 7.2 参照）

$$
\frac{\partial}{\partial \phi} \left(\sin\phi \frac{\partial}{\partial r} \right) = \cos\phi \frac{\partial}{\partial r} + \sin\phi \frac{\partial^2}{\partial \phi \partial r}
$$
$$
\frac{\partial}{\partial \phi} \left(\sin\phi \frac{\partial}{\partial \theta} \right) = \cos\phi \frac{\partial}{\partial \theta} + \sin\phi \frac{\partial^2}{\partial \phi \partial \theta}
$$
$$
\frac{\partial}{\partial \phi} \left(\cos\phi \frac{\partial}{\partial \phi} \right) = -\sin\phi \frac{\partial}{\partial \phi} + \cos\phi \frac{\partial^2}{\partial \phi^2}
$$

を用いれば，

$$
\frac{\partial^2}{\partial y^2} = \sin^2\theta \sin^2\phi \frac{\partial^2}{\partial r^2} + \sin\theta \cos\theta \sin^2\phi \left(-\frac{1}{r^2} \frac{\partial}{\partial \theta} + \frac{1}{r} \frac{\partial^2}{\partial r \partial \theta} \right)
$$
$$
+ \cos\phi \sin\phi \left(-\frac{1}{r^2} \frac{\partial}{\partial \phi} + \frac{1}{r} \frac{\partial^2}{\partial r \partial \phi} \right)
$$
$$
+ \frac{1}{r} \cos\theta \sin^2\phi \left(\cos\theta \frac{\partial}{\partial r} + \sin\theta \frac{\partial^2}{\partial \theta \partial r} \right)
$$
$$
+ \frac{1}{r^2} \cos\theta \sin^2\phi \left(-\sin\theta \frac{\partial}{\partial \theta} + \cos\theta \frac{\partial^2}{\partial \theta^2} \right)
$$

$$+ \frac{1}{r^2} \cos\theta \cos\phi \sin\phi \left(-\frac{\cos\theta}{\sin^2\theta} \frac{\partial}{\partial\phi} + \frac{1}{\sin\theta} \frac{\partial^2}{\partial\theta\partial\phi} \right)$$

$$+ \frac{1}{r} \cos\phi \left(\cos\phi \frac{\partial}{\partial r} + \sin\phi \frac{\partial^2}{\partial\phi\partial r} \right)$$

$$+ \frac{1}{r^2} \cot\theta \cos\phi \left(\cos\phi \frac{\partial}{\partial\theta} + \sin\phi \frac{\partial^2}{\partial\phi\partial\theta} \right)$$

$$+ \frac{1}{r^2} \frac{1}{\sin^2\theta} \cos\phi \left(-\sin\phi \frac{\partial}{\partial\phi} + \cos\phi \frac{\partial^2}{\partial\phi^2} \right) \tag{7.11}$$

を得る.

最後に，(7.10) と (7.11) を合わせると，

$$\frac{\partial^2}{\partial x^2} + \frac{\partial^2}{\partial y^2} = \sin^2\theta(\cos^2\phi + \sin^2\phi)\frac{\partial^2}{\partial r^2}$$

$$+ \sin\theta\cos\theta(\cos^2\phi + \sin^2\phi)\left(-\frac{1}{r^2}\frac{\partial}{\partial\theta} + \frac{1}{r}\frac{\partial^2}{\partial r\partial\theta} \right)$$

$$+ (-\cos\phi\sin\phi + \cos\phi\sin\phi)\left(-\frac{1}{r^2}\frac{\partial}{\partial\phi} + \frac{1}{r}\frac{\partial^2}{\partial r\partial\phi} \right)$$

$$+ \frac{1}{r}\cos\theta(\cos^2\phi + \sin^2\phi)\left(\cos\theta\frac{\partial}{\partial r} + \sin\theta\frac{\partial^2}{\partial\theta\partial r} \right)$$

$$+ \frac{1}{r^2}\cos\theta(\cos^2\phi + \sin^2\phi)\left(-\sin\theta\frac{\partial}{\partial\theta} + \cos\theta\frac{\partial^2}{\partial\theta^2} \right)$$

$$+ \left(-\frac{1}{r^2} + \frac{1}{r^2} \right)\cos\theta\cos\phi\sin\phi\left(-\frac{\cos\theta}{\sin^2\theta}\frac{\partial}{\partial\phi} + \frac{1}{\sin\theta}\frac{\partial^2}{\partial\theta\partial\phi} \right)$$

$$+ \frac{1}{r}(\sin^2\phi + \cos^2\phi)\frac{\partial}{\partial r} + \left(-\frac{1}{r}\sin\phi\cos\phi + \frac{1}{r}\cos\phi\sin\phi \right)\frac{\partial^2}{\partial\phi\partial r}$$

$$+ \frac{1}{r^2}\cot\theta(\sin^2\phi + \cos^2\phi)\frac{\partial}{\partial\theta}$$

$$+ \frac{1}{r^2}\cot\theta(-\sin\phi\cos\phi + \cos\phi\sin\phi)\frac{\partial^2}{\partial\phi\partial\theta}$$

$$+ \frac{1}{r^2}\frac{1}{\sin^2\theta}(\sin\phi\cos\phi - \cos\phi\sin\phi)\frac{\partial}{\partial\phi}$$

$$+ \frac{1}{r^2} \frac{1}{\sin^2 \theta} (\sin^2 \phi + \cos^2 \phi) \frac{\partial^2}{\partial \phi^2}$$

となるので，相殺する項や $\cos^2 \phi + \sin^2 \phi = 1$ に注意すれば，(7.9) が導かれる.

例題 7.3 (7.9) の導出に倣って，$\dfrac{\partial^2}{\partial z^2}$ の球座標表示が，

$$\frac{\partial^2}{\partial z^2} = \cos^2 \theta \frac{\partial^2}{\partial r^2} - \cos \theta \sin \theta \left(-\frac{1}{r^2} \frac{\partial}{\partial \theta} + \frac{1}{r} \frac{\partial^2}{\partial r \partial \theta} \right)$$

$$- \frac{1}{r} \sin \theta \left(-\sin \theta \frac{\partial}{\partial r} + \cos \theta \frac{\partial^2}{\partial \theta \partial r} \right) + \frac{1}{r^2} \sin \theta \left(\cos \theta \frac{\partial}{\partial \theta} + \sin \theta \frac{\partial^2}{\partial \theta^2} \right)$$

$$\tag{7.12}$$

となることを示せ.

解答 (7.8) を二度用いれば，

$$\frac{\partial^2}{\partial z^2} = \left(\cos \theta \frac{\partial}{\partial r} - \frac{1}{r} \sin \theta \frac{\partial}{\partial \theta} \right) \left(\cos \theta \frac{\partial}{\partial r} - \frac{1}{r} \sin \theta \frac{\partial}{\partial \theta} \right)$$

$$= \cos \theta \frac{\partial}{\partial r} \left(\cos \theta \frac{\partial}{\partial r} \right) - \cos \theta \frac{\partial}{\partial r} \left(\frac{1}{r} \sin \theta \frac{\partial}{\partial \theta} \right)$$

$$- \frac{1}{r} \sin \theta \frac{\partial}{\partial \theta} \left(\cos \theta \frac{\partial}{\partial r} \right) + \frac{1}{r} \sin \theta \frac{\partial}{\partial \theta} \left(\frac{1}{r} \sin \theta \frac{\partial}{\partial \theta} \right)$$

となるので，さらに，演算子としての等式（後述の問題 7.2 参照）

$$\frac{\partial}{\partial r} \left(\frac{1}{r} \frac{\partial}{\partial \theta} \right) = -\frac{1}{r^2} \frac{\partial}{\partial \theta} + \frac{1}{r} \frac{\partial^2}{\partial r \partial \theta}$$

$$\frac{\partial}{\partial \theta} \left(\cos \theta \frac{\partial}{\partial r} \right) = -\sin \theta \frac{\partial}{\partial r} + \cos \theta \frac{\partial^2}{\partial \theta \partial r}$$

$$\frac{\partial}{\partial \theta} \left(\sin \theta \frac{\partial}{\partial \theta} \right) = \cos \theta \frac{\partial}{\partial \theta} + \sin \theta \frac{\partial^2}{\partial \theta^2}$$

を用いれば,

$$
\frac{\partial^2}{\partial z^2} = \cos^2\theta \frac{\partial^2}{\partial r^2} - \cos\theta\sin\theta\left(-\frac{1}{r^2}\frac{\partial}{\partial\theta} + \frac{1}{r}\frac{\partial^2}{\partial r\partial\theta}\right)
$$

$$
- \frac{1}{r}\sin\theta\left(-\sin\theta\frac{\partial}{\partial r} + \cos\theta\frac{\partial^2}{\partial\theta\partial r}\right) + \frac{1}{r^2}\sin\theta\left(\cos\theta\frac{\partial}{\partial\theta} + \sin\theta\frac{\partial^2}{\partial\theta^2}\right)
$$

となり,(7.12) を得る.

[問題 **7.2**]　(7.9) と (7.12) の導出に用いられた様々な演算子としての等式を確かめよ.

(161 ページの★から右の☆までを飛ばしても,この後の論理を追うことができる.)　　☆

　以上の例題から得られた (7.9) と (7.12) から,球座標表示のラプラシアンを求めることができる.

┌─ **球座標表示のラプラシアン** ─────────────

$$
\Delta = \frac{\partial^2}{\partial x^2} + \frac{\partial^2}{\partial y^2} + \frac{\partial^2}{\partial z^2}
$$

$$
= \frac{\partial^2}{\partial r^2} + \frac{2}{r}\frac{\partial}{\partial r} + \frac{1}{r^2}\left(\frac{\partial^2}{\partial\theta^2} + \cot\theta\frac{\partial}{\partial\theta} + \frac{1}{\sin^2\theta}\frac{\partial^2}{\partial\phi^2}\right) \tag{7.13}
$$

$$
= \frac{1}{r^2}\frac{\partial}{\partial r}\left(r^2\frac{\partial}{\partial r}\right) + \frac{1}{r^2}\left(\frac{1}{\sin\theta}\frac{\partial}{\partial\theta}\left(\sin\theta\frac{\partial}{\partial\theta}\right) + \frac{1}{\sin^2\theta}\frac{\partial^2}{\partial\phi^2}\right) \tag{7.14}
$$

───────────────────────────────┘

[問題 **7.3**]　(7.9) と (7.12) から,(7.13) となることを確かめよ.

[問題 **7.4**]　(7.13) が (7.14) とも表せることを示せ.
[ヒント:(7.13) と (7.14) が演算子としての等式であることを示すために,演算子としての等式

$$
\frac{\partial}{\partial r}\left(r^2\frac{\partial}{\partial r}\right) = 2r\frac{\partial}{\partial r} + r^2\frac{\partial^2}{\partial r^2}
$$

$$
\frac{\partial}{\partial\theta}\left(\sin\theta\frac{\partial}{\partial\theta}\right) = \cos\theta\frac{\partial}{\partial\theta} + \sin\theta\frac{\partial^2}{\partial\theta^2}
$$

を確かめればよい.]

7.1.2 球座標表示の3次元Schrödinger方程式の変数分離

球座標表示のラプラシアン (7.13) または (7.14) を用いることで，3 次元 Schrödinger 方程式 (7.1) を球座標表示することができる．(7.14) を用いれば，波動関数 $\psi(\boldsymbol{r}) = \psi(r, \theta, \phi)$ が満たす，球座標表示された 3 次元 Schrödinger 方程式は，

$$\left[-\frac{\hbar^2}{2\mu} \left\{ \frac{1}{r^2} \frac{\partial}{\partial r} \left(r^2 \frac{\partial}{\partial r} \right) + \frac{1}{r^2} \left(\frac{1}{\sin\theta} \frac{\partial}{\partial\theta} \left(\sin\theta \frac{\partial}{\partial\theta} \right) + \frac{1}{\sin^2\theta} \frac{\partial^2}{\partial\phi^2} \right) \right\} + V(r) \right]$$

$$\psi(r, \theta, \phi) = E\psi(r, \theta, \phi) \tag{7.15}$$

と表される．

(7.15) の両辺に r^2 を掛けると，

$$\left[-\frac{\hbar^2}{2\mu} \left\{ \frac{\partial}{\partial r} \left(r^2 \frac{\partial}{\partial r} \right) + \frac{1}{\sin\theta} \frac{\partial}{\partial\theta} \left(\sin\theta \frac{\partial}{\partial\theta} \right) + \frac{1}{\sin^2\theta} \frac{\partial^2}{\partial\phi^2} \right\} + r^2 V(r) \right] \psi(r, \theta, \phi)$$

$$= Er^2 \psi(r, \theta, \phi) \tag{7.16}$$

となるが，(7.16) の右辺をすべて左辺に移項して整理すれば，

$$\left\{ \frac{\partial}{\partial r} \left(r^2 \frac{\partial}{\partial r} \right) + \frac{2\mu r^2}{\hbar^2} \left(E - V(r) \right) \right\} \psi(r, \theta, \phi)$$

$$+ \left\{ \frac{1}{\sin\theta} \frac{\partial}{\partial\theta} \left(\sin\theta \frac{\partial}{\partial\theta} \right) + \frac{1}{\sin^2\theta} \frac{\partial^2}{\partial\phi^2} \right\} \psi(r, \theta, \phi) = 0 \tag{7.17}$$

となり，$\psi(r, \theta, \phi)$ に演算する部分が，動径 r だけを含む部分と，角度 (θ, ϕ) だけを含む部分に分けられることがわかる．この場合，波動関数 $\psi(r, \theta, \phi)$ は動径のみの関数 $R(r)$ と角度のみの関数 $Y(\theta, \phi)$ の積

$$\psi(r, \theta, \phi) = R(r)Y(\theta, \phi) \tag{7.18}$$

で表され，方程式を変数分離法により取り扱うことができる．

(7.18) を (7.17) に代入すると，動径 r だけを含む演算子は $Y(\theta, \phi)$ には演算せず，角度 (θ, ϕ) だけを含む演算子は $R(r)$ には演算しないことに注意して，

$$Y(\theta, \phi) \left\{ \frac{d}{dr} \left(r^2 \frac{d}{dr} \right) + \frac{2\mu r^2}{\hbar^2} \left(E - V(r) \right) \right\} R(r)$$

$$+ R(r) \left\{ \frac{1}{\sin\theta} \frac{\partial}{\partial\theta} \left(\sin\theta \frac{\partial}{\partial\theta} \right) + \frac{1}{\sin^2\theta} \frac{\partial^2}{\partial\phi^2} \right\} Y(\theta,\phi) = 0 \tag{7.19}$$

を得る. (7.19) の左辺第1項では, r のみの関数 $R(r)$ に演算するため, 偏微分演算子 $\frac{\partial}{\partial r}$ を微分演算子 $\frac{d}{dr}$ に直した. (7.19) の両辺を $\psi(r,\theta,\phi) = R(r)Y(\theta,\phi)$ で割って整理すると,

$$\frac{1}{R(r)} \left\{ \frac{d}{dr} \left(r^2 \frac{d}{dr} \right) + \frac{2\mu r^2}{\hbar^2} \left(E - V(r) \right) \right\} R(r)$$

$$= -\frac{1}{Y(\theta,\phi)} \left\{ \frac{1}{\sin\theta} \frac{\partial}{\partial\theta} \left(\sin\theta \frac{\partial}{\partial\theta} \right) + \frac{1}{\sin^2\theta} \frac{\partial^2}{\partial\phi^2} \right\} Y(\theta,\phi) \tag{7.20}$$

となることがわかる.

(7.20) の左辺は r のみの関数であり, 右辺は (θ,ϕ) のみの関数である. r と (θ,ϕ) は, 各々, 独立変数であるので, r のみの関数の値と (θ,ϕ) のみの関数の値は独立に定まるはずだが, (7.20) の等式はそれらが常に等しいことを意味している. r のみの関数の値と (θ,ϕ) のみの関数の値が, r や (θ,ϕ) に依らず等しいためには, その値は r にも (θ,ϕ) にも依らない定数 (分離定数と呼ばれる) でなければならない. この分離定数を λ とおくと, (7.20) の左辺については,

$$\frac{1}{R(r)} \left\{ \frac{d}{dr} \left(r^2 \frac{d}{dr} \right) + \frac{2\mu r^2}{\hbar^2} \left(E - V(r) \right) \right\} R(r) = \lambda$$

が成り立ち, この両辺に $R(r)/r^2$ を掛けて整理すれば,

$$\frac{1}{r^2} \frac{d}{dr} \left(r^2 \frac{dR(r)}{dr} \right) + \left\{ \frac{2\mu}{\hbar^2} \left(E - V(r) \right) - \frac{\lambda}{r^2} \right\} R(r) = 0 \tag{7.21}$$

を得る. 同様に, (7.20) の右辺については,

$$-\frac{1}{Y(\theta,\phi)} \left\{ \frac{1}{\sin\theta} \frac{\partial}{\partial\theta} \left(\sin\theta \frac{\partial}{\partial\theta} \right) + \frac{1}{\sin^2\theta} \frac{\partial^2}{\partial\phi^2} \right\} Y(\theta,\phi) = \lambda$$

が成り立ち, この両辺に $Y(\theta,\phi)$ を掛ければ,

$$-\left\{ \frac{1}{\sin\theta} \frac{\partial}{\partial\theta} \left(\sin\theta \frac{\partial}{\partial\theta} \right) + \frac{1}{\sin^2\theta} \frac{\partial^2}{\partial\phi^2} \right\} Y(\theta,\phi) = \lambda Y(\theta,\phi) \tag{7.22}$$

を得る.

7.2 角運動量演算子

7.2.1 量子力学における角運動量

波動関数の動径部分・角度部分の満たす微分方程式を解く前に，古典力学での中心力の下での粒子の運動の特徴ををを復習しておこう．古典力学においては，中心力の働く粒子の**角運動量**が保存される（時間に依存しない）ことを学んだ．角運動量は，粒子の位置ベクトル $\boldsymbol{r}$ と運動量ベクトル $\boldsymbol{p}$ を用いて，

$$\boldsymbol{L} = \boldsymbol{r} \times \boldsymbol{p} \tag{7.23}$$

と定義されるベクトル $\boldsymbol{L}$ で表されたことを思い出そう．

量子力学では，運動量 $\boldsymbol{p}$ は演算子であり，$\boldsymbol{p} = -i\hbar\boldsymbol{\nabla}$ と表される．これに従い，角運動量も，(7.23) に対応して，

$$\boldsymbol{L} = \boldsymbol{r} \times \boldsymbol{p} = \boldsymbol{r} \times (-i\hbar\boldsymbol{\nabla}) \tag{7.24}$$

と表される演算子，すなわち，**角運動量演算子**と考える．角運動量演算子 $\boldsymbol{L}$ の各成分を具体的に書き下すと，

$$L_x = -i\hbar\left(y\frac{\partial}{\partial z} - z\frac{\partial}{\partial y}\right) \tag{7.25}$$

$$L_y = -i\hbar\left(z\frac{\partial}{\partial x} - x\frac{\partial}{\partial z}\right) \tag{7.26}$$

$$L_z = -i\hbar\left(x\frac{\partial}{\partial y} - y\frac{\partial}{\partial x}\right) \tag{7.27}$$

となる．角運動量の大きさの 2 乗 $|\boldsymbol{L}|^2 = L_x^2 + L_y^2 + L_z^2$ も，演算子として重要な役割を担う[3]．

問題 7.5　(7.24) の各成分が (7.25)，(7.26)，(7.27) となることを確かめよ．

---

[3] 量子力学の多くの教科書の慣例で，$|\boldsymbol{L}|^2 = \boldsymbol{L} \cdot \boldsymbol{L}$ を「ベクトルの 2 乗」として L^2 と書くこともあるが，この表記を「ベクトルの冪乗」の定義に一般化できないという意味では，$\boldsymbol{L}^2$ の表記は適切でないかもしれない．ここでは $|\boldsymbol{L}|^2$ という表記を用いる．

7.2.2 球座標表示の角運動量演算子

角運動量演算子 (7.24) に現れる偏微分演算子に (7.4)，(7.7)，(7.8) を用いることで，球座標表示の角運動量演算子を得ることができる．

--- 球座標表示の角運動量演算子（その1）---

$$L_x = -i\hbar \left(-\sin\phi \frac{\partial}{\partial\theta} - \cot\theta \cos\phi \frac{\partial}{\partial\phi} \right) \tag{7.28}$$

$$L_y = -i\hbar \left(\cos\phi \frac{\partial}{\partial\theta} - \cot\theta \sin\phi \frac{\partial}{\partial\phi} \right) \tag{7.29}$$

$$L_z = -i\hbar \frac{\partial}{\partial\phi} \tag{7.30}$$

問題 7.6 (7.25), (7.26), (7.27) に (7.4), (7.7), (7.8) を用いて，(7.28), (7.29), (7.30) を示せ．

--- 球座標表示の角運動量演算子（その2）---

$$|\boldsymbol{L}|^2 = \boldsymbol{L} \cdot \boldsymbol{L} = L_x^2 + L_y^2 + L_z^2$$

$$= -\hbar^2 \left(\frac{\partial^2}{\partial\theta^2} + \cot\theta \frac{\partial}{\partial\theta} + \frac{1}{\sin^2\theta} \frac{\partial^2}{\partial\phi^2} \right) \tag{7.31}$$

$$= -\hbar^2 \left(\frac{1}{\sin\theta} \frac{\partial}{\partial\theta} \left(\sin\theta \frac{\partial}{\partial\theta} \right) + \frac{1}{\sin^2\theta} \frac{\partial^2}{\partial\phi^2} \right) \tag{7.32}$$

★ (この★から 174 ページの☆までを飛ばしても，その後の論理を追うことができる．)

例題 7.4 (7.28), (7.29), (7.30) を用いて，(7.31) を示せ．

解答 (7.28) から，

$$L_x^2 = -\hbar^2 \left(-\sin\phi \frac{\partial}{\partial\theta} - \cot\theta\cos\phi \frac{\partial}{\partial\phi} \right) \left(-\sin\phi \frac{\partial}{\partial\theta} - \cot\theta\cos\phi \frac{\partial}{\partial\phi} \right)$$

$$\frac{L_x^2}{-\hbar^2} = -\sin\phi \frac{\partial}{\partial\theta} \left(-\sin\phi \frac{\partial}{\partial\theta} \right) - \sin\phi \frac{\partial}{\partial\theta} \left(-\cot\theta\cos\phi \frac{\partial}{\partial\phi} \right)$$

$$- \cot\theta\cos\phi \frac{\partial}{\partial\phi} \left(-\sin\phi \frac{\partial}{\partial\theta} \right) - \cot\theta\cos\phi \frac{\partial}{\partial\phi} \left(-\cot\theta\cos\phi \frac{\partial}{\partial\phi} \right)$$

となるので，7.1.1 節の 168 ページの問題で導いた演算子としての等式の他に，

$$\frac{\partial}{\partial\theta} \left(\cot\theta \frac{\partial}{\partial\phi} \right) = -\frac{1}{\sin^2\theta} \frac{\partial}{\partial\phi} + \cot\theta \frac{\partial^2}{\partial\theta\partial\phi}$$

$$\left(\because \quad \frac{d}{d\theta}\cot\theta = -\frac{1}{\sin^2\theta} \right)$$

を用いれば，

$$\frac{L_x^2}{-\hbar^2} = \sin^2\phi \frac{\partial^2}{\partial\theta^2} + \sin\phi\cos\phi \left(-\frac{1}{\sin^2\theta} \frac{\partial}{\partial\phi} + \cot\theta \frac{\partial^2}{\partial\theta\partial\phi} \right)$$

$$+ \cot\theta\cos\phi \left(\cos\phi \frac{\partial}{\partial\theta} + \sin\phi \frac{\partial^2}{\partial\phi\partial\theta} \right)$$

$$+ \cot^2\theta\cos\phi \left(-\sin\phi \frac{\partial}{\partial\phi} + \cos\phi \frac{\partial^2}{\partial\phi^2} \right) \tag{7.33}$$

を得る．

また，(7.29) から，

$$L_y^2 = -\hbar^2 \left(\cos\phi \frac{\partial}{\partial\theta} - \cot\theta\sin\phi \frac{\partial}{\partial\phi} \right) \left(\cos\phi \frac{\partial}{\partial\theta} - \cot\theta\sin\phi \frac{\partial}{\partial\phi} \right)$$

$$\frac{L_y^2}{-\hbar^2} = \cos\phi \frac{\partial}{\partial\theta} \left(\cos\phi \frac{\partial}{\partial\theta} \right) + \cos\phi \frac{\partial}{\partial\theta} \left(-\cot\theta\sin\phi \frac{\partial}{\partial\phi} \right)$$

$$- \cot\theta\sin\phi \frac{\partial}{\partial\phi} \left(\cos\phi \frac{\partial}{\partial\theta} \right) - \cot\theta\sin\phi \frac{\partial}{\partial\phi} \left(-\cot\theta\sin\phi \frac{\partial}{\partial\phi} \right)$$

となるので，(7.33) の導出と同様に演算子としての等式を用いれば，

$$\frac{L_y^2}{-\hbar^2} = \cos^2\phi \frac{\partial^2}{\partial\theta^2} - \cos\phi\sin\phi \left(-\frac{1}{\sin^2\theta} \frac{\partial}{\partial\phi} + \cot\theta \frac{\partial^2}{\partial\theta\partial\phi} \right)$$

$$- \cot \theta \sin \phi \left(- \sin \phi \frac{\partial}{\partial \theta} + \cos \phi \frac{\partial^2}{\partial \phi \partial \theta} \right)$$

$$+ \cot^2 \theta \sin \phi \left(\cos \phi \frac{\partial}{\partial \phi} + \sin \phi \frac{\partial^2}{\partial \phi^2} \right) \tag{7.34}$$

を得る. (7.33) と (7.34) を合わせて，相殺する項や $\cos^2 \phi + \sin^2 \phi = 1$ に注意すると，

$$\frac{1}{-\hbar^2} (L_x^2 + L_y^2) = \frac{\partial^2}{\partial \theta^2} + \cot \theta \frac{\partial}{\partial \theta} + \cot^2 \theta \frac{\partial^2}{\partial \phi^2} \tag{7.35}$$

となることがわかる.

最後に，(7.30) から，

$$L_z^2 = \left(-i\hbar \frac{\partial}{\partial \phi} \right) \left(-i\hbar \frac{\partial}{\partial \phi} \right)$$

$$\frac{L_z^2}{-\hbar^2} = \frac{\partial^2}{\partial \phi^2}$$

となるので，これと (7.35) を合わせれば，

$$\frac{1}{-\hbar^2} (L_x^2 + L_y^2 + L_z^2) = \frac{\partial^2}{\partial \theta^2} + \cot \theta \frac{\partial}{\partial \theta} + \cot^2 \theta \frac{\partial^2}{\partial \phi^2} + \frac{\partial^2}{\partial \phi^2}$$

$$= \frac{\partial^2}{\partial \theta^2} + \cot \theta \frac{\partial}{\partial \theta} + \frac{1}{\sin^2 \theta} \frac{\partial^2}{\partial \phi^2}$$

$$\left(\because \quad \cot^2 \theta + 1 = \frac{1}{\sin^2 \theta} \right)$$

すなわち，

$$|\boldsymbol{L}|^2 = L_x^2 + L_y^2 + L_z^2 = -\hbar^2 \left(\frac{\partial^2}{\partial \theta^2} + \cot \theta \frac{\partial}{\partial \theta} + \frac{1}{\sin^2 \theta} \frac{\partial^2}{\partial \phi^2} \right)$$

となり，(7.31) が得られる.

(172 ページの★から右の☆までを飛ばしても，この後の論理を追うことができる.) ☆

7.2.3 角運動量演算子の固有方程式

7.1.2 節の, 波動関数の角度部分に関する微分方程式 (7.22) を思い出して, (7.22) の両辺を $\hbar^2$ 倍すれば,

$$-\hbar^2 \left\{ \frac{1}{\sin\theta}\frac{\partial}{\partial\theta}\left(\sin\theta\frac{\partial}{\partial\theta}\right) + \frac{1}{\sin^2\theta}\frac{\partial^2}{\partial\phi^2} \right\} Y(\theta,\phi) = \lambda\hbar^2 Y(\theta,\phi) \qquad (7.36)$$

となるが, (7.36) 左辺の $Y(\theta,\phi)$ に作用する演算子は, まさに, (7.32) で表される $|\boldsymbol{L}|^2$ となっている. すなわち,

$$|\boldsymbol{L}|^2 Y(\theta,\phi) = \lambda\hbar^2 Y(\theta,\phi) \qquad (7.37)$$

が成り立つ. (7.37) は, 波動関数の角度部分 $Y(\theta,\phi)$ に, 角運動量の大きさの 2 乗演算子 $|\boldsymbol{L}|^2$ が演算した結果が, 元の $Y(\theta,\phi)$ の定数倍（$\lambda\hbar^2$ 倍）であることを表しているので, (7.37) は, $Y(\theta,\phi)$ が $|\boldsymbol{L}|^2$ の固有関数であり, 対応する固有値が $\lambda\hbar^2$ であることを意味する固有方程式となっていることがわかる.

(7.36) の両辺に $-\sin^2\theta/\hbar^2$ を掛けて整理すれば,

$$\left[\left\{ \sin\theta\frac{\partial}{\partial\theta}\left(\sin\theta\frac{\partial}{\partial\theta}\right) + \lambda\sin^2\theta \right\} + \frac{\partial^2}{\partial\phi^2} \right] Y(\theta,\phi) = 0 \qquad (7.38)$$

となり, $Y(\theta,\phi)$ に演算する部分が, θ だけを含む部分と, ϕ だけを含む部分に分けられることがわかる. この場合, 7.1.2 節の (7.18) と同様に, $Y(\theta,\phi)$ は θ のみの関数 $\Theta(\theta)$ と ϕ のみの関数 $\Phi(\phi)$ の積

$$Y(\theta,\phi) = \Theta(\theta)\Phi(\phi) \qquad (7.39)$$

で表され, やはり, 方程式を変数分離法により取り扱うことができる.

(7.39) を (7.38) に代入すると,

$$\Phi(\phi)\sin\theta\frac{d}{d\theta}\left(\sin\theta\frac{d\Theta(\theta)}{d\theta}\right) + \lambda\sin^2\theta\Theta(\theta)\Phi(\phi) + \Theta(\theta)\frac{d^2\Phi(\phi)}{d\phi^2} = 0$$

となるが（(7.20) の導出の際と同様に, 偏微分演算子 $\frac{\partial}{\partial\theta}$ と $\frac{\partial}{\partial\phi}$ を各々微分演算子 $\frac{d}{d\theta}$ と $\frac{d}{d\phi}$ に直した）, この両辺を $Y(\theta,\phi) = \Theta(\theta)\Phi(\phi)$ で割って整理すると,

$$\frac{1}{\Theta(\theta)} \sin\theta \frac{d}{d\theta}\left(\sin\theta \frac{d\Theta(\theta)}{d\theta}\right) + \lambda \sin^2\theta = -\frac{1}{\Phi(\phi)}\frac{d^2\Phi(\phi)}{d\phi^2} \tag{7.40}$$

となる.

(7.40) の左辺は θ のみの関数であり, 右辺は ϕ のみの関数であるので, (7.20) についての議論と同様に考えて, 今回の場合の分離定数を κ とおくと, (7.40) の左辺については,

$$\frac{1}{\Theta(\theta)} \sin\theta \frac{d}{d\theta}\left(\sin\theta \frac{d\Theta(\theta)}{d\theta}\right) + \lambda \sin^2\theta = \kappa$$

が成り立ち, この両辺に $\Theta(\theta)/\sin^2\theta$ を掛けて整理すれば,

$$\frac{1}{\sin\theta}\frac{d}{d\theta}\left(\sin\theta \frac{d\Theta(\theta)}{d\theta}\right) + \left(\lambda - \frac{\kappa}{\sin^2\theta}\right)\Theta(\theta) = 0 \tag{7.41}$$

を得る. 同様に, (7.40) の右辺については,

$$-\frac{1}{\Phi(\phi)}\frac{d^2\Phi(\phi)}{d\phi^2} = \kappa$$

が成り立ち, この両辺に $-\hbar^2\Phi(\phi)$ を掛ければ,

$$-\hbar^2 \frac{d^2}{d\phi^2}\Phi(\phi) = \kappa\hbar^2\Phi(\phi) \tag{7.42}$$

を得る.

(7.42) の左辺の $\Phi(\phi)$ に作用する演算子は, ϕ のみの関数である $\Phi(\phi)$ に対する演算子という約束の下では, (7.30) で表される L_z の 2 乗になっていて,

$$L_z^2\Phi(\phi) = \left(-i\hbar\frac{\partial}{\partial\phi}\right)^2\Phi(\phi) = -\hbar^2\frac{\partial^2}{\partial\phi^2}\Phi(\phi) = -\hbar^2\frac{d^2}{d\phi^2}\Phi(\phi)$$

と表されるので, (7.42) の微分方程式を,

$$L_z^2\Phi(\phi) = \kappa\hbar^2\Phi(\phi) \tag{7.43}$$

と表すことができる.

(7.43) は, L_z^2 を $\Phi(\phi)$ に演算した結果が, 元の $\Phi(\phi)$ の定数倍($\kappa\hbar^2$ 倍)になっていることを表しているので, $\Phi(\phi)$ が演算子 L_z^2 の固有関数であり, 対応する固有値が $\kappa\hbar^2$ であることがわかる. $\Phi(\phi)$ が L_z^2 の固有関数ならば, もちろん $\Phi(\phi)$ は L_z 自体の固有関数にもなっているので,

$$L_z\Phi(\phi) = \pm\sqrt{\kappa}\hbar\Phi(\phi) \tag{7.44}$$

という固有方程式が成り立つ. $\alpha = \pm\kappa$ として, 複号を含めた固有値を $\alpha\hbar$ と書けば, (7.44) は, (7.30) を用いて,

$$-i\hbar\frac{d\Phi(\phi)}{d\phi} = \alpha\hbar\Phi(\phi) \tag{7.45}$$

という微分方程式としても表せる[4].

以上の結果を 7.1.2 節の結果とまとめると, 波動関数は, $\psi(r,\theta,\phi) = R(r)\Theta(\theta)\Phi(\phi)$ と変数分離できて, その動径部分・角度部分の満たす微分方程式は, 各々, (7.21), (7.41), (7.45) となることがわかった. 特に, (7.37) で見たように, 角度部分 $Y(\theta,\phi) = \Theta(\theta)\Phi(\phi)$ は角運動量の大きさの 2 乗演算子 $|\boldsymbol{L}|^2$ の固有関数であるが, $\Phi(\phi)$ は角運動量演算子の z 成分 L_z の固有関数となるので,

$$L_z Y(\theta,\phi) \overset{(7.39)}{=} L_z\Theta(\theta)\Phi(\phi) \overset{(7.30)}{=} -i\hbar\frac{\partial}{\partial\phi}\Theta(\theta)\Phi(\phi)$$

$$= \Theta(\theta)\left(-i\hbar\frac{d}{d\phi}\Phi(\phi)\right)$$

$$\overset{(7.45)}{=} \Theta(\theta)\left(\alpha\hbar\Phi(\phi)\right)$$

$$\overset{(7.39)}{=} \alpha\hbar Y(\theta,\phi) \tag{7.46}$$

となり, (7.46) の最左辺と最右辺が等しいことから, $Y(\theta,\phi)$ は L_z の固有関数にもなっていることに注意しておこう. 2.2.2 節で学んだように, (7.37) と (7.46) が成り立つことを, 「$Y(\theta,\phi)$ は, $|\boldsymbol{L}|^2$ と L_z の**同時固有関数**である」という.

---

[4] ここでも, L_z が ϕ のみの関数 $\Phi(\phi)$ に演算する演算子なので, (7.30) の偏微分演算子を微分演算子に直している.

7.3　球面調和関数

7.3.1　L_z の固有関数

7.2 節で導いた波動関数の角度部分の満たす微分方程式を考える．まず，角運動量演算子の z 成分 L_z の固有関数である $\Phi(\phi)$ の満たす微分方程式 (7.45) を解こう．(7.45) の両辺を $-i\hbar$ で割って整理して，

$$\frac{d\Phi(\phi)}{d\phi} = i\alpha\Phi(\phi) \tag{7.47}$$

と表すと（$1/i = -i$ に注意せよ），(7.47) は変数分離型の 1 階微分方程式なので，その一般解は

$$\Phi(\phi) = Ce^{i\alpha\phi} \tag{7.48}$$

と求まる（C は任意定数）．

今，ϕ の定義域は $0 \leq \phi < 2\pi$ だが，$\phi = 0$ と $\phi = 2\pi$ は同じ位置座標を表すので，波動関数としての $\Phi(\phi)$ の $\phi = 0$ での値と $\phi = 2\pi$ での値は等しくなければならない（波動関数の一価性条件）．つまり，$\Phi(\phi)$ について，$\Phi(0) = \Phi(2\pi)$ という周期的境界条件が課される（3.2 節参照）．

(7.48) に，$\phi = 0$ と $\phi = 2\pi$ を代入して等値すれば，

$$\Phi(0) = Ce^0 = C = Ce^{2\pi\alpha i} = \Phi(2\pi)$$

となるが，$C = 0$ では波動関数が常に 0 となり，波動関数の絶対値の 2 乗が粒子の存在確率密度であることから，$C = 0$ は粒子が存在しないことを意味して物理的に不適なため，$C \neq 0$ である．上式を $C(\neq 0)$ で割れば，

$$e^{2\pi\alpha i} = 1$$

となり，この方程式を満たす α は整数でなければならない．その整数を m と書こう（$\alpha = m$）．(7.48) の $\Phi(\phi)$ を，m で定まることを強調して，$\Phi_m(\phi)$ と表すことにすれば，

$$\Phi_m(\phi) = Ce^{im\phi} \quad (m \in \mathbb{Z})$$

となる（$\mathbb{Z}$ は整数の集合を表す記号．$m \in \mathbb{Z} \Rightarrow m = 0, \pm 1, \pm 2, \pm 3, \cdots$）．

一般解の任意定数である C は，波動関数の規格化条件から定まる規格化定数である．ϕ 方向の規格化条件は，

$$
\begin{aligned}
1 &= \int_0^{2\pi} |\Phi_m(\phi)|^2\, d\phi = \int_0^{2\pi} \Phi_m^*(\phi)\Phi_m(\phi)d\phi \\
&= \int_0^{2\pi} (C^* e^{-im\phi})(Ce^{im\phi})d\phi \\
&= 2\pi |C|^2
\end{aligned}
$$

であるので，規格化定数は，一般性を失うことなく位相を 0 として，

$$
C = \frac{1}{\sqrt{2\pi}}
$$

と定まる．

L_z の固有関数

角運動量演算子の z 成分 L_z の固有関数は

$$
\Phi_m(\phi) = \frac{1}{\sqrt{2\pi}}e^{im\phi} \qquad (m \in \mathbb{Z}) \tag{7.49}
$$

であり，対応する固有値は $m\hbar$ である．すなわち，固有方程式

$$
L_z\Phi_m(\phi) = m\hbar\Phi_m(\phi) \qquad (m \in \mathbb{Z}) \tag{7.50}
$$

が成り立つ．

4.1 節の【要請1】により，物理量を測定したときに得られる観測値は，対応する Hermite 演算子の固有値のどれか1つになるのであった．つまり，(7.50) から，角運動量の z 成分を測定したときに得られる観測値（L_z の固有値）は，$\hbar$ の整数倍に**量子化**されることがわかる．

また，4.1.3 節で，Hermite 演算子の異なる固有値に対応する固有関数は直交することを学んだが，角運動量の z 成分という物理量に対応する L_z はもちろん Hermite 演算子であり，(7.49) についても，以下の例題 7.5 のように，直交性が成り立つことが確かめられる．

例題 7.5 (7.49) で与えられる $\Phi_m(\phi)$ の直交性を確かめよ.

解答 異なる固有値 m と m' $(m \neq m')$ について, $\Phi_m(\phi)$ と $\Phi_{m'}(\phi)$ の内積を考えると,

$$\langle m | m' \rangle \equiv \int_0^{2\pi} \Phi_m^*(\phi) \Phi_{m'}(\phi) d\phi = \int_0^{2\pi} \left(\frac{1}{\sqrt{2\pi}} e^{im\phi} \right)^* \frac{1}{\sqrt{2\pi}} e^{im'\phi} d\phi$$

$$= \frac{1}{2\pi} \int_0^{2\pi} e^{i(m'-m)\phi} d\phi$$

$$= \frac{1}{2\pi} \left[\frac{1}{i(m'-m)} e^{i(m'-m)\phi} \right]_0^{2\pi} \quad (\because m \neq m')$$

$$= \frac{1}{2\pi} \frac{1}{i(m'-m)} \left(e^{2\pi(m'-m)i} - 1 \right)$$

$$= 0 \quad \left(\because m \in \mathbb{Z}, \ m' \in \mathbb{Z} \ \Rightarrow \ m'-m \in \mathbb{Z}; \ e^{2\pi(m'-m)i} = 1 \right)$$

となり, 確かに直交することが確かめられる.

7.3.2 $|\boldsymbol{L}|^2$ の固有関数

次に θ の関数 $\Theta(\theta)$ の満たす微分方程式 (7.41) について考えよう. 本来, 変数分離の分離定数であった κ は, (7.45) において定義された α を用いて, $\kappa = \alpha^2$ と表された. さらに, その α は, 7.3.1節の結果から, 整数 m でなければならないことがわかったので, 結局, $\kappa = m^2$ $(m \in \mathbb{Z})$ として, (7.41) に代入しよう:

$$\frac{1}{\sin\theta} \frac{d}{d\theta} \left(\sin\theta \frac{d\Theta(\theta)}{d\theta} \right) + \left(\lambda - \frac{m^2}{\sin^2\theta} \right) \Theta(\theta) = 0 \quad (m \in \mathbb{Z}) \qquad (7.51)$$

この微分方程式を少し変形するために, $z = \cos\theta$ と変数変換する[5]. 微分方程式の解となる θ の関数 $\Theta(\theta)$ も, z の関数であることを明示するため, $z = \cos\theta$ の関数として $P(z)$ と表そう:$P(z) = P(\cos\theta) \equiv \Theta(\theta)$. 微分演算子の変数変換は,

$$\frac{d}{d\theta} = \frac{dz}{d\theta} \frac{d}{dz} = -\sin\theta \frac{d}{dz}$$

---

[5] 本節でのみ, z をこのように定義する.

となるので，(7.51) 左辺第 1 項は

$$
\frac{1}{\sin\theta}\frac{d}{d\theta}\left(\sin\theta\frac{d\Theta(\theta)}{d\theta}\right) = \frac{1}{\sin\theta}\left(-\sin\theta\frac{d}{dz}\right)\left(\sin\theta\left(-\sin\theta\frac{dP(z)}{dz}\right)\right)
$$

$$
= \frac{d}{dz}\left(\sin^2\theta\frac{dP(z)}{dz}\right) = \frac{d}{dz}\left((1-\cos^2\theta)\frac{dP(z)}{dz}\right)
$$

$$
= \frac{d}{dz}\left((1-z^2)\frac{dP(z)}{dz}\right) \tag{7.52}
$$

と変換される．(7.52) に注意すれば，(7.51) を

$$
\frac{d}{dz}\left((1-z^2)\frac{dP(z)}{dz}\right) + \left(\lambda - \frac{m^2}{1-z^2}\right)P(z) = 0 \tag{7.53}
$$

と変換することができる．

　(7.53) は，数学で **Legendre（ルジャンドル）の陪微分方程式** として知られる微分方程式になっている[6]．$\Theta(\theta)$ の定義域は $0 \leq \theta \leq \pi$ であるので，$P(z)$ の定義域は $-1 \leq z \leq 1$ であるが，この定義域内で連続な解は，$|m| \leq \ell$ となる非負の整数 ℓ を用いて，λ が $\lambda = \ell(\ell+1)$ と表されるときにのみ存在することが知られている（この条件が満たされないと $z = \pm 1$ で $P(z)$ が発散してしまう）．解である $P(z) = \Theta(\theta)$ が粒子の波動関数であるためには，この条件が満たされなければならない．解が ℓ と m で区別される関数であることを明示するために，解を $P_\ell^m(z)$ と表すことがある．$P_\ell^m(z)$ を **Legendre 陪関数** と呼ぶ．

　特に，$m = 0$ のときの方程式を **Legendre の微分方程式** と呼ぶが，ℓ が非負の整数のとき，Legendre の微分方程式

$$
\frac{d}{dz}\left((1-z^2)\frac{dP(z)}{dz}\right) + \ell(\ell+1)P(z) = 0 \tag{7.54}
$$

の，定義域で連続な解は ℓ 次の多項式となり，**Legendre 多項式** と呼ばれる．Legendre 多項式は ℓ で分類されるので $P_\ell(z)$ と表し，次の式（Rodrigues（ロド

---

[6] Legendre の陪微分方程式や，後述の Legendre の陪関数についての詳細は，たとえば，[13] [14] [15] などを参照のこと．

リゲス）の公式）で与えられる[7].

> **Rodrigues の公式による Legendre 多項式の表現**
>
> $$P_\ell(z) = \frac{1}{2^\ell \ell!} \frac{d^\ell}{dz^\ell}(z^\ell - 1) \tag{7.55}$$

さらに，Legendre 陪関数 $P_\ell^m(z)$ は Legendre 多項式 $P_\ell(z)$ を用いて次の式で与えられる[8].

> **Legendre 陪関数**
>
> $$P_\ell^m(z) = (1 - z^2)^{\frac{|m|}{2}} \frac{d^{|m|}}{dz^{|m|}} P_\ell(z) \tag{7.56}$$

Legendre 陪関数については，次の直交性が成り立つことがわかっている．

$$\int_{-1}^1 P_\ell^m(z) P_{\ell'}^m(z) dz = \int_0^\pi P_\ell^m(\cos\theta) P_{\ell'}^m(\cos\theta) \sin\theta d\theta$$

$$= \frac{2}{2\ell + 1} \frac{(\ell + |m|)!}{(\ell - |m|)!} \delta_{\ell\ell'} \tag{7.57}$$

以上より，(7.51) を満たす波動関数として適切な $\Theta(\theta)$ は，(7.56) の Legendre 陪関数 $P_\ell^m(\cos\theta)$ で表されることがわかったので，(7.37) の固有方程式を満たす $|\boldsymbol{L}|^2$ の固有関数 $Y(\theta, \phi)$ は，(7.49) の $\Phi_m(\phi)$ と合わせて，$Y(\theta, \phi) = N_{\ell m} P_\ell^m(\cos\theta) \Phi_m(\phi)$ と表される（$N_{\ell m}$ は規格化定数）．規格化定数を定めた $|\boldsymbol{L}|^2$ の固有関数を $Y_\ell^m(\theta, \phi)$ と表し，**球面調和関数**と呼ぶ[9]．これまで見たとおり，ℓ は非負の整数で，m は $|m| \leq \ell$ を満たす整数である．

---

[7] 数学的な詳細については，[15] などの Sturm-Liouville 型微分方程式の解としての直交多項式の一般論を参照のこと．

[8] Legendre 陪関数は m が奇数のときは多項式にならないが，m が奇数のときも含めて「Legendre 陪多項式」と呼ぶことがある．

[9] 球面調和関数の表記は文献によって異なり，$Y_{\ell m}(\theta, \phi)$ と表記されることもあるが，後述する実数球面調和関数や立方調和関数の意味で $Y_{\ell m}(\theta, \phi)$ を用いることもあるので注意すること．

球面調和関数

$$Y_\ell^m(\theta, \phi) = (-1)^{\frac{m+|m|}{2}} \sqrt{\frac{2\ell+1}{4\pi} \frac{(\ell-|m|)!}{(\ell+|m|)!}} P_\ell^m(\cos\theta) e^{im\phi} \tag{7.58}$$

$$(\ell = 0, 1, 2, \cdots; \quad m = -\ell, -\ell+1, -\ell+2, \cdots, 0, \cdots, \ell-2, \ell-1, \ell)$$

(7.58) の位相因子は，慣例的に，球面調和関数の関係式

$$Y_\ell^{-m}(\theta, \phi) = (-1)^m (Y_\ell^m(\theta, \phi))^*$$

が成り立つように選ばれているが，規格化には無関係である．

7.2 節の最後で強調したように，球面調和関数は，角運動量の大きさの 2 乗演算子 $|\boldsymbol{L}|^2$ と角運動量演算子の z 成分 L_z の同時固有関数である．

$|\boldsymbol{L}|^2$ と L_z の同時固有関数としての球面調和関数

$$|\boldsymbol{L}|^2 Y_\ell^m(\theta, \phi) = \ell(\ell+1)\hbar^2 Y_\ell^m(\theta, \phi) \tag{7.59}$$

$$L_z Y_\ell^m(\theta, \phi) = m\hbar Y_\ell^m(\theta, \phi) \tag{7.60}$$

非負の整数 ℓ は，角運動量の大きさの 2 乗演算子 $|\boldsymbol{L}|^2$ の固有値を量子化する指数で，**方位量子数**と呼ばれる．また，$|m| \le \ell$ を満たす整数 m は，角運動量演算子の z 成分 L_z の固有値を量子化する指数で，**磁気量子数**と呼ばれる．

(7.57) の Legendre 陪関数の直交性より，(7.58) で定義された球面調和関数については，以下の正規直交性が成り立つ．

球面調和関数の正規直交性

$$\int_0^{2\pi} \int_0^\pi (Y_\ell^m(\theta, \phi))^* Y_{\ell'}^{m'}(\theta, \phi) \sin\theta d\theta d\phi = \delta_{\ell\ell'} \delta_{mm'} \tag{7.61}$$

また，球面調和関数は完全系を成し，単位球面（$r = 1$ の球面）上で定義される任意の関数 $f(\theta, \phi)$ は $Y_\ell^m(\theta, \phi)$ で展開される．すなわち，$f(\theta, \phi)$ の $Y_\ell^m(\theta, \phi)$ による展開係数を $f_{\ell m}$ とすれば，

$$f(\theta, \phi) = \sum_{\ell=0}^{\infty} \sum_{m=-\ell}^{\ell} f_{\ell m} Y_\ell^m(\theta, \phi)$$

$$f_{\ell m} = \int_0^{2\pi} \int_0^{\pi} (Y_\ell^m(\theta, \phi))^* f(\theta, \phi) \sin\theta d\theta d\phi$$

と表すことができる.

　後に述べる原子内電子の波動関数に用いられる場合は, (7.58) の球面調和関数について, $\ell = 0$ を s 波, $\ell = 1$ を p 波, $\ell = 2$ を d 波, $\ell = 3$ を f 波と, 量子数 ℓ で区別される慣例名で呼ばれることがある[10]. 球面調和関数の具体的な形を $\ell = 0$ (s 波), $\ell = 1$ (p 波), $\ell = 2$ (d 波) の場合について示すと, 以下のようになる.

$$Y_0^0(\theta, \phi) = \frac{1}{\sqrt{4\pi}}$$

$$Y_1^0(\theta, \phi) = \sqrt{\frac{3}{4\pi}} \cos\theta = \sqrt{\frac{3}{4\pi}} \frac{z}{r}$$

$$Y_1^{\pm 1}(\theta, \phi) = \mp\sqrt{\frac{3}{8\pi}} \sin\theta e^{\pm i\phi} = \mp\sqrt{\frac{3}{8\pi}} \frac{x \pm iy}{r}$$

$$Y_2^0(\theta, \phi) = \sqrt{\frac{5}{16\pi}} (3\cos^2\theta - 1) = \sqrt{\frac{5}{16\pi}} \frac{3z^2 - r^2}{r^2}$$

$$Y_2^{\pm 1}(\theta, \phi) = \mp\sqrt{\frac{15}{8\pi}} \sin\theta \cos\theta e^{\pm i\phi} = \mp\sqrt{\frac{15}{8\pi}} \frac{zx \pm iyz}{r^2}$$

$$Y_2^{\pm 2}(\theta, \phi) = \sqrt{\frac{15}{32\pi}} \sin^2\theta e^{\pm 2i\phi} = \sqrt{\frac{15}{32\pi}} \frac{x^2 - y^2 \pm 2ixy}{r^2}$$

ここで, 各等式の最右辺では, あえて動径 r で規格化したデカルト座標 $(x/r, y/r, z/r)$ を用いて表示した (各等式内では複号同順).

　上式を見るとわかるように, $m \neq 0$ の球面調和関数 $Y_\ell^m(\theta, \phi)$ は実数関数ではない. 重ね合わせの原理により, ℓ が同じで m の符号が反対の固有関数の線型結合から, 次のような実数球面調和関数 $Y_{\ell m}$[11] を構成できる.

---

[10] 歴史的な理由により, s は "sharp", p は "principal", d は "diffuse", f は "fundamental" の各々の頭文字に由来して名付けられたようだが, 現在はあくまで慣例的な呼称であり, 特別の意味はない.

[11] 球面調和関数 (7.58) と区別して, 添字が ℓ も m も下付きになっているが, 文献によって表記

$$Y_{\ell m} = \begin{cases} \dfrac{i}{\sqrt{2}}(Y_\ell^m - (-1)^m Y_\ell^{-m}) & (m < 0) \\ Y_\ell^0 & (m = 0) \\ \dfrac{1}{\sqrt{2}}(Y_\ell^{-m} + (-1)^m Y_\ell^m) & (m > 0) \end{cases} \tag{7.62}$$

固有関数の角度部分を，実数球面調和関数を用いて表すと，$\ell = 0,\ 1,\ 2$ について
は以下のようになる（デカルト座標で表示するため，引数は省いた）．

$$s = Y_{00} = \frac{1}{\sqrt{4\pi}} \tag{7.63}$$

$$p_x = Y_{11} = \sqrt{\frac{3}{4\pi}}\frac{x}{r},\ p_y = Y_{1-1} = \sqrt{\frac{3}{4\pi}}\frac{y}{r},\ p_z = Y_{10} = \sqrt{\frac{3}{4\pi}}\frac{z}{r} \tag{7.64}$$

$$d_{xy} = Y_{2-2} = \sqrt{\frac{15}{4\pi}}\frac{xy}{r^2},\ d_{yz} = Y_{2-1} = \sqrt{\frac{15}{4\pi}}\frac{yz}{r^2},\ d_{zx} = Y_{21} = \sqrt{\frac{15}{4\pi}}\frac{zx}{r^2},$$

$$d_{x^2-y^2} = Y_{22} = \sqrt{\frac{15}{16\pi}}\frac{x^2 - y^2}{r^2},\ d_{3z^2-r^2} = Y_{20} = \sqrt{\frac{5}{16\pi}}\frac{3z^2 - r^2}{r^2} \tag{7.65}$$

(7.63) を s 波，(7.64) を各々 p_x 波，p_y 波，p_z 波，(7.65) を各々 d_{xy} 波，d_{yz} 波，
d_{zx} 波，$d_{x^2-y^2}$ 波，$d_{3z^2-r^2}$ 波と呼ぶ．これらのうち $m = 0$ に対応する関数以外
は，(7.58) の球面調和関数と異なり，L_z の固有関数にはなっていないが，それで
も $|\boldsymbol{L}|^2$ の固有関数にはなっている．

図 7.2 に，$\ell = 0,\ 1,\ 2$ の実数球面調和関数の角度依存性を示す（$|Y_{\ell m}|^{2/3}$ を
「表面」とした閉曲面を描いている）．これらは粒子の存在確率密度自体ではない
が，その角度依存性を反映した曲面になっている．次の 8 章で，原子内電子の波
動関数もこの角度依存性を持つことが示されるが，実際の分子構造や結晶構造に
は，これらの電子の波動関数の角度依存性が反映されていることがわかっており，
量子化学の基礎的概念の 1 つとなっている．

$\boxed{\text{問題 7.7}}$　(7.62) を用いて，$\ell = 0,\ 1,\ 2$ の球面調和関数 Y_ℓ^m から実数球面調
和関数 $Y_{\ell m}$ を構成し，(7.63)〜(7.65)を導け．

が異なる．また，実数球面調和関数を立方調和関数と呼ぶことがある．

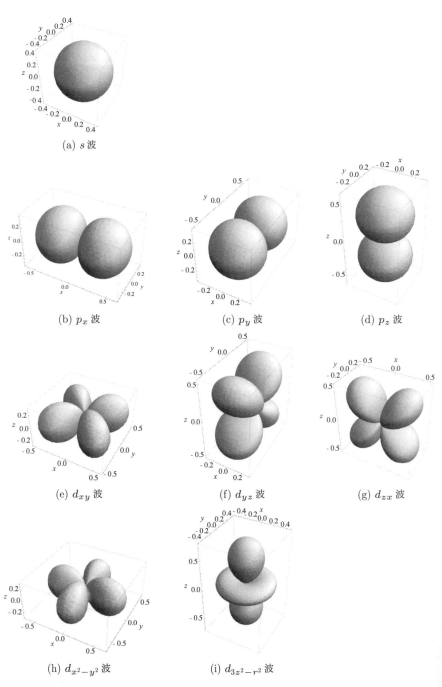

(a) s 波

(b) p_x 波

(c) p_y 波

(d) p_z 波

(e) d_{xy} 波

(f) d_{yz} 波

(g) d_{zx} 波

(h) $d_{x^2-y^2}$ 波

(i) $d_{3z^2-r^2}$ 波

図 **7.2** 実数球面調和関数の角度依存性

7.4 波動関数の動径部分

7.4.1 遠心力ポテンシャル

7.1.2 節で示した球座標表示の 3 次元 Schrödinger 方程式 (7.15) について，角度方向の演算子を，角運動量の大きさの 2 乗演算子 $|\boldsymbol{L}|^2$ の球座標表示 (7.32) を用いて表せば，球座標表示の 3 次元 Schrödinger 方程式を

$$\left\{ -\frac{\hbar^2}{2\mu} \frac{1}{r^2} \frac{\partial}{\partial r} \left(r^2 \frac{\partial}{\partial r} \right) + V(r) + \frac{1}{2\mu r^2} |\boldsymbol{L}|^2 \right\} \psi(r, \theta, \phi) = E\psi(r, \theta, \phi) \quad (7.66)$$

と書くことができる．(7.66) 左辺の $\{\cdots\}$ 内の演算子の第 3 項 $(|\boldsymbol{L}|^2/(2\mu r^2))$ の意味を，古典力学からの類推で考えてみよう．

古典力学では，中心力の下で運動する粒子は，その角運動量が時間に依存せず一定であるので，粒子の運動は角運動量ベクトル $\boldsymbol{L}$ に垂直な平面内に限られ，その平面内の粒子の運動を，動径方向とそれに垂直な角度方向に分解することができた．質量 μ の粒子の速度 $\boldsymbol{v}$ を動径方向成分 $\boldsymbol{v}_\parallel$ とそれに垂直な成分 $\boldsymbol{v}_\perp$ に分解して $\boldsymbol{v} = \boldsymbol{v}_\parallel + \boldsymbol{v}_\perp$ と表し，対応する運動量 $\boldsymbol{p} = \mu\boldsymbol{v}$ も同様に分解して $\boldsymbol{p} = \boldsymbol{p}_\parallel + \boldsymbol{p}_\perp$ と表しておく．

ここで，$\boldsymbol{r}$ と $\boldsymbol{p}$ の成す角を φ とすれば，$|\boldsymbol{p}_\parallel| = |\boldsymbol{p}|\cos\varphi$ や $|\boldsymbol{p}_\perp| = |\boldsymbol{p}|\sin\varphi$ が成り立つ．このとき，角運動量 $\boldsymbol{L} = \boldsymbol{r} \times \boldsymbol{p}$ の大きさは，$|\boldsymbol{L}| = |\boldsymbol{r} \times \boldsymbol{p}| = |\boldsymbol{r}||\boldsymbol{p}|\sin\varphi = r|\boldsymbol{p}|\sin\varphi$ と表されるので，角運動量の大きさの 2 乗は，

$$|\boldsymbol{L}|^2 = r^2 |\boldsymbol{p}_\perp|^2 \quad (7.67)$$

と表される．定義から $\boldsymbol{p}_\perp \cdot \boldsymbol{p}_\parallel = 0$ であることに注意すると，$|\boldsymbol{p}|^2 = |\boldsymbol{p}_\parallel|^2 + |\boldsymbol{p}_\perp|^2$ であるので，粒子の運動エネルギーは

$$\frac{1}{2}\mu|\boldsymbol{v}|^2 = \frac{1}{2\mu}|\boldsymbol{p}|^2 = \frac{1}{2\mu}|\boldsymbol{p}_\parallel|^2 + \frac{1}{2\mu}|\boldsymbol{p}_\perp|^2 \overset{(7.67)}{=} \frac{1}{2\mu}|\boldsymbol{p}_\parallel|^2 + \frac{|\boldsymbol{L}|^2}{2\mu r^2} \quad (7.68)$$

と表すことができる．(7.68) 最右辺の第 1 項を運動エネルギーの動径部分とすれば，第 2 項は運動エネルギーの角度部分，または回転エネルギーといえる．この (7.68) 最右辺の第 2 項が，(7.66) 左辺 $\{\cdots\}$ 内の第 3 項の演算子に相当している

ことがわかる．以下で見るように，この回転エネルギーは，回転座標系における慣性力（見かけの力）である遠心力に関係している．

　一定の角周波数 ω で等速円運動する粒子に固定した座標系（回転座標系）において，回転中心を原点とする位置ベクトル $\boldsymbol{r}$ にある質量 μ の粒子が受ける遠心力を $\boldsymbol{F}_{\mathrm{c}}(\boldsymbol{r})$ とすれば，

$$\boldsymbol{F}_{\mathrm{c}}(\boldsymbol{r}) = \mu\omega^2\boldsymbol{r} \tag{7.69}$$

と表されるのであった．遠心力 $\boldsymbol{F}_{\mathrm{c}}(\boldsymbol{r})$ は保存力であり，対応するポテンシャル（**遠心力ポテンシャル**）が存在する．実は，この遠心力ポテンシャルが (7.68) 最右辺の第2項で与えられることを確かめることができる．

　中心力の下で運動する粒子の角運動量は一定であり，(7.68) 最右辺の第2項は r のみの関数となるので，それを $V_{\mathrm{c}}(r)$ と表しておく．

$$V_{\mathrm{c}}(r) \equiv \frac{|\boldsymbol{L}|^2}{2\mu r^2} \tag{7.70}$$

保存力は対応するポテンシャルの勾配に負符号を付けて表されるので，(7.70) より，$-\boldsymbol{\nabla}V_{\mathrm{c}}(r)$ を計算すると，

$$-\boldsymbol{\nabla}V_{\mathrm{c}}(r) = -\frac{dV_{\mathrm{c}}(r)}{dr}\frac{\boldsymbol{r}}{r} \overset{(7.70)}{=} \frac{|\boldsymbol{L}|^2}{\mu r^4}\boldsymbol{r} \overset{(7.67)}{=} \frac{|\boldsymbol{p}_\perp|^2}{\mu r^2}\boldsymbol{r} \tag{7.71}$$

となる（r のみの関数 $f(r)$ の勾配については，$\boldsymbol{\nabla}f(r) = (df(r)/dr)(\boldsymbol{r}/r)$ が成り立つことを用いた）．ここで，等速円運動する粒子の回転方向の速さ $|\boldsymbol{v}_\perp|$ は，ω を用いて $|\boldsymbol{v}_\perp| = r\omega$ と表されることから，$|\boldsymbol{p}_\perp| = \mu|\boldsymbol{v}_\perp| = \mu r\omega$ となるので，$(7.71) = \mu^2 r^2\omega^2/(\mu r^2)\boldsymbol{r} = \mu\omega^2\boldsymbol{r}$ となる．これは確かに (7.69) に等しくなっており，結局，$\boldsymbol{F}_{\mathrm{c}}(\boldsymbol{r}) = -\boldsymbol{\nabla}V_{\mathrm{c}}(r)$ が成り立つので，(7.70) の $V_{\mathrm{c}}(r)$ が，遠心力 $\boldsymbol{F}_{\mathrm{c}}(\boldsymbol{r})$ を与えるポテンシャル，すなわち，遠心力ポテンシャルとなっていることがわかる．

　$\boxed{\textbf{問題 7.8}}$　r のみの関数 $f(r)$ の勾配について，$\boldsymbol{\nabla}f(r) = (df(r)/dr)(\boldsymbol{r}/r)$ が成り立つことを示し，(7.71) の導出を確かめよ．

7.4.2 波動関数の動径部分の一般的性質

量子力学に戻り，(7.66) について，$|\boldsymbol{L}|^2$ が，(7.32) のように，(θ, ϕ) のみで表される演算子であることを思い出そう．$\psi(r, \theta, \phi)$ は (7.18) のように変数分離され，その角度部分は，7.3 節で学んだように，角運動量の大きさの 2 乗演算子 $|\boldsymbol{L}|^2$ の固有関数である球面調和関数 $Y_\ell^m(\theta, \phi)$ で表されるので，$\psi(r, \theta, \phi) = R(r) Y_\ell^m(\theta, \phi)$ と表すと，(7.66) は，

$$Y_\ell^m(\theta, \phi) \left\{ -\frac{\hbar^2}{2\mu} \frac{1}{r^2} \frac{d}{dr} \left(r^2 \frac{d}{dr} \right) + V(r) \right\} R(r) + R(r) \frac{1}{2\mu r^2} |\boldsymbol{L}|^2 Y_\ell^m(\theta, \phi)$$
$$= E R(r) Y_\ell^m(\theta, \phi) \qquad (7.72)$$

と表される．ここで，$|\boldsymbol{L}|^2$ が (θ, ϕ) のみで表される演算子であるので，$|\boldsymbol{L}|^2$ は $R(r)$ には作用せず，$Y_\ell^m(\theta, \phi)$ のみに作用することを用いた（r のみの関数に演算する微分演算子の記号を $\partial/\partial r$ から d/dr に変えた）．$Y_\ell^m(\theta, \phi)$ は $|\boldsymbol{L}|^2$ の固有関数であり，対応する固有値が $\ell(\ell+1)\hbar^2$ であること (7.59) を用いて，(7.72) 左辺第 2 項を書き換えると，

$$Y_\ell^m(\theta, \phi) \left\{ -\frac{\hbar^2}{2\mu} \frac{1}{r^2} \frac{d}{dr} \left(r^2 \frac{\partial}{\partial r} \right) + V(r) \right\} R(r) + R(r) \frac{\ell(\ell+1)\hbar^2}{2\mu r^2} Y_\ell^m(\theta, \phi)$$
$$= E R(r) Y_\ell^m(\theta, \phi) \qquad (7.73)$$

を得る．(7.73) では，$Y_\ell^m(\theta, \phi)$ に作用する演算子は含まれていないので，両辺を $Y_\ell^m(\theta, \phi)$ で割ることができる．その結果，(7.73) は，波動関数の動径部分 $R(r)$ のみの微分方程式

$$-\frac{\hbar^2}{2\mu} \frac{1}{r^2} \frac{d}{dr} \left(r^2 \frac{dR(r)}{dr} \right) + V(r) R(r) + \frac{\hbar^2}{2\mu} \frac{\ell(\ell+1)}{r^2} R(r) = E R(r) \qquad (7.74)$$

となる．(7.74) は，7.1 節で導いた動径部分の波動関数の満たす微分方程式 (7.21) について，7.3 節で得られた $\lambda = \ell(\ell+1)$ を代入して整理したものになっている．

(7.70) の遠心力ポテンシャル $V_c(r)$ を量子力学的な演算子と考えたとき，

$$\frac{1}{2\mu r^2} |\boldsymbol{L}|^2 Y_\ell^m(\theta, \phi) = \frac{\hbar^2}{2\mu r^2} \ell(\ell+1)\hbar^2 Y_\ell^m(\theta, \phi)$$

が成り立つので，(7.74) の左辺第3項の $R(r)$ の係数は，動径 r における遠心力ポテンシャル演算子の方位量子数 ℓ で定まる固有値となっている．そこで，以降では，

$$\frac{\hbar^2}{2\mu}\frac{\ell(\ell+1)}{r^2} \tag{7.75}$$

を，方位量子数 ℓ で定まる**遠心力ポテンシャル**と呼ぶことにしよう．(7.75) の遠心力ポテンシャルは，$\ell = 0$ では0となるが，$\ell \neq 0$ では常に正であり，遠心力が動径座標の正方向に働く「斥力」になることを反映している．また，遠心力の大きさは ℓ の値が大きいほど大きく，ℓ の値が大きいと遠心力も強くなる．

　系の中心力ポテンシャル $V(r)$ と方位量子数 ℓ で定まる遠心力ポテンシャルの和

$$U_\ell(r) \equiv V(r) + \frac{\hbar^2}{2\mu}\frac{\ell(\ell+1)}{r^2} \tag{7.76}$$

を，ℓ で定まる系の実効的なポテンシャル (**有効ポテンシャル**) と考えて，(7.74) を

$$-\frac{\hbar^2}{2\mu}\frac{1}{r^2}\frac{d}{dr}\left(r^2\frac{dR(r)}{dr}\right) + U_\ell(r)R(r) = ER(r) \tag{7.77}$$

と表しておく．(7.77) は一般のポテンシャル $V(r)$ を含んでいるので，まず，(7.77) について，具体的な $V(r)$ の形に依らない一般的な性質を調べておこう．

　波動関数の動径部分 $R(r)$ の規格化について，球座標表示の3次元（三重）積分のうち，動径座標 r についての積分が

$$\int_0^\infty R^*(r)R(r)r^2dr = 1$$

となることから，r と $R(r)$ の積である関数 $F(r) = rR(r)$ を考えると，

$$\int_0^\infty F^*(r)F(r)dr = 1$$

となる．$F(r) = rR(r)$ を，r 軸方向の半無限1次元領域 ($0 \leq r < \infty$) で定義された波動関数と考えると，上式を $F(r)$ についての規格化条件と見做すことがで

きる．$F(r)$ は $r \geq 0$ で定義されるので，$F(r) = rR(r)$ の $r = 0$ での境界条件を考えれば，

$$\lim_{r \to 0} F(r) = \lim_{r \to 0} rR(r) = 0 \tag{7.78}$$

となるべきである．

この境界条件が成り立つことを前提として，$r > 0$ での $F(r) = rR(r)$ の両辺を r で割り，$R(r)$ を $R(r) = F(r)/r$ と表して，(7.77) に代入する．このとき，

$$\frac{dR(r)}{dr} = \frac{d}{dr}\left(\frac{F(r)}{r}\right) = -\frac{1}{r^2}F(r) + \frac{1}{r}\frac{dF(r)}{dr}$$

であることに注意すれば，(7.77) は

$$-\frac{\hbar^2}{2\mu}\frac{d^2 F(r)}{dr^2} + U_\ell(r)F(r) = EF(r) \tag{7.79}$$

となる．(7.79) は，半無限 1 次元領域（$0 \leq r < \infty$）内で，有効ポテンシャル $U_\ell(r)$ の下で運動する粒子についての Schrödinger 方程式になっている．

問題 **7.9**　(7.77) に $R(r) = F(r)/r$ を代入して，最終的に方程式の両辺を r 倍することで，(7.79) を導け．

(7.79) の解の原点（$r = 0$）近傍の振る舞いを調べるために，(7.79) の $r \simeq 0$ での漸近形を考える．量子力学で扱うポテンシャル $V(r)$ は，$r \simeq 0$ で，遠心力ポテンシャルに比べて十分に小さくなるもののみを扱うので，$r \simeq 0$ での主要項のみを残した (7.79) の漸近形は，

$$-\frac{\hbar^2}{2\mu}\left\{\frac{d^2 F(r)}{dr^2} - \frac{\ell(\ell+1)}{r^2}F(r)\right\} = 0 \tag{7.80}$$

と表される．$F(r)$ の $r \simeq 0$ での漸近形を r の冪関数 $F(r) \sim r^s$ として (7.80) に代入すれば，(7.80) 左辺の { } 内が 0 に等しいという等式は，

$$\{s(s-1) - \ell(\ell+1)\}r^{s-2} = 0 \tag{7.81}$$

となる. (7.81) が任意の r について成り立つためには, r^{s-2} の係数である, (7.81) 左辺の $\{\ \}$ 内は恒等的に 0 でなければならない. (7.81) 左辺の $\{\ \}$ 内を 0 と等値した式は, s についての二次方程式であり,

$$s = -\ell \quad \text{または} \quad s = \ell + 1$$

を得る.

問題 7.10　(7.80) に, $F(r)$ の $r \simeq 0$ での漸近形 $F(r) \sim r^s$ を代入して, (7.81) を導き, 得られる s についての二次方程式を解いて, 上の s の候補値を求めよ.

$s = -\ell$ のときは, $F(r)$ の $r \simeq 0$ での漸近形が $F(r) \sim r^{-\ell}$ となって, $r \to 0$ での境界条件 (7.78) を満たさないため, 不適である. 一方, $s = \ell + 1$ のときは, $F(r)$ の漸近形は境界条件 (7.78) を満たす. すなわち, 物理的に許される $F(r)$ の漸近形は $F(r) \sim r^{\ell+1}$ であり, 元の動径部分の波動関数で考えると, $R(r) = F(r)/r \sim r^\ell$ となることがわかる.

ℓ は非負の整数であったが, $\ell \geq 1$ に対しては, $r = 0$ で $R(r)|_{r=0} \sim r^\ell|_{r=0} = 0$ である. 波動関数はその絶対値の2乗が粒子の存在確率密度であったことを踏まえると, $\ell \geq 1$ となる ℓ に対して $R(0) = 0$ であることは, $r = 0$ での粒子の存在確率密度が 0 となることを意味する. これは, $\ell \geq 1$ での遠心力ポテンシャルが, $r \to 0$ で正の無限大に発散するため, 粒子の存在確率密度も 0 となっていると解釈できる ($\ell = 0$ では遠心力ポテンシャルは 0 であり, $R(0)$ は有限値であってもよい).

第 8 章

水素様原子中の電子

本章では，量子力学が誕生する契機にもなった，水素原子内の電子状態について考える．水素原子は Coulomb 引力で引き合う陽子と電子から成るが，一般の原子核についても，その質量と電荷のみを一般化することで，水素原子内の電子状態と同様に取り扱うこととする．電子の数は水素原子と同じく 1 個であるが，原子核の質量と電荷だけを一般化した原子（イオン）を**水素様原子**と呼ぶ．

8.1 重心運動と相対運動

水素様原子内の原子核（nucleus）の質量と電荷を各々 m_n と Ze とし，電子（electron）の質量と電荷を各々 m_e と $-e$ とする（e は素電荷）．原子核と電子の位置ベクトルを各々 $\boldsymbol{r}_\mathrm{n} \equiv (x_\mathrm{n}, y_\mathrm{n}, z_\mathrm{n})$ と $\boldsymbol{r}_\mathrm{e} \equiv (x_\mathrm{e}, y_\mathrm{e}, z_\mathrm{e})$ とすれば，水素様原子のハミルトニアンは，

$$H = -\frac{\hbar^2}{2m_\mathrm{n}}\Delta_\mathrm{n} - \frac{\hbar^2}{2m_\mathrm{e}}\Delta_\mathrm{e} - \frac{Ze^2}{4\pi\varepsilon_0}\frac{1}{|\boldsymbol{r}_\mathrm{n} - \boldsymbol{r}_\mathrm{e}|} \tag{8.1}$$

と表される．ここで，ε_0 は真空の誘電率であり，Δ_n と Δ_e は，各々，原子核と電子の位置ベクトル $\boldsymbol{r}_\mathrm{n}$ と $\boldsymbol{r}_\mathrm{e}$ についてのラプラシアンであり，(1.16) と同様に，

$$\Delta_\mathrm{n(e)} \equiv \frac{\partial^2}{\partial x_\mathrm{n(e)}^2} + \frac{\partial^2}{\partial y_\mathrm{n(e)}^2} + \frac{\partial^2}{\partial z_\mathrm{n(e)}^2} \tag{8.2}$$

と定義される．

　水素様原子全体の重心座標 $\boldsymbol{R} \equiv (X, Y, Z)$，および，原子核と電子の相対座標 $\boldsymbol{r} \equiv (x, y, z)$ は，各々，

$$\boldsymbol{R} = \frac{m_{\mathrm{n}} \boldsymbol{r}_{\mathrm{n}} + m_{\mathrm{e}} \boldsymbol{r}_{\mathrm{e}}}{m_{\mathrm{n}} + m_{\mathrm{e}}} = \frac{m_{\mathrm{n}}}{M} \boldsymbol{r}_{\mathrm{n}} + \frac{m_{\mathrm{e}}}{M} \boldsymbol{r}_{\mathrm{e}} \tag{8.3}$$

$$\boldsymbol{r} = \boldsymbol{r}_{\mathrm{n}} - \boldsymbol{r}_{\mathrm{e}} \tag{8.4}$$

と定義される（ここで，全質量 $m_{\mathrm{n}} + m_{\mathrm{e}}$ を M とした）．逆に，重心座標 $\boldsymbol{R}$ と相対座標 $\boldsymbol{r}$ を用いて，原子核の座標 $\boldsymbol{r}_{\mathrm{n}}$ と電子の座標 $\boldsymbol{r}_{\mathrm{e}}$ を表せば，

$$\boldsymbol{r}_{\mathrm{n}} = \boldsymbol{R} + \frac{m_{\mathrm{e}}}{M} \boldsymbol{r} \tag{8.5}$$

$$\boldsymbol{r}_{\mathrm{e}} = \boldsymbol{R} - \frac{m_{\mathrm{n}}}{M} \boldsymbol{r} \tag{8.6}$$

となる．

　ハミルトニアン (8.1) を重心座標と相対座標で表すことを考えよう．チェーンルールを用いると，

$$\frac{\partial}{\partial x_{\mathrm{n}}} = \frac{\partial X}{\partial x_{\mathrm{n}}} \frac{\partial}{\partial X} + \frac{\partial x}{\partial x_{\mathrm{n}}} \frac{\partial}{\partial x} \tag{8.7}$$

であるが，(8.3) と (8.4) の x 成分

$$X = \frac{m_{\mathrm{n}}}{M} x_{\mathrm{n}} + \frac{m_{\mathrm{e}}}{M} x_{\mathrm{e}} \tag{8.8}$$

$$x = x_{\mathrm{n}} - x_{\mathrm{e}} \tag{8.9}$$

を用いれば，

$$\frac{\partial}{\partial x_{\mathrm{n}}} = \frac{m_{\mathrm{n}}}{M} \frac{\partial}{\partial X} + \frac{\partial}{\partial x} \tag{8.10}$$

を得る．同様の偏導関数の関係を用いることで，

$$-\frac{\hbar^2}{2 m_{\mathrm{n}}} \Delta_{\mathrm{n}} - \frac{\hbar^2}{2 m_{\mathrm{e}}} \Delta_{\mathrm{e}} = -\frac{\hbar^2}{2M} \Delta_{\boldsymbol{R}} - \frac{\hbar^2}{2\mu} \Delta \tag{8.11}$$

の等式を得ることができる（$\Delta_{\boldsymbol{R}}$ は，重心座標についてのラプラシアンである．Δ は相対座標についてのラプラシアンであり，(1.16) と同じものである）．ここで，μ は，**換算質量**と呼ばれ，

$$\mu \equiv \frac{m_{\mathrm{n}} m_{\mathrm{e}}}{M} = \frac{m_{\mathrm{n}} m_{\mathrm{e}}}{m_{\mathrm{n}} + m_{\mathrm{e}}} \tag{8.12}$$

で定義されることは力学で学んだとおりである．(8.11) は，力学で学んだ二体問題（互いに力を及ぼし合う 2 つの物体の運動）と同様に，系の全運動エネルギーを，重心の運動エネルギーと相対運動の運動エネルギーの和として表せることに対応する．

問題 8.1 (8.10) や同様の関係を用いて，(8.1) のラプラシアンを重心座標と相対座標で表し，(8.11) が成り立つことを示せ．

(8.11) を用いれば，(8.1) は，

$$H = -\frac{\hbar^2}{2M}\Delta_{\boldsymbol{R}} - \frac{\hbar^2}{2\mu}\Delta - \frac{Ze^2}{4\pi\varepsilon_0}\frac{1}{r} \tag{8.13}$$

となる（$r = |\boldsymbol{r}| = |\boldsymbol{r}_{\mathrm{n}} - \boldsymbol{r}_{\mathrm{e}}|$ に注意せよ）．このとき，(8.13) は，重心座標 $\boldsymbol{R}$ のみを含む項と相対座標 $\boldsymbol{r}$ のみを含む項の和になっているので，波動関数も，$\boldsymbol{R}$ のみの関数 $\Psi(\boldsymbol{R})$ と $\boldsymbol{r}$ のみの関数 $\psi(\boldsymbol{r})$ の積に変数分離できる（7.1.2 節の取り扱いと同様）．変数分離した Schrödinger 方程式は，

$$-\frac{\hbar^2}{2M}\Delta_{\boldsymbol{R}}\Psi(\boldsymbol{R}) = E_{\mathrm{c}}\Psi(\boldsymbol{R}) \tag{8.14}$$

$$\left\{-\frac{\hbar^2}{2\mu}\Delta - \frac{Ze^2}{4\pi\varepsilon_0}\frac{1}{r}\right\}\psi(\boldsymbol{r}) = E\psi(\boldsymbol{r}) \tag{8.15}$$

となる．

(8.14) は，重心運動が，自由粒子の Schrödinger 方程式に従うことを示している（重心運動のエネルギー固有値を E_{c} とした）．相対運動についての Schrödinger 方程式 (8.15) は，7.1 節の球対称ポテンシャル $V(r)$ の下での 3 次元 Schrödinger 方程式 (7.1) そのものである．つまり，水素様原子内の原子核と電子の二体問題を扱うには，原点に静止した原子核（電荷 Ze）の作る Coulomb ポテンシャル

$$V(r) = -\frac{Ze^2}{4\pi\varepsilon_0}\frac{1}{r} \tag{8.16}$$

の下での質量 μ の電子についての 3 次元 Schrödinger 方程式を解けばよいことがわかる．

8.2　Coulomb ポテンシャルの下での電子の波動関数：動径部分

8.1 節で導いた (8.15) は，7.1 節の (7.1) の球対称ポテンシャルを Coulomb ポテンシャル (8.16) としたものであるので，その波動関数の角度部分は 7.3 節で扱った球面調和関数となる．Coulomb ポテンシャルの特徴が反映されるのは，波動関数の動径部分 $R(r)$ である．$R(r)$ については，その一般的な性質を 7.4 節で扱い，$F(r) = rR(r)$ で定義される関数 $F(r)$ が満たす方程式が，(7.79) となることを見た．Coulomb ポテンシャル (8.16) について，(7.79) における有効ポテンシャル $U_\ell(r)$ を具体的に示せば，

$$-\frac{\hbar^2}{2\mu}\frac{d^2 F(r)}{dr^2} + \left(-\frac{Ze^2}{4\pi\varepsilon_0}\frac{1}{r} + \frac{\hbar^2}{2\mu}\frac{\ell(\ell+1)}{r^2}\right)F(r) = EF(r) \tag{8.17}$$

$$F(r) = rR(r) \tag{8.18}$$

となる．Coulomb ポテンシャル (8.16) は無限遠点（$r \to \infty$）をその基準にとっていて，その値は常に負であるので，束縛状態では $E < 0$ である．以降では，$E < 0$ の束縛状態のみを扱う．

(8.17) に $F(r) = rR(r)$ を代入して，$R(r)$ についての微分方程式として表すと，

$$\frac{1}{r^2}\frac{d}{dr}\left(r^2\frac{dR(r)}{dr}\right) + \left\{\frac{2\mu}{\hbar^2}\left(E + \frac{Ze^2}{4\pi\varepsilon_0}\frac{1}{r}\right) - \frac{\ell(\ell+1)}{r^2}\right\}R(r) = 0 \tag{8.19}$$

となる（すべて左辺に移項して整理した）．当然ながら，(8.19) は，7.1.2 節で導いた $R(r)$ が満たす微分方程式 (7.21) において，$\lambda = \ell(\ell+1)$ を代入して，球対称ポテンシャル $V(r)$ を Coulomb ポテンシャル (8.16) としたものと一致する．

8.2.1　$r \to \infty$ での漸近形

まず，波動関数の動径部分 $R(r)$ の $r \to \infty$ での漸近形を考察しよう．そのために，(8.18) の $F(r) = rR(r)$ の $r \to \infty$ での漸近形を調べる．微分方程式 (8.17) の $r \to \infty$ での漸近形は，

$$-\frac{\hbar^2}{2\mu}\frac{d^2 F(r)}{dr^2} = -|E|F(r) \tag{8.20}$$

である（$E < 0$ なので，$E = -|E|$ と表した）．これは線型 2 階定係数斉次常微分
方程式であるので，その一般解は，

$$F(r) = C_1 e^{\kappa r} + C_2 e^{-\kappa r} \tag{8.21}$$

となる（C_1 と C_2 は任意定数）．ここで，長さの逆数の次元を持つ定数 κ を，

$$\kappa \equiv \frac{\sqrt{2\mu|E|}}{\hbar} \tag{8.22}$$

のように定義した[1]．波動関数の絶対値の 2 乗が確率密度であるから，(8.18) で
定義される $F(r)$ も，もちろん発散してはいけない．もし，$C_1 \neq 0$ ならば，(8.21)
の第 1 項は $r \to \infty$ で発散してしまい，物理的に不適なので，$C_1 = 0$ でなければ
ならない．すなわち，$r \to \infty$ での $F(r)$ の漸近形は，

$$F(r) \sim e^{-\kappa r} \quad (r \to \infty) \tag{8.23}$$

となる．

　以降では，(8.22) の κ を用いて定義される無次元変数 $\rho \equiv \kappa r$ を用いることに
しよう．r の関数である波動関数の動径部分 $R(r)$ について，それを ρ の関数と見
做した $R(\rho)$ という表記も併用する．微分方程式 (8.19) の変数を r から ρ に変換
するために，

$$\frac{d}{dr} = \frac{d\rho}{dr}\frac{d}{d\rho} = \kappa\frac{d}{d\rho} \qquad (\because \rho = \kappa r)$$

を用いれば，(8.19) は，

$$\kappa^2 \frac{1}{\rho^2}\frac{d}{d\rho}\left(\rho^2\frac{dR(\rho)}{d\rho}\right) + \left\{\frac{2\mu E}{\hbar^2} + \frac{Ze^2}{4\pi\varepsilon_0}\frac{2\mu}{\hbar^2}\frac{\kappa}{\rho} - \kappa^2\frac{\ell(\ell+1)}{\rho^2}\right\} R(\rho) = 0 \tag{8.24}$$

となる．さらに，$E < 0$ より，$2\mu E/\hbar^2 = -2\mu|E|/\hbar^2 = -\kappa^2$ に注意して，(8.24)
の両辺を $\kappa^2(\neq 0)$ で割れば，

$$\frac{1}{\rho^2}\frac{d}{d\rho}\left(\rho^2\frac{dR(\rho)}{d\rho}\right) + \left\{-1 + \frac{Ze^2}{4\pi\varepsilon_0}\frac{2\mu}{\hbar^2}\frac{1}{\kappa}\frac{1}{\rho} - \frac{\ell(\ell+1)}{\rho^2}\right\} R(\rho) = 0 \tag{8.25}$$

---

[1] 指数関数の引数は無次元量でなければならない．

を得る．(8.25) の $\{\cdots\}$ 内の項はすべて無次元であり，ρ 自体が無次元変数なので，$\{\cdots\}$ 内第2項の $1/\rho$ の係数は，無次元量でなければならない．この無次元量を ν として，次式で定義しておく．

$$\nu \equiv \frac{Ze^2}{4\pi\varepsilon_0}\frac{2\mu}{\hbar^2}\frac{1}{\kappa} \overset{(8.22)}{=} \frac{Ze^2}{4\pi\varepsilon_0}\sqrt{\frac{2\mu}{\hbar^2}\frac{1}{|E|}} \tag{8.26}$$

(8.18) の定義より，$R(\rho)$ の $\rho \gg 1$ での漸近形[2] は，(8.23) から，

$$R(\rho) \sim e^{-\rho} \qquad (\rho \gg 1) \tag{8.27}$$

となるので，一般の $0 \le \rho < \infty$ の領域での $R(\rho)$ を，関数 $f(\rho)$ と $e^{-\rho}$ の積として，

$$R(\rho) = f(\rho)e^{-\rho} \tag{8.28}$$

のように表して，上で導いた微分方程式 (8.25) に代入しよう．

$$\frac{dR(\rho)}{d\rho} = \frac{d}{d\rho}(f(\rho)e^{-\rho}) = \frac{df(\rho)}{d\rho}e^{-\rho} + f(\rho)(-e^{-\rho})$$

$$= e^{-\rho}\frac{df(\rho)}{d\rho} - f(\rho)e^{-\rho}$$

などを用いて変形し，最終的に両辺を $e^{-\rho}(\ne 0)$ で割れば，

$$\frac{d^2f(\rho)}{d\rho^2} + 2\left(\frac{1}{\rho} - 1\right)\frac{df(\rho)}{d\rho} + \left\{\frac{\nu - 2}{\rho} - \frac{\ell(\ell+1)}{\rho^2}\right\}f(\rho) = 0 \tag{8.29}$$

となることがわかる．

問題 8.2　(8.19) について，変数を r から ρ に変換した (8.25) の導出を確認し，さらに，(8.28) で定義される $f(\rho)$ の満たす方程式 (8.29) の導出を確認せよ．

---

[2] 変数 ρ は無次元量なので，「1と比較して十分大きい」と表現できる．変数 r は長さの次元を持つ量なので，目安となる長さがわからなければ「〜と比較して十分大きい」という表現ができない．$\rho \gg 1$ の場合は，もちろん，$r \gg \kappa^{-1}$ であり，「r は κ^{-1} と比較して十分大きい」という意味である．

8.2.2　級数展開による解法

(8.29) の微分方程式では，$f(\rho)$ の導関数の係数が $\rho \to 0$ で発散するが，7.4 節で確認したように，$\rho = 0$ の近傍で，方位量子数 ℓ を用いて，

$$R(\rho) \sim \rho^\ell \qquad (\rho \ll 1)$$

と表される漸近形を持つ解 $R(\rho)$ が存在するので，(8.28) で与えられる $f(\rho)$ も，$\rho = 0$ の近傍で正則な級数で表される．$\rho = 0$ の近傍で正則な級数解を，

$$f(\rho) = \rho^\ell \sum_{k=0}^{\infty} c_k \rho^k = \sum_{k=0}^{\infty} c_k \rho^{k+\ell} \tag{8.30}$$

と表しておく（$\rho \simeq 0$ で $f(\rho) \sim \rho^\ell$ であるので，級数の初項の係数 c_0 は $c_0 \neq 0$ である）．(8.30) を微分方程式 (8.29) に代入することで，関数 $f(\rho)$ についての微分方程式を導出する．その微分方程式を満たすように，$f(\rho)$ の級数 (8.30) の係数の満たす関係式（漸化式）を求めよう．

★（この★から 201 ページの☆までを飛ばしても，その後の論理を追うことができる．）

(8.30) の両辺の導関数は，

$$\frac{df(\rho)}{d\rho} = \sum_{k=0}^{\infty} (k+\ell) c_k \rho^{k+\ell-1}$$

$$\frac{d^2 f(\rho)}{d\rho^2} = \sum_{k=0}^{\infty} (k+\ell)(k+\ell-1) c_k \rho^{k+\ell-2}$$

となる（$\ell = 0$ のときは，1 階導関数の級数の $k = 0$ の項と 2 階導関数の級数の $k = 0$ と $k = 1$ の項が存在せず，$\ell = 1$ のときは，2 階導関数の級数の $k = 0$ の項が存在しないが，上の級数表示では，各々の ℓ についての級数における，対応する c_k の係数が 0 となるため，1 階・2 階導関数の級数は，どちらも $k = 0$ を初項とすることができる）．

以上を用いて (8.29) を級数で表せば，

$$\sum_{k=0}^{\infty} c_k \left[(k+\ell)(k+\ell-1)\rho^{k+\ell-2} + 2(k+\ell)(\rho^{k+\ell-2} - \rho^{k+\ell-1}) \right.$$

$$+(\nu-2)\rho^{k+\ell-1}-\ell(\ell+1)\rho^{k+\ell-2}\Big]=0$$

となる．さらに，両辺に ρ^2 を掛けて，

$$\sum_{k=0}^{\infty}c_k\Big[(k+\ell)(k+\ell-1)\rho^{k+\ell}+2(k+\ell)(\rho^{k+\ell}-\rho^{k+\ell+1})$$

$$+(\nu-2)\rho^{k+\ell+1}-\ell(\ell+1)\rho^{k+\ell}\Big]=0$$

と表してから，ρ の冪で項を整理して，$\rho^{k+\ell}$ の項と $\rho^{k+\ell+1}$ の項に分けると，

$$\sum_{k=0}^{\infty}c_k\Big[\{(k+\ell)(k+\ell-1)+2(k+\ell)-\ell(\ell+1)\}\rho^{k+\ell}$$

$$-\{2(k+\ell)-(\nu-2)\}\rho^{k+\ell+1}\Big]=0 \tag{8.31}$$

を得る．

(8.31) の $\rho^{k+\ell}$ の係数を整理すると，

$$(k+\ell)(k+\ell-1)+2(k+\ell)-\ell(\ell+1)=k(k+2\ell+1)$$

と因数分解できるが，$k=0$ ではこの係数は 0 となるので，(8.31) の $\rho^{k+\ell}$ を含む級数の初項を $k=1$ の項とし，$\rho^{k+\ell+1}$ を含む級数を右辺に移項して，級数の等式として次のように表そう．

$$\sum_{k=1}^{\infty}c_k k(k+2\ell+1)\rho^{k+\ell}=\sum_{k=0}^{\infty}c_k\{2(k+\ell)-(\nu-2)\}\rho^{k+\ell+1} \tag{8.32}$$

(8.32) の両辺の級数等式を ρ の冪で調べるために，左辺の級数のダミー変数（和の変数）の k を $k+1$ に取り直し，初項を $k=0$ の項からにすれば，

$$\sum_{k=0}^{\infty}c_{k+1}(k+1)(k+2\ell+2)\rho^{k+\ell+1}=\sum_{k=0}^{\infty}c_k\{2(k+\ell)-(\nu-2)\}\rho^{k+\ell+1} \tag{8.33}$$

となる．(8.33) の級数等式が成り立つためには，両辺の $\rho^{k+\ell+1}$ の係数が各々等しくなければならない．すなわち，

$$(k+1)(k+2\ell+2)c_{k+1}=(2k+2\ell+2-\nu)c_k \qquad (k=0,1,2,\cdots) \tag{8.34}$$

が成り立つ.

(199 ページの★から右の☆までを飛ばしても，この後の論理を追うことができる.)　　　　　　　☆

(8.34) において，$k = 0, 1, 2, \cdots$ では，$(k+1)(k+2\ell+2) \neq 0$ であるので，$(k+1)(k+2\ell+2)$ で (8.34) の両辺を割れば，c_k の漸化式

$$c_{k+1} = \frac{2k + 2\ell + 2 - \nu}{(k+1)(k+2\ell+2)} c_k \quad (k = 0, 1, 2, \cdots) \tag{8.35}$$

を得る．便宜的に (8.35) の k を 1 つずつずらして，

$$c_k = \frac{2k + 2\ell - \nu}{k(k+2\ell+1)} c_{k-1} \quad (k = 1, 2, 3, \cdots) \tag{8.36}$$

とも書くことができる.

c_k を展開係数に持つ級数 (8.30) で表された $f(\rho)$ の $\rho \gg 1$ での漸近形を考える．今，$f(\rho)$ の級数展開の漸化式 (8.36) について，

　　　　漸化式 (8.36) が途切れることなく限りなく続くこと$_{\mathrm{H}}$

を仮定しよう.

$f(\rho)$ の $\rho \gg 1$ での漸近形においては，級数展開 (8.30) の展開係数 c_k についても，$k \gg 1$ となる c_k のみが主要項となる．展開係数 c_k の漸化式 (8.36) の $k \gg 1$ での漸近形は，

$$c_k \sim \frac{2}{k} c_{k-1} \quad (k \gg 1)$$

となるが，級数展開 (8.30) で表した $f(\rho)$ の $\rho \gg 1$ での漸近形では，$k \gg 1$ となる c_k のみが主要項となるので，すべての係数で

$$c_k = \frac{2}{k} c_{k-1}$$

が成り立つとしよう．この式から，再帰的に，

$$c_k = \frac{2}{k} c_{k-1} = \frac{2}{k} \frac{2}{k-1} c_{k-2} = \frac{2}{k} \frac{2}{k-1} \frac{2}{k-2} c_{k-3}$$

$$= \cdots = \frac{2}{k}\frac{2}{k-1}\frac{2}{k-2}\cdots\frac{2}{2}\frac{2}{1}c_0 = \frac{2^k}{k!}c_0 \tag{8.37}$$

が得られる.

したがって, (8.37) を用いれば, (8.30) で表した $f(\rho)$ の $\rho \gg 1$ での漸近形は,

$$f(\rho) \overset{(8.30)}{=} \sum_{k=0}^{\infty} c_k \rho^{k+\ell} \overset{(8.37)}{\sim} \sum_{k=0}^{\infty} \frac{2^k}{k!} c_0 \rho^{k+\ell} \qquad (\rho \gg 1)$$

$$= c_0 \rho^{\ell} \sum_{k=0}^{\infty} \frac{(2\rho)^k}{k!} = c_0 \rho^{\ell} e^{2\rho} \tag{8.38}$$

となる (最終等号では $\rho = 0$ の周りでの $e^{2\rho}$ の Taylor 展開を用いた). ここで, 元々の動径部分の波動関数 $R(\rho)$ との関係 (8.28) を思い出すと, $R(\rho)$ の $\rho \gg 1$ での漸近形は, (8.38) を用いて,

$$R(\rho) \overset{(8.28)}{=} f(\rho)e^{-\rho} \overset{(8.38)}{\sim} c_0 \rho^{\ell} e^{2\rho} e^{-\rho} \qquad (\rho \gg 1)$$

$$= c_0 \rho^{\ell} e^{+\rho} \tag{8.39}$$

となる. (8.39) では, 明らかに, $\rho \to \infty$ の極限で動径部分の波動関数 $R(\rho)$ が発散してしまう. 波動関数はその絶対値の 2 乗が粒子の存在確率密度であったので, 波動関数が発散することは物理的に不適であり, 許されない.

ここまでの論理を辿ると, 物理的に不適となった原因は, 前頁の下線部 H のように, 漸化式 (8.36) が途切れることなく限りなく続くことを仮定したことにある. つまり, $R(\rho)$ が物理的に許される波動関数であるためには, 漸化式 (8.36), すなわち, (8.35) がどこかで途切れる必要がある. 「漸化式 (8.35) がどこかで途切れる」とは, (8.35) において, k の最大値である $k_{\max}$ が存在して, その $k_{\max}$ について, $c_{k_{\max}} \neq 0$ で, かつ, $c_{k_{\max}+1} = 0$ となることである. そこで, (8.35) において, $k = k_{\max}$ として,

$$c_{k_{\max}+1} = \frac{2k_{\max} + 2\ell + 2 - \nu}{(k_{\max} + 1)(k_{\max} + 2\ell + 2)} c_{k_{\max}} \tag{8.40}$$

とすれば, $c_{k_{\max}} \neq 0$ で, かつ, $c_{k_{\max}+1} = 0$ となるとき, (8.40) の右辺の分子は

0でなければならない[3]. つまり, そのような $k_{\max}$ について,

$$2k_{\max} + 2\ell + 2 - \nu = 0$$

$$\therefore \quad \nu = 2\ell + 2 + 2k_{\max} = 2(\ell + 1 + k_{\max}) \tag{8.41}$$

が成り立たなければならない. ここで, $k_{\max}$ は, $f(\rho)$ の級数展開 (8.30) の和
の変数 k の1つなので, 非負の整数である. すなわち, (8.41) から, ν は,
$\nu = 2(\ell + 1), 2(\ell + 2), 2(\ell + 3), \cdots$ となる偶数でなければならない. そこで,
$\nu = 2n$ と表せば, n は,

$$n = \ell + 1, \ell + 2, \ell + 3, \cdots \tag{8.42}$$

となる整数となる. 方位量子数 ℓ は非負の整数であったから, (8.42) から, n は自
然数 $(n = 1, 2, 3, \cdots : n \in \mathbb{N})$ であることがわかる. すでにお気づきのとおり,
ここで用いた論理は, 6.2節の1次元調和振動子の解析的解法で用いた論理と同様
である. 6.2節の復習を兼ねて, 論理を追ってほしい.

8.2.3　主量子数とエネルギー固有値

(8.26) で定義される無次元量 ν が, 自然数 n を用いて $\nu = 2n$ と表されること
から, (8.26) に含まれるエネルギー固有値 E も n で表されることになる. n で指
数付けされるエネルギー固有値を E_n と書くことにしよう. (8.26) を E について
解いて, $\nu = 2n$ を代入したものを E_n とすれば, E_n は,

$$E_n = -\frac{2\mu}{\hbar^2}\left(\frac{Ze^2}{4\pi\varepsilon_0}\frac{1}{\nu}\right)^2 = -\frac{\mu Z^2 e^4}{2(4\pi\varepsilon_0)^2\hbar^2}\frac{1}{n^2} \qquad (n \in \mathbb{N}) \tag{8.43}$$

と表される. つまり, 水素様原子内の電子のエネルギーは, (8.43) のように, 自
然数 n で指数付けされる離散的な値に量子化されることがわかる. この量子数 n
を**主量子数**と呼ぶ.

1.2.1節で述べた, 前期量子論における Bohr の水素原子内の電子状態の仮説に
よれば, n_1 番目の「軌道」から $n_2(< n_1)$ 番目の「軌道」に電子が遷移するとき,

---

[3] (8.40) は, もちろん, (8.36) で $k = k_{\max} + 1$ としても得られる.

その状態間のエネルギー差 $E_{n_1} - E_{n_2}$ に等しいエネルギーを持つ光（光子）を放出し，光の周波数を ν とすれば，

$$h\nu = E_{n_1} - E_{n_2}$$

が成り立つのであった (Bohr の周波数条件：(1.3) 参照)．水素原子の場合 $(Z = 1)$ に，(8.43) で得られたエネルギー固有値が，上記の Bohr の周波数条件の右辺のエネルギーを与えるとして，$n = n_1$ と $n = n_2$ のエネルギー固有値の差を考えれば，

$$\frac{\nu}{c} = \frac{1}{hc}(E_{n_1} - E_{n_2}) = \frac{1}{hc}\left(-\frac{\mu e^4}{2(4\pi\varepsilon_0)^2\hbar^2}\right)\left(\frac{1}{n_1^2} - \frac{1}{n_2^2}\right)$$

$$= \frac{1}{hc}\frac{\mu e^4}{2(4\pi\varepsilon_0)^2\hbar^2}\left(\frac{1}{n_2^2} - \frac{1}{n_1^2}\right) = R\left(\frac{1}{n_2^2} - \frac{1}{n_1^2}\right) \tag{8.44}$$

$$R = \frac{\mu e^4}{8\varepsilon_0^2 h^2 c} \tag{8.45}$$

となる（$2\pi\hbar = h$ に注意せよ）．ここで，c は光速であり，(8.44) の最左辺は光の波長を与える．

　原子から放出される光が，その原子に特有なスペクトルを持つことは，19 世紀末から 20 世紀初頭にかけて明らかにされており，水素原子から放出される光のスペクトルについては，光の波長が，(8.44) のような自然数の逆 2 乗の差で与えられることがわかっていた．発見者にちなんで，$n_2 = 1$ で $n_1 = 2, 3, 4, \cdots$ となるスペクトル系列は Lyman（ライマン）系列，$n_2 = 2$ で $n_1 = 3, 4, 5, \cdots$ となるスペクトル系列は Balmer（バルマー）系列，$n_2 = 3$ で $n_1 = 4, 5, 6, \cdots$ となるスペクトル系列は Paschen（パッシェン）系列などと呼ばれる．

　1.2.1 節で紹介したように，(8.45) の R は，Rydberg（リュードベリ）が水素原子のスペクトルから実験的に得た値と非常に良く一致しており，水素原子のスペクトルの微視的起源の解明は，量子力学の顕著な成果の 1 つとなった．水素原子スペクトルの光の波長を与える，長さの逆数の次元を持つ定数を Rydberg 定数と呼ぶ．Rydberg 定数 R_∞ は

$$R_\infty = \frac{m_e e^4}{8\varepsilon_0^2 h^2 c} \tag{8.46}$$

で定義される．R_∞ は，(8.45) の R の換算質量 μ を，電子の質量 m_e で置き換えた量だが，換算質量 μ は，(8.12) の定義を見ればわかるとおり，原子核の質量 m_n が m_e に比べて大きく[4)]，$\mu \simeq m_e$ であるため，$R \simeq R_\infty$ と考えてよい．

8.2.4 波動関数の動径部分：Laguerre 陪多項式

波動関数の動径部分 $R(\rho) = f(\rho)e^{-\rho}$ の $f(\rho)$ の展開係数 c_k の漸化式 (8.36) から c_k を定めると，以下のように，$f(\rho)$ が Laguerre（ラゲール）陪多項式と呼ばれる多項式で表されることがわかる．

★（この★から 207 ページの☆までを飛ばしても，その後の論理を追うことができる．）

漸化式 (8.36) について，ν と主量子数 n の関係 $\nu = 2n$ を代入し，逐次的に解くと，

$$
\begin{aligned}
c_k &= \frac{2k + 2\ell - 2n}{k(k + 2\ell + 1)}c_{k-1} = \frac{2(k + \ell - n)}{k(k + 2\ell + 1)}c_{k-1} \\
&= \frac{2(k + \ell - n)}{k(k + 2\ell + 1)}\frac{2(k - 1 + \ell - n)}{(k - 1)(k - 1 + 2\ell + 1)}c_{k-2} = \cdots \\
&= \frac{2^k(k + \ell - n)(k - 1 + \ell - n)\cdots(1 + \ell - n)}{k!(k + 2\ell + 1)(k - 1 + 2\ell + 1)\cdots(1 + 2\ell + 1)}c_0 \quad (k = 1, 2, 3, \cdots)
\end{aligned}
$$

$$(8.47)$$

となる．

(8.47) 最右辺の分子には，$(k+\ell-n), (k-1+\ell-n), \cdots, (1+\ell-n)$ の k 個の因子の積があるが，k 個すべての因子を負符号で括って，$(k+\ell-n) = -(n-\ell-k)$ のように表すと，(8.47) 最右辺の分子の k 個の因子の積は，

$$
\begin{aligned}
&(k + \ell - n)(k - 1 + \ell - n)\cdots(1 + \ell - n) \\
&= (-1)^k(n - \ell - k)(n - \ell - k + 1)\cdots(n - \ell - 1) \\
&= (-1)^k(n - \ell - 1)\cdots(n - \ell - (k - 1))(n - \ell - k)
\end{aligned}
$$

となる（最後の等号で，積の順序を並べ替えた）．この式に，$(n-\ell-k-1)!$ を掛けて割ると，

[4)] 最も軽い原子核である陽子の質量でさえ，電子の約 1800 倍も大きい．

$$(-1)^k (n-\ell-1)(n-\ell-2)\cdots(n-\ell-(k-1))(n-\ell-k)\frac{(n-\ell-k-1)!}{(n-\ell-k-1)!}$$

$$= (-1)^k \frac{(n-\ell-1)!}{(n-\ell-k-1)!}$$

とまとめることができる. また, 同様に, (8.47) 最右辺の分母に $(2\ell+1)!$ を掛けて割ると,

$$k!(k+2\ell+1)(k-1+2\ell+1)\cdots(1+2\ell+1)\frac{(2\ell+1)!}{(2\ell+1)!} = k!\frac{(k+2\ell+1)!}{(2\ell+1)!}$$

とまとめることができるので, 結局, (8.47) は,

$$c_k = \frac{(-1)^k 2^k (n-\ell-1)!(2\ell+1)!}{k!(k+2\ell+1)!(n-\ell-k-1)!}c_0 \qquad (k=1,2,3,\cdots) \tag{8.48}$$

となる.

(8.48) で得られた展開係数を $f(\rho)$ の級数展開 (8.30) に代入する. この級数における k についての和は, (8.41) を満たす $k_{\max}$ までで途切れるのであった. (8.41) の ν は, 主量子数 n を用いて $\nu = 2n$ と表されるので, (8.41) は,

$$2k_{\max} + 2\ell + 2 - 2n = 0$$

となり, 級数における k の上限値 $k_{\max}$ は,

$$k_{\max} = n - \ell - 1 \tag{8.49}$$

となる. そこで, 級数展開 (8.30) の k の和を $n-\ell-1$ までとることに注意して, k の和に関係ない因子を係数として和記号の前に出せば, (8.30) から

$$f(\rho) \overset{(8.30)(8.48)}{=} c_0(n-\ell-1)!(2\ell+1)! \sum_{k=0}^{n-\ell-1} \frac{(-1)^k 2^k}{k!(k+2\ell+1)!(n-\ell-k-1)!}\rho^{k+\ell}$$

$$= c_0(n-\ell-1)!(2\ell+1)!\rho^\ell \sum_{k=0}^{n-\ell-1} \frac{(-1)^k}{k!(k+2\ell+1)!(n-\ell-k-1)!}(2\rho)^k \tag{8.50}$$

を得る.

(205 ページの★から右の☆までを飛ばしても，この後の論理を追うことができる.) ☆

(8.50) の有限級数 ($(n-\ell-1)$ 次多項式) は，次式で定義される **Laguerre** (ラゲール) 陪多項式 $L_p^q(x)$ を用いて表せる[5].

Laguerre 陪多項式

$$L_p^q(x) = (p!)^2 \sum_{k=0}^{p-q} \frac{(-1)^k}{(p-q-k)!(q+k)!k!} x^k \tag{8.51}$$

(8.50) と (8.51) の k の和に関係しない係数をまとめて $A_{n\ell}$ とおけば，$f(\rho)$ は，Laguerre 陪多項式 $L_{n+\ell}^{2\ell+1}(2\rho)$ を用いて，

$$f(\rho) = f_{n\ell}(\rho) \equiv A_{n\ell}\rho^\ell L_{n+\ell}^{2\ell+1}(2\rho) \tag{8.52}$$

と表される．元々の動径部分の波動関数は，(8.52) の多項式 $f_{n\ell}(\rho)$ と $e^{-\rho}$ の積で表されるので，やはり，主量子数 n と方位量子数 ℓ で指定される．そこで，以降では，固有関数の動径部分を $R_{n\ell}(r)$ と表そう：

$$R_{n\ell}(\rho) = e^{-\rho}f_{n\ell}(\rho) = A_{n\ell}e^{-\rho}\rho^\ell L_{n+\ell}^{2\ell+1}(2\rho) \tag{8.53}$$

無次元化された変数 $\rho = \kappa r$ に用いた，長さの逆数の次元を持つ係数 κ は，(8.22) の定義からエネルギー固有値 (8.43) を含み，主量子数 n を含んでいるので，κ を n を用いて表しておこう．

$$\kappa \overset{(8.22)}{=} \frac{\sqrt{2\mu|E_n|}}{\hbar} \overset{(8.43)}{=} \frac{1}{\hbar}\sqrt{2\mu\frac{\mu Z^2 e^4}{2(4\pi\varepsilon_0)^2\hbar^2}\frac{1}{n^2}}$$

$$= Z\frac{\mu e^2}{4\pi\varepsilon_0\hbar^2}\frac{1}{n} \quad (n \in \mathbb{N}) \tag{8.54}$$

(8.54) において，κ が長さの逆数の次元を持っていたので，

$$a_{\mathrm{B}} = \frac{4\pi\varepsilon_0\hbar^2}{\mu e^2} \tag{8.55}$$

---

[5] Laguerre 陪多項式の数学的な定義や性質は，たとえば，[13][15] などを参照のこと.

は長さの次元を持つ量になっている．(8.55) の a_B は固有関数の動径部分の広がりの目安を与える長さになっていて，**Bohr 半径**と呼ばれる．物理定数としての Bohr 半径 a_0 は，(8.55) の a_B の換算質量 μ を電子の質量 m_e としたものであり，

$$a_0 \equiv \frac{4\pi\varepsilon_0 \hbar^2}{m_e e^2} = a_B \frac{\mu}{m_e} \tag{8.56}$$

で定義されるが，$\mu \simeq m_e$ であるので，$a_B \simeq a_0$ である．SI 単位系では，$a_0 \fallingdotseq 5.29 \times 10^{-11}$ m である．a_B を用いれば，(8.54) は，

$$\kappa = \frac{Z}{na_B} \qquad (n \in \mathbb{N}) \tag{8.57}$$

と表される．

また，(8.54) と (8.57) から κ を消去して，エネルギー固有値 E_n を a_B で表すこともできる．

$$E_n = -\frac{\hbar^2}{2\mu}\kappa^2 = -\frac{\hbar^2}{2\mu}\left(\frac{Z}{na_B}\right)^2 = -\frac{Z^2 e^2}{2(4\pi\varepsilon_0)a_B}\frac{1}{n^2} \quad (n \in \mathbb{N}) \tag{8.58}$$

(8.58) より，$Z = 1$ の水素原子内の電子の基底状態 $(n = 1)$ におけるエネルギー固有値（基底エネルギー）E_1 を求めると，

$$E_1 = -\frac{e^2}{2(4\pi\varepsilon_0)a_B} \fallingdotseq -13.6 \text{ eV} \tag{8.59}$$

となる．無限遠方をポテンシャルエネルギーの原点にとっているので，$|E_1|$ は水素原子内における基底状態の電子の束縛エネルギーであり，13.6 eV は水素原子のイオン化エネルギーといえる．(8.59) の絶対値の a_B を (8.56) の a_0 で置き換えた量は，(8.46) の Rydberg 定数 R_∞ を用いて，

$$\frac{e^2}{2(4\pi\varepsilon_0)a_B} = hcR_\infty$$

と表せるが，これをエネルギーの単位として，1 Ry（リュードベリ）と定義する．1 Ry $= hcR_\infty \fallingdotseq 13.6$ eV である．

$Z=1$ の水素原子内の電子について，エネルギー固有値 (8.58) を，R_∞ を用いて表せば，

$$E_n^{(Z=1)} = -hcR_\infty \frac{1}{n^2} \quad (n \in \mathbb{N}) \tag{8.60}$$

となり，1.2.1 節で紹介した (1.4) が，量子力学に基づいて導かれたことになる（8 ページの脚注 7) 参照）．

最後に，固有関数の動径部分についての規格化条件を考えよう．7.4.2 節に基づけば，固有関数の動径部分についての規格化条件は，

$$\int_0^\infty R_{n\ell}^*(r) R_{n\ell}(r) r^2 dr = 1$$

と表される．積分変数を $\rho = \kappa r = Z/(na_{\rm B})r$ に変換して，

$$\left(\frac{na_{\rm B}}{Z}\right)^3 \int_0^\infty R_{n\ell}^*(\rho) R_{n\ell}(\rho) \rho^2 d\rho = 1$$

となるが，この規格化条件の式に (8.53) を代入して，

$$\left(\frac{na_{\rm B}}{Z}\right)^3 A_{n\ell}^2 \int_0^\infty e^{-2\rho} \rho^{2\ell} \left(L_{n+\ell}^{2\ell+1}(2\rho)\right)^2 \rho^2 d\rho = 1 \tag{8.61}$$

が得られる．(8.61) が，規格化定数 $A_{n\ell}$ を定める式となる（規格化定数も Laguerre 陪多項式も実数であるので，絶対値記号を省いた）．Laguerre 陪多項式についての積分公式

$$\int_0^\infty e^{-2\rho} \rho^{2\ell} \left(L_{n+\ell}^{2\ell+1}(2\rho)\right)^2 \rho^2 d\rho = \frac{1}{2^{2\ell}} \frac{1}{2^3} \frac{2n((n+\ell)!)^3}{(n-\ell-1)!}$$

が成り立つことを用いて，(8.61) から，規格化定数 $A_{n\ell}$ が

$$A_{n\ell} = 2^\ell \sqrt{\left(2\frac{Z}{na_{\rm B}}\right)^3 \frac{(n-\ell-1)!}{2n((n+\ell)!)^3}} \tag{8.62}$$

と定まる．以上で規格化定数も定まったので，固有関数の動径部分を明示しておこう．

固有関数の動径部分

$$R_{n\ell}(r) = 2^\ell \sqrt{\left(2\frac{Z}{na_\mathrm{B}}\right)^3 \frac{(n-\ell-1)!}{2n((n+\ell)!)^3}}\, e^{-\rho}\rho^\ell L_{n+\ell}^{2\ell+1}(2\rho) \qquad (8.63)$$

$$\rho = \frac{Z}{na_\mathrm{B}}r \qquad (n\in\mathbb{N};\quad \ell=0,1,2,\cdots,n-1)$$

$$a_\mathrm{B} = \frac{4\pi\varepsilon_0\hbar^2}{\mu e^2}$$

(8.51) の Laguerre 陪多項式については，次の直交性があることが知られている．

$$\int_0^\infty L_p^q(x)L_{p'}^q(x)x^q e^{-x}dx = \frac{(p!)^2}{(p-q)!}\delta_{pp'} \qquad (8.64)$$

(8.64) の直交性により，$R_{n\ell}(r)$ については次の正規直交性が示される．

固有関数の動径部分の正規直交性

$$\int_0^\infty R_{n\ell}(r)R_{n'\ell}(r)r^2 dr = \delta_{nn'} \qquad (8.65)$$

(8.65) においては，$R_{n\ell}(r)$ が実関数であるので，関数の内積において複素共役の記号を省いている．

8.3 水素様原子中の電子状態

8.3.1 水素様原子中の電子の固有関数と固有値

前節までで，水素様原子内の電子の固有関数（原点に静止した原子核の作る Coulomb ポテンシャル中の電子の固有関数）を構成できたことになる．固有関数の角度部分は 7.3.2 節で構成した (7.58) の球面調和関数 $Y_\ell^m(\theta,\phi)$ であり，固有関数の動径部分は 8.2.4 節で構成した (8.63) の $R_{n\ell}(r)$ であるので，それらの積で表される固有関数を，主量子数 n，方位量子数 ℓ，磁気量子数 m で指数付けして，$\psi_{n\ell m}(r,\theta,\phi)$ と表そう．原点に静止した原子核の作る Coulomb ポテンシャル中の電子の 3 次元 Schrödinger 方程式 (8.15) について，固有関数と固有値をまとめておく．

--- 水素様原子内の電子の固有値方程式 ---

$$\left\{ -\frac{\hbar^2}{2\mu}\Delta - \frac{Ze^2}{4\pi\varepsilon_0}\frac{1}{r} \right\} \psi_{n\ell m}(r,\theta,\phi)$$

$$= -\frac{\hbar^2}{2\mu}\left(\Delta + \frac{2Z}{a_{\mathrm{B}}}\frac{1}{r} \right) \psi_{n\ell m}(r,\theta,\phi) = E_n \psi_{n\ell m}(r,\theta,\phi) \tag{8.66}$$

$$E_n = -\frac{Z^2 e^2}{2(4\pi\varepsilon_0)a_{\mathrm{B}}}\frac{1}{n^2} \quad \left(a_{\mathrm{B}} = \frac{4\pi\varepsilon_0\hbar^2}{\mu e^2} \right) \tag{8.67}$$

$$\psi_{n\ell m}(r,\theta,\phi) = R_{n\ell}(r)Y_\ell^m(\theta,\phi) \tag{8.68}$$

$$(n \in \mathbb{N}; \quad \ell = 0,1,2,\cdots,n-1; \quad m = -\ell,-\ell+1,\cdots,0,\cdots,\ell-1,\ell)$$

(8.67) のエネルギー固有値は主量子数 n のみで分類され，方位量子数 $\ell = 0,1,2,\cdots n-1$ や磁気量子数 $m = -\ell,-\ell+1,\cdots,0,\cdots,\ell-1,\ell$ には依存しないことにも注意しておこう．すなわち，n が同じであれば，異なる ℓ や m を持つ状態であってもすべて同じエネルギー固有値を持つ．同じ主量子数 n を持つ状態は，方位量子数 ℓ や磁気量子数 m について縮退しているともいえる．

実は，この縮退は Coulomb ポテンシャルに特有であり，一般の中心力ポテンシャルについては，m についての縮退はあるが，ℓ については縮退しない（異なる ℓ に対してエネルギー固有値も異なる）．その意味で，水素様原子内電子の ℓ についての縮退を偶然縮退と呼ぶことがある．ある n に対して，ℓ は $\ell = 0,1,2,\cdots,n-1$ であり，各 ℓ に対して，m は $m = -\ell,-\ell-1,\cdots,0,\cdots,\ell-1,\ell$ の $2\ell+1$ 個の状態が縮退しているので，ある n で指定される状態の縮退度は，

$$\sum_{\ell=0}^{n-1}(2\ell+1) = 2\sum_{\ell=0}^{n-1}\ell + \sum_{\ell=0}^{n-1}1 = 2\frac{n(n-1)}{2} + n = n^2$$

で与えられる．

また，固有関数の正規直交性も以下のように成り立っている．

--- 水素様原子内の電子の固有関数の正規直交性 ---

$$\int_0^\infty \left\{ \int_0^\pi \left(\int_0^{2\pi} \psi_{n\ell m}^*(r,\theta,\phi)\psi_{n'\ell'm'}(r,\theta,\phi)d\phi \right) \sin\theta d\theta \right\} r^2 dr$$

$$= \delta_{nn'}\delta_{\ell\ell'}\delta_{mm'} \tag{8.69}$$

動径部分の固有関数の正規直交性 (8.65) は，方位量子数が同じ場合の，主量子数についての正規直交性であるが，方位量子数が異なる一般の場合にも，角度部分の波動関数，すなわち，球面調和関数の正規直交性があるため，(8.69) のように，固有関数全体の正規直交性が成り立つ．

8.3.2 水素様原子中の電子軌道

水素様原子内の電子のエネルギー固有値 (8.67) は主量子数 n で定まり，水素原子 ($Z = 1$) 内の電子の**基底状態** ($n = 1$) の束縛エネルギーが $1\,\mathrm{Ry} \fallingdotseq 13.6\,\mathrm{eV}$ であることを 8.2.4 節で見た．n が 1 より大きい**励起状態**については，各 n について，方位量子数 ℓ が $\ell = 0, 1, 2, \cdots, n-1$ までの n 個の状態が存在し，その n 個の ℓ で区別される状態の各々について，磁気量子数 m が $m = -\ell, -\ell+1, \cdots, 0, \cdots, \ell-1, \ell$ の $2\ell + 1$ 個の状態が存在するのであった．

磁気量子数 m は角運動量の z 成分演算子 L_z の固有値を区別する量子数であったが，対応する L_z の固有関数 $\Phi_m(\phi)$ (7.49) は，その絶対値の 2 乗が定数となるので，電子の存在確率密度（波動関数の絶対値の 2 乗）は m には依らない．

一方，方位量子数 ℓ は，(8.67) のエネルギー固有値 E_n にこそ現れないが，固有関数の角度部分 $Y_\ell^m(\theta, \phi)$ (7.58) にも動径部分 $R_{n\ell}(r)$ (8.63) にも現れて，電子の存在確率密度にも ℓ が反映される．そこで，主量子数 n と方位量子数 ℓ の組で水素様原子内の電子状態を区別して，電子の**軌道**と呼ぶことがある．方位量子数で区別される状態は，7.3.2 節で挙げた，各々の ℓ の値に対応する慣例名で呼ぶので，$n = 1$ については，$\ell = 0$ の状態を $1s$ 軌道，$n = 2$ については，$\ell = 0$ を $2s$ 軌道，$\ell = 1$ を $2p$ 軌道，$n = 3$ については，$\ell = 0$ を $3s$ 軌道，$\ell = 1$ を $3p$ 軌道，$\ell = 2$ を $3d$ 軌道などと呼ぶ．

水素以外の原子は，原子核の電荷が Ze であることは水素様原子と同じだが，Z 個の電子が存在するので，1 個の電子から成る水素様原子とは状況が異なり，複数の電子間の Coulomb 斥力エネルギーまで考慮しなければならないため，問題は解析的には解けない．しかし，水素様原子の電子軌道を用いることで，原子内

の電子状態を定性的に記述することができる.

電子は,「1つの状態は1つの電子しか占有できない」という性質(**Pauli**(パ ウリ)**の排他律**)を持つ粒子であることがわかっている(Pauli の排他律に従う粒 子を **Fermi**(フェルミ)**粒子**または**フェルミオン**と呼ぶ).また,電子は,10.1.4 節で学ぶように,上述の軌道の自由度以外に,それ自体,**スピン**と呼ばれる内部 自由度を持っていて,「上向き」と「下向き」(または「右回り」と「左回り」)とい う2つの状態をとることができる(スピンは角運動量に対応する物理量だが,古 典的な対応物がないので,対応する状態を慣例的にこのように区別する).

原子内の電子状態を,水素様原子内の電子軌道で近似的に記述できるとすると, 主量子数 n の小さい状態が,より低いエネルギー固有値を持つ状態であるので, 電子は n の小さい軌道から順に占有されていくことになる.ℓ で指定される状態 には,m で区別される $2\ell + 1$ 個の状態が縮退し,m で指定される状態は,スピン 自由度の2個の状態が縮退しているので,$1s$ 状態に2個,$2s$ 状態に2個,$2p$ 状態 に $2 \times 3 = 6$ 個,$3s$ 状態に2個,$3p$ 状態に $2 \times 3 = 6$ 個,$3d$ 状態に $2 \times 5 = 10$ 個の電子を占有することができる.$3d$ 軌道までの電子軌道の量子数と慣例名,最 大占有電子数を表8.1にまとめた.

1 H																	2 He
3 Li	4 Be											5 B	6 C	7 N	8 O	9 F	10 Ne
11 Na	12 Mg											13 Al	14 Si	15 P	16 S	17 Cl	18 Ar
19 K	20 Ca	21 Sc	22 Ti	23 V	24 Cr	25 Mn	26 Fe	27 Co	28 Ni	29 Cu	30 Zn	31 Ga	32 Ge	33 As	34 Se	35 Br	36 Kr
37 Rb	38 Sr	39 Y	40 Zr	41 Nb	42 Mo	43 Tc	44 Ru	45 Rh	46 Pd	47 Ag	48 Cd	49 In	50 Sn	51 Sb	52 Te	53 I	54 Xe
55 Cs	56 Ba	57~71 La-Lu	72 Hf	73 Ta	74 W	75 Re	76 Os	77 Ir	78 Pt	79 Au	80 Hg	81 Tl	82 Pb	83 Bi	84 Po	85 At	86 Rn
87 Fr	88 Ra	89~103 Ac-Lr	104 Rf	105 Db	106 Sg	107 Bh	108 Hs	109 Mt	110 Ds	111 Rg	112 Cn						

57 La	58 Ce	59 Pr	60 Nd	61 Pm	62 Sm	63 Eu	64 Gd	65 Tb	66 Dy	67 Ho	68 Er	69 Tm	70 Yb	71 Lu
89 Ac	90 Th	91 Pa	92 U	93 Np	94 Pu	95 Am	96 Cm	97 Bk	98 Cf	99 Es	100 Fm	101 Md	102 No	103 Lr

図8.1 元素周期表

表8.1　電子軌道

n	l	m	慣例名	最大占有電子数 （スピン自由度含む）
1	0	0	$1s$	2
2	0	0	$2s$	2
	1	-1		
	1	0	$2p$	6
	1	1		
3	0	0	$3s$	2
	1	-1		
	1	0	$3p$	6
	1	1		
	2	-2		
	2	-1		
	2	0	$3d$	10
	2	1		
	2	2		

表8.2　水素様原子内の占有電子数

Z	水素様原子	$1s$	$2s$	$2p$	$3s$	$3p$	$3d$
1	H	1					
2	He	2					
3	Li	2	1				
4	Be	2	2				
5	B	2	2	1			
6	C	2	2	2			
7	N	2	2	3			
8	O	2	2	4			
9	F	2	2	5			
10	Ne	2	2	6			
11	Na	2	2	6	1		
12	Mg	2	2	6	2		
13	Al	2	2	6	2	1	
14	Si	2	2	6	2	2	
15	P	2	2	6	2	3	
16	S	2	2	6	2	4	
17	Cl	2	2	6	2	5	
18	Ar	2	2	6	2	6	
19*	K	2	2	6	2	6	1*
20*	Ca	2	2	6	2	6	2*

　水素様原子内の電子のエネルギー固有値は主量子数 n にのみ依存し，方位量子数 l に依らないが，実際の原子では n が同じでもエネルギーは同じにならない．実際の原子を念頭において，単純に「同じ n では l が小さいほうがエネルギーが低い」と仮定してみよう．水素様原子の Z を実際の原子番号と考えて，水素様原子の電子軌道の占有電子数順に並べると，表8.2のようになる．

　元素周期表（図8.1）は，元々，元素の化学的性質に基づいて整理されたものだが，水素様原子の電子軌道の表8.2と見比べると，電子軌道の占有電子数で特徴付けられていると考えることができる．たとえば，希ガス（He, Ne, Ar）は，各々 $1s$, $2p$, $3p$ の軌道が完全に占有された電子配置になっているし，アルカリ金属（Li, Na, K）は希ガスより1個だけ電子が多く，ハロゲン（B, Cl）は希ガスより1個だけ電子が少ない電子配置になっている．

　実際の原子の基底状態では，水素様原子とは異なり，表8.2で＊の記号を付けたKやCaの最外殻電子（最もエネルギーの高い軌道の電子）は$3d$軌道ではなく$4s$軌道にあるので，表とは異なっているが，定性的には，水素様原子内の電子軌道によって，実際の原子の電子状態を記述することができる．元素の化学的性質の起源には，量子力学が重要な役割を果たしている．

8.3.3 漸化式を用いた固有関数の動径部分の構成

　8.2.4節では，(8.63)で示したように，水素様原子内電子の固有関数の動径部分がLaguerre陪多項式を用いて表されることを見た．ここでは，Laguerre陪多項式の定義式(8.51)を用いる代わりに，固有関数の動径部分を，(8.53)の中辺のように，

$$R_{n\ell}(r) = e^{-\rho}f_{n\ell}(\rho) = e^{-\rho}\rho^{\ell}\sum_{k=0}^{n-\ell-1}c_k^{(n\ell)}\rho^k \tag{8.70}$$

$$\rho = \frac{Z}{na_{\mathrm{B}}}r$$

と表したときの，$(n-\ell-1)$次多項式の係数を具体的に構成することで求めてみよう．

　元々，波動関数の動径部分を(8.30)のように無限級数で表したときの係数の漸化式が(8.47)の最左辺であった．しかし，物理的に許される波動関数を構成するには，級数は無限に続くことはなく，有限次の多項式でなければならないため，係数のkの上限値が$(n-\ell-1)$と定まったのであった．そこで，(8.47)に基づいて，改めて，$(n-\ell-1)$次の多項式の係数の漸化式を示しておく．

$$c_k^{(n\ell)} = 2\frac{k+\ell-n}{k(k+2\ell+1)}c_{k-1}^{(n\ell)} \quad (k=1,2,3,\cdots,n-\ell-1;\ \ n-\ell>1) \tag{8.71}$$

　各nとℓについての0次の係数$c_0^{(n\ell)}$は，漸化式(8.71)では定まらない規格化定数である．ただし，(8.71)は$n-\ell>1$についての漸化式であり，$n-\ell=1$では，多項式は0次式，すなわち，係数$c_0^{(n\ell)}$のみの定数となることに注意しよう．以下では，$Z=1$の水素原子の場合に限って，(8.70)を具体的に求める．

$1s$ 軌道　$n = 1$ で $\ell = 0$ なので，k の上限は 0，すなわち，多項式は 0 次式（定数）であり，0 次の係数 $c_0^{(10)}$ を用いれば，

$$R_{10}(r) = c_0^{(10)} e^{-\frac{r}{a_{\mathrm{B}}}} \tag{8.72}$$

となる．

$2s$ 軌道　$n = 2$ で $\ell = 0$ なので，多項式は $(2 - 0 - 1) = 1$ 次式である．(8.71) より，

$$c_1^{(20)} = 2 \frac{1 + 0 - 2}{1(1 + 2 \cdot 0 + 1)} c_0^{(20)} = -c_0^{(20)}$$

となるので，

$$R_{20}(r) = e^{-\frac{r}{2a_{\mathrm{B}}}} c_0^{(20)} \left\{ 1 - \left(\frac{r}{2a_{\mathrm{B}}} \right) \right\} = c_0^{(20)} e^{-\frac{r}{2a_{\mathrm{B}}}} \left(1 - \frac{1}{2} \frac{r}{a_{\mathrm{B}}} \right) \tag{8.73}$$

となる．

$3s$ 軌道　$n = 3$，$\ell = 0$ なので，多項式は $(3 - 0 - 1) = 2$ 次式である．(8.71) より，

$$c_1^{(30)} = 2 \frac{1 + 0 - 3}{1(1 + 2 \cdot 0 + 1)} c_0^{(30)} = -2 c_0^{(30)}$$

さらに，

$$c_2^{(30)} = 2 \frac{2 + 0 - 3}{2(2 + 2 \cdot 0 + 1)} c_1^{(30)} = -\frac{1}{3} c_1^{(30)} = \frac{2}{3} c_0^{(30)}$$

となるので，

$$R_{30}(r) = e^{-\frac{r}{3a_{\mathrm{B}}}} c_0^{(30)} \left\{ 1 - 2 \left(\frac{r}{3a_{\mathrm{B}}} \right) + \frac{2}{3} \left(\frac{r}{3a_{\mathrm{B}}} \right)^2 \right\}$$

$$= c_0^{(30)} e^{-\frac{r}{3a_{\mathrm{B}}}} \left(1 - \frac{2}{3} \frac{r}{a_{\mathrm{B}}} + \frac{2}{27} \left(\frac{r}{a_{\mathrm{B}}} \right)^2 \right) \tag{8.74}$$

となる．

問題 **8.3**　　(8.72)・(8.73)・(8.74) に倣って，$R_{21}(r)$, $R_{31}(r)$, $R_{32}(r)$ を構成せよ．

(8.72) の $1s$ 軌道の固有関数 $R_{10}(r)$ に基づいて，a_B の意味を確認しておく．7.4.2 節で見たように，波動関数の動径部分が満たす方程式は (7.79) であった．この意味するところは，$R_{n\ell}(r)$ に r を掛けた $rR_{n\ell}(r)$ 全体が，動径方向という半無限の 1 次元系の固有関数と考えるべきだということである．8.2.4 節の (8.65) に示した固有関数の動径部分の正規直交性より

$$\int_0^\infty \left|rR_{n\ell}(r)\right|^2 dr = 1$$

となるので，$\left|rR_{n\ell}(r)\right|^2 = (rR_{n\ell}(r))^2$ を，$n\ell$ 軌道の**動径分布関数**と呼ぶことがある[6]．

$1s$ 軌道についての動径分布関数，すなわち，$(rR_{10}(r))^2$ が最大値をとる r を調べてみよう．そのような r を $r_{\max}$ とおけば，$r = r_{\max}$ で $rR_{10}(r)$ が最大値をとるので，

$$\left. \frac{d}{dr} (rR_{10}(r)) \right|_{r=r_{\max}} = 0$$

を満たす $r_{\max}$ を求めればよい．上式に (8.72) を用いれば，

$$\left. \frac{d}{dr} \left(c_0^{(10)} r e^{-\frac{r}{a_B}} \right) \right|_{r=r_{\max}} = \left. c_0^{(10)} e^{-\frac{r}{a_B}} \left(1 - \frac{r}{a_B} \right) \right|_{r=r_{\max}} = 0$$

すなわち，

$$r_{\max} = a_B \tag{8.75}$$

となる．図 8.2 に，$Z = 1$ の場合の $1s$ 軌道の動径分布関数を示した（$R_{10}(r)$ に (8.63) を用い，a_B を用いて縦軸・横軸を無次元化して表示した）．

(8.75) から，(8.55) で定義される Bohr 半径 a_B は，水素様原子内電子の基底状態の固有関数の広がりの目安を与える特徴的な長さであることがわかる．誤解を

---

[6] 動径分布関数の定義は書物により異なる．

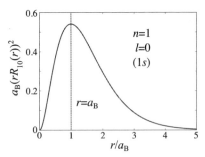

図 8.2　$Z = 1$ の $1s$ 軌道 $(n = 1,\ \ell = 0)$ の動径分布関数

恐れずに古典力学と対応させれば，Bohr 半径 a_{B} は水素様原子内電子の「軌道半径」に相当するものである[7].

　1次元の Schrödinger 方程式の固有関数では，たとえば3.1節で見たように，基底状態（第0励起状態）には固有関数には節がなく，第1励起状態の固有関数には1個の節，第2励起状態の固有関数には2個の節・・・・と，励起状態の準位が増えると対応する固有関数の節も増えていった．上述の水素様原子内電子の固有関数の動径部分 $R_{n\ell}(r)$ にも同様の性質があることがわかる．図8.3に，$Z = 1$ の場合の固有関数の動径部分に r を乗じた $rR_{n\ell}(r)$ を示した（$R_{n\ell}(r)$ に (8.63) を用い，a_{B} を用いて縦軸・横軸を無次元化して表示した）．

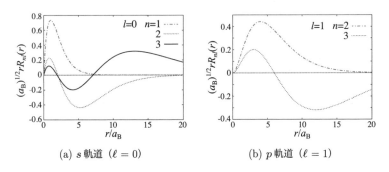

(a) s 軌道 $(\ell = 0)$　　　　　　(b) p 軌道 $(\ell = 1)$

図 8.3　$Z = 1$ の $rR_{n\ell}(r)$ の n に対する変化

---

[7]　もちろん，あくまで量子力学的な描像が正しいのであって，決して，電子が半径 a_{B} の「円軌道」を描いて運動しているなどとは思ってはいけない．

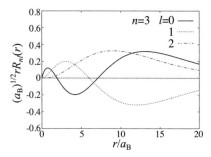

図 8.4 $Z = 1$ の $rR_{3\ell}(r)$ の ℓ に対する変化

$\ell = 0$ の s 軌道では，原点 $r = 0$ を除くと，主量子数 n が 1 の基底状態（$1s$ 軌道）の $rR_{10}(r)$ には節がないが，$n = 2$ の $2s$ 軌道の $rR_{20}(r)$ では節が 1 つ，$n = 3$ の $3s$ 軌道の $rR_{30}(r)$ では節が 2 つになる（図 8.3a）．同様に，$\ell = 1$ の p 軌道では，原点 $r = 0$ を除くと，$rR_{21}(r)$ には節がないが，$rR_{31}(r)$ には 1 つの節がある（図 8.3b）．つまり，方位量子数 ℓ を固定すれば，主量子数 n が増えると，対応する固有関数の節が増えるといえる．一方，主量子数 n を固定すれば，方位量子数が増えると，固有関数の角度部分（球面調和関数）の節が増え，その分，固有関数の動径部分の節が減る（図 8.4）．いわば，動径方向の「波」が増えない分，角度方向に「波」が生じることになる．

第 9 章

行列力学

　これまでは，3 次元空間内の波動関数を用いて量子力学を定式化してきた．このような量子力学の定式化を，**波動力学**と呼ぶことがある．実は，量子力学は，波動関数だけでなく，行列表現を用いて定式化することもできる．むしろ，次章で学ぶように，3 次元空間内の波動関数では表現できない量子状態があり，そのような状態は行列表現でなければ定式化できない．量子力学の行列表現による定式化を，波動力学に対して，**行列力学**と呼ぶ．本章では，行列力学の具体的な定式化を学ぶ．

9.1 　行列表現

9.1.1 　ブラとケットの行列表現

　4.1 節で学んだように，物理量に対応する Hermite 演算子の離散固有値に対応する固有ベクトルの組 $\{|u_n\rangle\}$ は完全正規直交系を成すのであった．$\{|u_n\rangle\}$ の正規直交性を表す式は (4.47)，$\{|u_n\rangle\}$ が完全系を成すことの表現は，(4.58) で与えられる．

　今，任意の完全正規直交系 $\{|u_n\rangle\}$ を考えて，あるケット $|f\rangle$ とその双対対応のブラ $\langle f|$ の内積 $\langle f|f\rangle$ $\left(\overset{(4.16)}{=} \||f\rangle\|^2\right)$ に，$\{|u_n\rangle\}$ が完全系を成すことの表現 (4.58) を用いれば，

$$\langle f|f\rangle = \langle f|I|f\rangle \overset{(4.58)}{=} \langle f|\left(\sum_n |u_n\rangle\langle u_n|\right)|f\rangle$$

$$= \sum_n \langle f|u_n\rangle\langle u_n|f\rangle \overset{(4.5)}{=} \sum_n \langle u_n|f\rangle^* \langle u_n|f\rangle \tag{9.1}$$

を得る.$\langle u_n|f\rangle$ を,複素ベクトル $\boldsymbol{f}$ の第 n 成分と見なして,$(\boldsymbol{f})_n$ と表記すれば,(9.1) は,ベクトル $\boldsymbol{f}$ とそれ自体との内積

$$(\boldsymbol{f}, \boldsymbol{f}) = \sum_n (\boldsymbol{f})_n^* (\boldsymbol{f})_n \tag{9.2}$$

の演算と一致する[1].

$\boldsymbol{f}$ の成分 $(\boldsymbol{f})_n = \langle u_n|f\rangle$ を,列が 1 列のみの行列として,縦に並べた縦ベクトル（列ベクトル）で表し,$\boldsymbol{f}$ の成分 $(\boldsymbol{f})_n = \langle u_n|f\rangle$ の共役複素数 $\langle u_u|f\rangle^* = \langle f|u_n\rangle$ を,行が 1 行のみの行列として,横に並べた横ベクトル（行ベクトル）で表す.たとえば,$\{|u_n\rangle\}$ が $n = 1, 2, 3, \cdots$ で定義されていれば,次のように表すことになる.

── $\{|u_n\rangle\}$ を基底とする $|f\rangle$ と $\langle f|$ の行列表現 ──

$$|f\rangle \overset{\text{d.c.}}{\Longleftrightarrow} \langle f|$$

$$|f\rangle = \begin{pmatrix} \langle u_1|f\rangle \\ \langle u_2|f\rangle \\ \langle u_3|f\rangle \\ \vdots \end{pmatrix} \tag{9.3}$$

$$\langle f| = (\langle f|u_1\rangle \ \langle f|u_2\rangle \ \langle f|u_3\rangle \ \cdots)$$
$$= (\langle u_1|f\rangle^* \ \langle u_2|f\rangle^* \ \langle u_3|f\rangle^* \ \cdots) \tag{9.4}$$

このように表すと,(9.1) の左辺を,行ベクトルと列ベクトルの行列積の演算として表すことができる.このとき,(9.3) や (9.4) のような,列が 1 列のみの行列（列ベクトル）や行が 1 行のみの行列（行ベクトル）を,完全正規直交系 $\{|u_n\rangle\}$ を**基底とする**ケット $|f\rangle$ やブラ $\langle f|$ の**行列表現**という.$\{|u_n\rangle\}$ の固有ベクトルの数が無限であれば,(9.3) や (9.4) の成分の数も無限となり,それらの成分も実数

---

[1] 力学や電磁気学で用いる 3 次元実ベクトルの内積は,たとえば $\boldsymbol{a} \cdot \boldsymbol{b}$ のように表記されるが,ここでは,抽象的なベクトルの内積であることを強調して,$(\boldsymbol{f}, \boldsymbol{f})$ と表記した.

とは限らないので，$|f\rangle$ や $\langle f|$ の行列表現は，一般に，無限次元の複素ベクトルとなる．力学や電磁気学で扱う 3 次元の実ベクトルとはまったく異なる，抽象的なベクトルであることに注意しよう．

4.1 節で，関数の内積 (4.2) をベクトルの内積と同一視することでブラとケットを導入したが，(9.3) や (9.4) を見れば，$\langle f|$ と $|f\rangle$ を各々ブラ「ベクトル」とケット「ベクトル」と呼ぶ意味が納得できるであろう．一般に，ブラ $\langle f|$ とケット $|g\rangle$ の内積の，$\{|u_n\rangle\}$ を基底とする行列表現は，次のように表される．

$$\langle f|g\rangle = (\langle f|u_1\rangle \ \langle f|u_2\rangle \ \langle f|u_3\rangle \ \cdots) \begin{pmatrix} \langle u_1|g\rangle \\ \langle u_2|g\rangle \\ \langle u_3|g\rangle \\ \vdots \end{pmatrix} \tag{9.5}$$

数学においては，微積分を含む極限操作が可能で，内積が定義されたベクトル空間を **Hilbert（ヒルベルト）空間** と呼ぶので，量子力学における波動関数，またはブラやケットは，一般に無限次元の複素 Hilbert 空間内のベクトルであるといえる[2].

個々の固有ベクトル $|u_1\rangle$，$|u_2\rangle$，$|u_3\rangle$，$\cdots$ 自体の行列表現は，次のようにして得られる．(9.3) において，たとえば $|f\rangle = |u_1\rangle$ とすれば，

$$|f\rangle = |u_1\rangle = \begin{pmatrix} \langle u_1|u_1\rangle \\ \langle u_2|u_1\rangle \\ \langle u_3|u_1\rangle \\ \vdots \end{pmatrix}$$

となるが，$\{|u_n\rangle\}$ の正規直交性 (4.47) から，$\langle u_1|u_1\rangle = 1$，$\langle u_2|u_1\rangle = 0$，$\langle u_3|u_1\rangle = 0$，$\cdots$ であるので，

---

[2] 本文の説明は厳密な Hilbert 空間の定義ではない．Hilbert 空間の厳密な定義は数学の教科書を参照すること．

$$|u_1\rangle = \begin{pmatrix} 1 \\ 0 \\ 0 \\ \vdots \end{pmatrix}$$

となることがわかる. $\langle u_1|$ についても同様に, (9.4) において, $\langle f| = \langle u_1|$ とすれば,

$$\langle u_1| = (1 \ 0 \ 0 \ \cdots)$$

を得る. すなわち, 完全正規直交系 $\{|u_n\rangle\}$ を基底とする行列表現では, 個々の固有ベクトル $\langle u_i|$ や $|u_i\rangle$ は, 各々, 第 i 成分のみが 1 で, 他の成分がすべて 0 であるような単位行ベクトルや単位列ベクトルにより, 次のように表される.

$$
\begin{aligned}
\langle u_1| &= (1 \ 0 \ 0 \ \cdots), \\
\langle u_2| &= (0 \ 1 \ 0 \ \cdots), \\
\langle u_3| &= (0 \ 0 \ 1 \ \cdots), \\
&\vdots
\end{aligned}
\tag{9.6}
$$

$$|u_1\rangle = \begin{pmatrix} 1 \\ 0 \\ 0 \\ \vdots \end{pmatrix}, \quad |u_2\rangle = \begin{pmatrix} 0 \\ 1 \\ 0 \\ \vdots \end{pmatrix}, \quad |u_3\rangle = \begin{pmatrix} 0 \\ 0 \\ 1 \\ \vdots \end{pmatrix}, \quad \cdots \tag{9.7}$$

このとき, 任意のケット $|f\rangle$ とブラ $\langle f|$ は, 完全正規直交系 $\{|u_n\rangle\}$ によって

$$|f\rangle = \sum_n f_n |u_n\rangle \qquad (f_n = \langle u_n|f\rangle) \tag{9.8}$$

$$\langle f| = \sum_n f_n^* \langle u_n| \qquad (f_n^* = \langle u_n|f\rangle^* = \langle f|u_n\rangle) \tag{9.9}$$

のように展開されるので, たとえば, $|f\rangle$ については, (9.7) と (9.8) から,

$$|f\rangle \overset{(9.8)}{=} \sum_n \langle u_n|f\rangle |u_n\rangle = \langle u_1|f\rangle |u_1\rangle + \langle u_2|f\rangle |u_2\rangle + \langle u_3|f\rangle |u_3\rangle + \cdots$$

$$\overset{(9.7)}{=} \langle u_1|f\rangle \begin{pmatrix} 1 \\ 0 \\ 0 \\ \vdots \end{pmatrix} + \langle u_2|f\rangle \begin{pmatrix} 0 \\ 1 \\ 0 \\ \vdots \end{pmatrix} + \langle u_3|f\rangle \begin{pmatrix} 0 \\ 0 \\ 1 \\ \vdots \end{pmatrix} + \cdots = \begin{pmatrix} \langle u_1|f\rangle \\ \langle u_2|f\rangle \\ \langle u_3|f\rangle \\ \vdots \end{pmatrix}$$

となり，(9.3) を再現する．

「完全正規直交系 $\{|u_n\rangle\}$ を基底とする行列表現」とは，原義的には，$|f\rangle$ を (9.3)
で表す表現ではなく，むしろ，各 $|u_i\rangle$ を (9.7) の列ベクトルで表す表現のことを
指す．

9.1.2 演算子の行列表現

次に，演算子のケットへの演算（作用）の行列表現を考えよう．ある演算子 A
が，ケット $|f\rangle$ に演算して，別のケット $|g\rangle$ に変換されたとする．

$$A|f\rangle = |g\rangle \tag{9.10}$$

ここで，(9.10) の両辺と，完全正規直交系 $\{|u_n\rangle\}$ の m 番目のブラ $\langle u_m|$ との内積
をとると，

$$\langle u_m|A|f\rangle = \langle u_m|g\rangle \tag{9.11}$$

を得る．(9.11) の左辺について，$\{|u_n\rangle\}$ が完全系を成すことの表現 (4.58) を再び
用いれば，

$$\langle u_m|A|f\rangle = \langle u_m|AI|f\rangle = \langle u_m|A\left(\sum_n |u_n\rangle\langle u_n|\right)|f\rangle = \sum_n \langle u_m|A|u_n\rangle\langle u_n|f\rangle$$

となるので，(9.11) は

$$\sum_n \langle u_m|A|u_n\rangle\langle u_n|f\rangle = \langle u_m|g\rangle \tag{9.12}$$

と表される．

(9.12) で，(9.2) と同様に，$\langle u_n|f\rangle$ をベクトル $\boldsymbol{f}$ の第 n 成分，$\langle u_m|g\rangle$ をベク
トル $\boldsymbol{g}$ の第 m 成分とし，$\langle u_m|A|u_n\rangle$ を，A を行列と考えたときの m 行 n 列成分

と見なして $(A)_{mn}$ と表記すれば,

$$\sum_n (A)_{mn}(\boldsymbol{f})_n = (\boldsymbol{g})_m \tag{9.13}$$

の表式を得る[3].

(9.13) の左辺は, 行列 A をベクトル $\boldsymbol{f}$ に演算して得られるベクトル $A\boldsymbol{f}$ の第 m 成分 $(A\boldsymbol{f})_m$ の定義式 (行列 A とベクトル $\boldsymbol{f}$ の行列積の定義式) であるので, 結局,

$$(A\boldsymbol{f})_m = (\boldsymbol{g})_m \tag{9.14}$$

と表されることがわかる. すべての成分どうしで (9.14) の等式が成り立つとき, ベクトルどうしの等式として,

$$A\boldsymbol{f} = \boldsymbol{g} \tag{9.15}$$

が成り立つ. (9.15) と (9.10) の対応から, 次の行列表現を得る.

$A|f\rangle = |g\rangle$

$$\begin{pmatrix} \langle u_1|A|u_1\rangle & \langle u_1|A|u_2\rangle & \langle u_1|A|u_3\rangle & \cdots \\ \langle u_2|A|u_1\rangle & \langle u_2|A|u_2\rangle & \langle u_2|A|u_3\rangle & \cdots \\ \langle u_3|A|u_1\rangle & \langle u_3|A|u_2\rangle & \langle u_3|A|u_3\rangle & \cdots \\ \vdots & \vdots & \vdots & \ddots \end{pmatrix} \begin{pmatrix} \langle u_1|f\rangle \\ \langle u_2|f\rangle \\ \langle u_3|f\rangle \\ \vdots \end{pmatrix} = \begin{pmatrix} \langle u_1|g\rangle \\ \langle u_2|g\rangle \\ \langle u_3|g\rangle \\ \vdots \end{pmatrix} \tag{9.16}$$

(9.16) は (9.13) を行列やベクトルで表したものである. 演算子 A について, A を $|u_n\rangle$ に演算して得られるケット $A|u_n\rangle$ とブラ $\langle u_m|$ との内積 $\langle u_m|A|u_n\rangle$ を m 行 n 列の成分 $(A)_{mn}$ とする行列を, $\{|u_n\rangle\}$ を基底とする演算子 A の行列表現 といい, 次のように表す.

$$(A)_{mn} = \langle u_m|A|u_n\rangle$$

---

[3] ここでは, 演算子とその行列表現を表す記号を区別せずに用いている. 演算子とその行列表現を異なる記号で表す場合もある.

$$A = \begin{pmatrix} \langle u_1|A|u_1\rangle & \langle u_1|A|u_2\rangle & \langle u_1|A|u_3\rangle & \cdots \\ \langle u_2|A|u_1\rangle & \langle u_2|A|u_2\rangle & \langle u_2|A|u_3\rangle & \cdots \\ \langle u_3|A|u_1\rangle & \langle u_3|A|u_2\rangle & \langle u_3|A|u_3\rangle & \cdots \\ \vdots & \vdots & \vdots & \ddots \end{pmatrix} \tag{9.17}$$

さらに，演算子どうしの積の行列表現を考えよう．演算子 A と B の積演算子 AB について，$\{|u_n\rangle\}$ を基底とする演算子 AB の行列表現は，(9.17) により，その m 行 n 列成分が $\langle u_m|AB|u_n\rangle$ で与えられるはずである．$\langle u_m|AB|u_n\rangle$ についても，$\{|u_n\rangle\}$ が完全系を成すことの表現 (4.58) を用いれば，

$$\langle u_m|AB|u_n\rangle = \langle u_m|AIB|u_n\rangle$$

$$\stackrel{(4.58)}{=} \langle u_m|A\left(\sum_k |u_k\rangle\langle u_k|\right)B|u_n\rangle$$

$$= \sum_k \langle u_m|A|u_k\rangle\langle u_k|B|u_n\rangle \tag{9.18}$$

を得る[4]．　(9.17) の演算子の行列表現に注意すれば，　(9.18) の最右辺は

$$\sum_k \langle u_m|A|u_k\rangle\langle u_k|B|u_n\rangle = \sum_k (A)_{mk}\,(B)_{kn} = (AB)_{mn} \tag{9.19}$$

となって，確かに，$\langle u_m|AB|u_n\rangle$ が，行列 A と行列 B の積の行列 AB の m 行 n 列成分になっていることがわかる．(9.18) と (9.19) を見れば，演算子とその行列表現を表す記号を区別せずに用いても混乱しないことがわかるであろう．

たとえば，恒等演算子 I の行列表現について，　(9.17) から，

$$(I)_{mn} = \langle u_m|I|u_n\rangle = \langle u_m|u_n\rangle \stackrel{(4.47)}{=} \delta_{mn} \tag{9.20}$$

となるので，I の行列表現が

---

[4] (9.18) では，添字として m も n も用いているので，(9.18) の第2等号の完全性の表現に用いる和の変数（ダミー変数）を k とした．

$$I = \begin{pmatrix} 1 & 0 & 0 & \cdots \\ 0 & 1 & 0 & \cdots \\ 0 & 0 & 1 & \cdots \\ \vdots & \vdots & \vdots & \ddots \end{pmatrix} \tag{9.21}$$

という単位行列となる（恒等演算子と単位行列をともに I の記号で表した）.

9.1.3　Hermite 共役演算子の行列表現

$\{|u_n\rangle\}$ を基底とする演算子 A の行列表現の m 行 n 列成分 $(A)_{mn} = \langle u_m|A|u_n\rangle$ について，4.1 節の Hermite 共役演算子 $A^\dagger$ の定義 (4.17) から，

$$\langle u_m|A|u_n\rangle = \langle u_n|A^\dagger|u_m\rangle^* \tag{9.22}$$

であるので，(9.22) は，A と $A^\dagger$ の行列成分（行列要素）について，

$$(A)_{mn} = (A^\dagger)_{nm}^*$$

であることを表す．この式の左辺と右辺を入れ替えたうえで，両辺の複素共役を考え，改めて行と列の記号を入れ替えると，

$$(A^\dagger)_{mn} = (A)_{nm}^* \tag{9.23}$$

が成り立つことになる．演算子 A の行列表現に対して，A の Hermite 共役演算子 $A^\dagger$ の行列表現を，行列 A の **Hermite 共役行列**と呼ぶ.

　一般に，A の行列成分の行と列を入れ替えた成分を持つ行列を，行列 A の**転置行列**（transposed matrix）と呼び，${}^tA$ という記号で表す．すなわち，行列 A の転置行列 ${}^tA$ の行列成分は，

$$({}^tA)_{mn} = (A)_{nm}$$

で与えられる．また，A の行列成分の複素共役を成分に持つ行列を，行列 A の**複素共役行列**（complex conjugate matrix）と呼び，$\bar{A}$ という記号で表す[5]．すな

---

[5] 転置行列や複素共役行列の記号は書物によっても異なる．複素共役行列を A^* で表す場合もある.

わち，行列 A の複素共役行列 $\bar{A}$ の行列成分は，

$$(\bar{A})_{mn} = (A)^*_{mn}$$

で与えられる．

これらの転置行列や複素共役行列の定義から，(9.23) は，演算子の行列表現において，行列 A の Hermite 共役行列 $A^\dagger$ が，A の転置行列の複素共役行列（または A の複素共役行列の転置行列）であることを意味している．

── Hermite 共役行列・転置行列・複素共役行列 ──────────

$$A^\dagger = {}^t\bar{A} = {}^t\bar{A} \tag{9.24}$$

$$\langle u_m | A^\dagger | u_n \rangle = \langle u_n | A | u_m \rangle^* \tag{9.25}$$

9.1.1 節の (9.3) と (9.4) を見ると，$\langle f |$ の行列表現である行ベクトルは 1 行のみの「行列」，$| f \rangle$ の行列表現である列ベクトルは 1 列のみの「行列」と見なすことができた．$\langle f |$ の行列表現 (9.4) は，$| f \rangle$ の行列表現 (9.3) の成分の行と列を入れ替えて（転置行列），それらの共役複素数を成分とした行列となっているので，$\langle f |$ の行列表現（行ベクトル）は $| f \rangle$ の行列表現（列ベクトル）の Hermite 共役行列と考えることができる．

これまで，(4.11) のブラ-ケットの関係を双対対応と呼び，(4.20) や (6.79) のように表してきたが，上記のように，ブラとケットの行列表現が互いに Hermite 共役行列の関係にあるので，以降では，双対対応を Hermite 共役（H. c. は Hermite conjugate の略）として，次のように表すことにしよう．

── ベクトルの双対対応と Hermite 共役 ──────────

$$\langle f | \overset{\text{H.c.}}{\Longleftrightarrow} | f \rangle \tag{9.26}$$

$$\langle f | = (| f \rangle)^\dagger \tag{9.27}$$

この意味で，(9.26) の対応を，

$$\langle f | \overset{\dagger}{\Longleftrightarrow} | f \rangle$$

と表すこともある.

9.1.4 連続固有値を持つ場合

9.1.1節や9.1.2節では, 完全正規直交系 $\{|u_n\rangle\}$ として, 離散的な固有値を持つ Hermite演算子の固有状態 (固有関数または固有ベクトル) を念頭において, ブラ-ケットや演算子の行列表現を考えた. 4.2.3節で学んだような, Hermite演算子が連続固有値を持つ場合についても, 同様の考え方ができる.

たとえば, 4.2.3節と同様に, 粒子の位置座標を与える演算子を考える. 粒子の位置座標を与える演算子を $\hat{r}$ と表し, 固有値を r, 対応する固有状態を $|r\rangle$ とすれば,

$$\hat{r}|r\rangle = r|r\rangle$$

となる (演算子にはハット記号を付けた). 完全正規直交系 $\{|u_n\rangle\}$ との対応として, この位置座標の固有状態の組 $\{|r\rangle\}$ を考える[6]. このとき, $\{|u_n\rangle\}$ の正規直交性 (4.47) や完全性 (4.58) に対応して, $\{|r\rangle\}$ の正規直交性や完全性に相当する表現は, 各々 (4.77) や (4.65) で与えられる.

9.1.1節で学んだように, $\{|r\rangle\}$ を基底とするケット $|f\rangle$ の行列表現は, (9.3) の離散固有値の場合の展開係数 $\langle u_n|f\rangle$ を, 無限次元複素ベクトルの第 n 成分と考えたベクトルで表された. それと対応させると, $\{|r\rangle\}$ を基底とする $|f\rangle$ の「行列表現」は, 展開係数 $\langle r|f\rangle$ を「成分」に持つ, 非可算無限次元複素「ベクトル」になる. r が実数値を持つ連続変数であるため, 通常の意味でのベクトルにはなり得ないが, 抽象的な概念として「成分の値が連続的」であるようなベクトルに相当することは納得できるであろう. $|f\rangle$ の第 n 成分が $\langle u_n|f\rangle = f_n$ であったように, $|f\rangle$ の「r 成分」が $\langle r|f\rangle = f(r)$ で表されると考えることができる.

9.2 演算子の行列表現の具体例：1次元調和振動子

9.2.1 生成・消滅演算子の行列表現

演算子の行列表現の具体例として, 6.3節で学んだ1次元調和振動子の代数的解

---

[6] $\{|u_n\rangle\}$ は一般に可算無限の固有ベクトルの組だが, $\{|r\rangle\}$ は非可算無限の固有ベクトルの組となり, 単純には定義できない. ここでは便宜的に $\{|r\rangle\}$ を定義できるとする.

法における生成・消滅演算子の行列表現を考えよう.

1次元調和振動子ハミルトニアンの固有状態 (6.116) への生成・消滅演算子の作用は, (6.119) と (6.120) で与えられたので, (6.119) と (6.120) の各々の両辺と $\langle m|$ の内積を考えると, $\{|n\rangle\}$ の正規直交性 (6.121) から

$$\langle m|a|n\rangle = \sqrt{n}\,\langle m|n-1\rangle \overset{(6.121)}{=} \sqrt{n}\delta_{m,n-1} \tag{9.28}$$

$$\langle m|a^\dagger|n\rangle = \sqrt{n+1}\,\langle m|n+1\rangle \overset{(6.121)}{=} \sqrt{n+1}\delta_{m,n+1} \tag{9.29}$$

が得られる. (9.17) に倣って, (9.28) と (9.29) を, 各々, 消滅演算子 a と生成演算子 $a^\dagger$ の, $\{|n\rangle\}$ を基底とする行列表現の m 行 n 列成分とすれば, 次のようになる.

$$a = \begin{pmatrix} \langle 0|a|0\rangle & \langle 0|a|1\rangle & \cdots \\ \langle 1|a|0\rangle & \langle 1|a|1\rangle & \cdots \\ \vdots & \vdots & \ddots \end{pmatrix} = \begin{pmatrix} 0 & 1 & \cdots \\ 0 & 0 & \cdots \\ \vdots & \vdots & \ddots \end{pmatrix} \tag{9.30}$$

$$a^\dagger = \begin{pmatrix} \langle 0|a^\dagger|0\rangle & \langle 0|a^\dagger|1\rangle & \cdots \\ \langle 1|a^\dagger|0\rangle & \langle 1|a^\dagger|1\rangle & \cdots \\ \vdots & \vdots & \ddots \end{pmatrix} = \begin{pmatrix} 0 & 0 & \cdots \\ 1 & 0 & \cdots \\ \vdots & \vdots & \ddots \end{pmatrix} \tag{9.31}$$

(9.30) と (9.31) を見ると, a と $a^\dagger$ が互いに Hermite 共役演算子となっていることを反映して, Hermite 共役演算子の定義から導かれる行列成分の関係式 (9.25) を満たすこと, すなわち $\langle m|a^\dagger|n\rangle = \langle n|a|m\rangle^*$ が成り立つことが確かめられる.

> **例題 9.1**　(9.30) と (9.31) の最右辺の行列表現を用いて, (6.59) で定義される数演算子 N の行列表現を求め, それが, N の固有値 (非負の整数) が対角成分に並ぶ対角行列となることを確かめよ.

> **解答**　(9.30) と (9.31) の最右辺から,

$$N = a^\dagger a = \begin{pmatrix} 0 & 0 & \cdots \\ 1 & 0 & \cdots \\ \vdots & \vdots & \ddots \end{pmatrix} \begin{pmatrix} 0 & 1 & \cdots \\ 0 & 0 & \cdots \\ \vdots & \vdots & \ddots \end{pmatrix} = \begin{pmatrix} 0 & 0 & \cdots \\ 0 & 1 & \cdots \\ \vdots & \vdots & \ddots \end{pmatrix} \tag{9.32}$$

となるので，確かに，$\{|n\rangle\}$ を基底とする N の行列表現は，その固有値である非負の整数を対角成分に持つ対角行列となる．

上の例題 9.1 の解答で見たように，一般に，演算子をその固有状態を基底として行列表現すると，演算子の固有値を対角成分に持つ対角行列となる．詳しくは，9.3.2 節で学ぶ．

例題 9.2 前の例題 9.1 に倣って，(9.30) と (9.31) の最右辺の行列表現を用いて，a と $a^\dagger$ の交換関係 $[a, a^\dagger]$ を計算し，(6.57) の関係が満たされていることを確かめよ（ (6.57) の右辺の 1 は恒等演算子 I と考えて，その行列表現が，(9.21) の単位行列となることを確かめればよい）．

解答 前の例題 9.1 に倣って，$aa^\dagger$ の行列表現を求めると，

$$aa^\dagger = \begin{pmatrix} 0 & 1 & \cdots \\ 0 & 0 & \cdots \\ \vdots & \vdots & \ddots \end{pmatrix} \begin{pmatrix} 0 & 0 & \cdots \\ 1 & 0 & \cdots \\ \vdots & \vdots & \ddots \end{pmatrix} = \begin{pmatrix} 1 & 0 & \cdots \\ 0 & 2 & \cdots \\ \vdots & \vdots & \ddots \end{pmatrix}$$

となるので，前の例題の解答による $a^\dagger a$ の行列表現の結果 (9.32) を用いて，

$$[a, a^\dagger] = aa^\dagger - a^\dagger a = \begin{pmatrix} 1 & 0 & \cdots \\ 0 & 2 & \cdots \\ \vdots & \vdots & \ddots \end{pmatrix} - \begin{pmatrix} 0 & 0 & \cdots \\ 0 & 1 & \cdots \\ \vdots & \vdots & \ddots \end{pmatrix} = \begin{pmatrix} 1 & 0 & \cdots \\ 0 & 1 & \cdots \\ \vdots & \vdots & \ddots \end{pmatrix} = I$$

となり，(6.57) の関係が満たされていることが確かめられる．

9.2.2 位置演算子・運動量演算子の行列表現

9.2.1 節で生成・消滅演算子の行列表現を見たが，位置演算子 x や（x 方向の）運動量演算子 p_x を (6.53) のように生成・消滅演算子を用いて表すことができるので，x と p_x の行列表現を次のように得ることができる．

$$x = \begin{pmatrix} \langle 0|x|0 \rangle & \langle 0|x|1 \rangle & \cdots \\ \langle 1|x|0 \rangle & \langle 1|x|1 \rangle & \cdots \\ \vdots & \vdots & \ddots \end{pmatrix} = \sqrt{\frac{\hbar}{2m\omega}} \begin{pmatrix} 0 & \sqrt{1} & \cdots \\ \sqrt{1} & 0 & \cdots \\ \vdots & \vdots & \ddots \end{pmatrix} \tag{9.33}$$

$$p_x = \begin{pmatrix} \langle 0|p_x|0 \rangle & \langle 0|p_x|1 \rangle & \cdots \\ \langle 1|p_x|0 \rangle & \langle 1|p_x|1 \rangle & \cdots \\ \vdots & \vdots & \ddots \end{pmatrix} = \frac{1}{i} \sqrt{\frac{m\hbar\omega}{2}} \begin{pmatrix} 0 & \sqrt{1} & \cdots \\ -\sqrt{1} & 0 & \cdots \\ \vdots & \vdots & \ddots \end{pmatrix} \tag{9.34}$$

問題 9.1　生成・消滅演算子の行列表現 (9.30) と (9.31) を用いて，(9.33) と (9.34) を示せ．

(9.33) と (9.34) から，x^2 や p_x^2 の行列表現も

$$x^2 = \frac{\hbar}{2m\omega} \begin{pmatrix} 1 & 0 & \cdots \\ 0 & 3 & \cdots \\ \vdots & \vdots & \ddots \end{pmatrix} \quad ; \quad p_x^2 = -\frac{m\hbar\omega}{2} \begin{pmatrix} -1 & 0 & \cdots \\ 0 & -3 & \cdots \\ \vdots & \vdots & \ddots \end{pmatrix} \tag{9.35}$$

と得られるので，(6.2) から，ハミルトニアンも次のように行列表現できる．

$$H \overset{(6.2)}{=} \frac{p_x^2}{2m} + \frac{1}{2} m\omega^2 x^2 \overset{(9.35)}{=} \hbar\omega \begin{pmatrix} 1/2 & 0 & \cdots \\ 0 & 3/2 & \cdots \\ \vdots & \vdots & \ddots \end{pmatrix} \tag{9.36}$$

9.3.2 節で見るように，演算子をその固有状態を基底として行列表現すると，演算子の固有値を対角成分に持つ対角行列となる．(9.36) において，右辺の対角成分は (6.115) で示した $E_n = \hbar\omega(n + 1/2)$ になっており，確かに，固有状態 $\{|n\rangle$

を基底として行列表現したハミルトニアン H が，その固有値 E_n を対角成分に持つ対角行列になることが確かめられる．ハミルトニアンの行列表現 (9.36) は，数演算子 N を用いたハミルトニアンの表式 (6.113) に，N の行列表現 (9.32) を用いて得ることもできる．

問題 9.2　(9.33) と (9.34) から，x^2 や p_x^2 の行列表現が (9.35) となることを示せ．さらに，(6.2) に，(9.35) の行列表現を用いることで，(9.36) を示せ．また，N の行列表現 (9.32) を (6.113) に用いたものと一致することを確かめよ．

6.3.5 節で学んだ 1 次元調和振動子における物理量の期待値や不確定性関係は，本節で求めた演算子の行列表現の行列成分から容易に確かめることができる．たとえば，基底状態 $|0\rangle$ での位置の不確定性 Δx は，$\langle x^2 \rangle = \langle 0|x^2|0\rangle$ や $\langle x \rangle = \langle 0|x|0\rangle$ より，$\Delta x = \sqrt{\langle 0|x^2|0\rangle - \langle 0|x|0\rangle^2}$ と表されるが，(9.33) より $\langle 0|x|0\rangle = 0$ であり，(9.35) より $\langle 0|x^2|0\rangle = \dfrac{\hbar}{2m\omega}$ であるので，上式に代入して，

$$\Delta x = \sqrt{\frac{\hbar}{2m\omega} - 0^2} = \sqrt{\frac{\hbar}{2m\omega}} \tag{9.37}$$

となることがわかる．

問題 9.3　(9.37) と同様に，基底状態 $|0\rangle$ での運動量の不確定性 $\Delta p_x = \sqrt{\langle 0|p_x^2|0\rangle - \langle 0|p_x|0\rangle^2}$ を求めて，基底状態において，位置と運動量の不確定性関係 (5.46) が満たされていることを確かめよ．

問題 9.4　第 1 励起状態 $|1\rangle$ での位置と運動量の期待値

$$\langle x \rangle = \langle 1|x|1\rangle, \quad \langle p_x \rangle = \langle 1|p_x|1\rangle, \quad \langle x^2 \rangle = \langle 1|x^2|1\rangle, \quad \langle p_x^2 \rangle = \langle 1|p_x^2|1\rangle$$

について，(9.33)・(9.34)・(9.35) を用いて，第 1 励起状態での各々の不確定性 Δx と Δp_x を計算し，それらが不確定性関係 (5.46) を満たしていることを確かめよ．

9.3　ユニタリ行列とユニタリ変換

4.1.2 節の【要請 1】で要請されたように，物理量を測定して得られる観測値は，その物理量に対応する Hermite 演算子の固有値であった．Hermite 演算子の

固有値と固有ベクトルを得ることは，Hermite演算子またはその行列表現である Hermite行列に，ユニタリ変換と呼ばれる変換を施すことと等価である．ここでは，ユニタリ行列とユニタリ変換について見ていこう．

9.3.1 ユニタリ行列

あるHermite演算子 A を考えると，その固有ベクトルの組は完全正規直交系を成すのであった．A の固有ベクトルの組から成る完全正規直交系を $\{|u_n\rangle\}$，対応する固有値の組を $\{a_n\}$ とする．

$$A|u_n\rangle = a_n|u_n\rangle \quad (n = 1, 2, 3, \cdots) \tag{9.38}$$

今，$\{|u_n\rangle\}$ とは別の完全正規直交系 $\{|v_m\rangle\}$ を考えると，任意のベクトルは $\{|v_m\rangle\}$ で展開されるので，もちろん，(9.38) の固有ベクトルである $|u_n\rangle$ も $\{|v_m\rangle\}$ で展開できる[7]．$|u_n\rangle$ を $\{|v_m\rangle\}$ で展開したときの展開係数を $d_m^{(n)}$ とすれば，

$$|u_n\rangle = \sum_m d_m^{(n)}|v_m\rangle \tag{9.39}$$

$$d_m^{(n)} \equiv \langle v_m|u_n\rangle \tag{9.40}$$

のように表される．(9.39) と (9.40) は，$\{|v_m\rangle\}$ の完全性の表現

$$\sum_m |v_m\rangle\langle v_m| = I \tag{9.41}$$

と等価である．また，$\{|v_m\rangle\}$ が正規直交系であるので，

$$\langle v_\ell|v_m\rangle = \delta_{\ell m} \tag{9.42}$$

が成り立つ．

演算子 A についての固有方程式 (9.38) を，$\{|v_m\rangle\}$ を基底として行列表現してみよう．(9.38) の両辺と $\langle v_m|$ との内積をとると，

$$\langle v_m|A|u_n\rangle = a_n\langle v_m|u_n\rangle \tag{9.43}$$

---

[7] 添字の混乱を避けるために完全正規直交系 $\{|v_m\rangle\}$ の添字に m の記号を用いたが，m で表すことは本質的ではない．

となるが，(9.43) の左辺に，$\{|v_m\rangle\}$ の完全性の表現 (9.41) を用いれば，

$$\sum_\ell \langle v_m|A|v_\ell\rangle \langle v_\ell|u_n\rangle = a_n \langle v_m|u_n\rangle \tag{9.44}$$

を得る．(9.16) と同様に，$\langle v_m|u_n\rangle$ を，演算子 A の n 番目の固有ケット $|u_n\rangle$ の，$\{|v_m\rangle\}$ を基底とする行列表現の第 m 成分とし，$\langle v_m|A|v_\ell\rangle$ を，$\{|v_m\rangle\}$ を基底とする A の行列表現の m 行 ℓ 列成分とすると，(9.44) の行列表現は

$$\begin{pmatrix} \langle v_1|A|v_1\rangle & \langle v_1|A|v_2\rangle & \cdots \\ \langle v_2|A|v_1\rangle & \langle v_2|A|v_2\rangle & \cdots \\ \vdots & \vdots & \ddots \end{pmatrix} \begin{pmatrix} d_1^{(n)} \\ d_2^{(n)} \\ \vdots \end{pmatrix} = a_n \begin{pmatrix} d_1^{(n)} \\ d_2^{(n)} \\ \vdots \end{pmatrix} \tag{9.45}$$

となる．(9.45) では，(9.40) を用いて，

$$\begin{pmatrix} \langle v_1|u_n\rangle \\ \langle v_2|u_n\rangle \\ \vdots \end{pmatrix} = \begin{pmatrix} d_1^{(n)} \\ d_2^{(n)} \\ \vdots \end{pmatrix} \tag{9.46}$$

と表記した．

ここで，$|v_n\rangle$ を $|u_n\rangle$ に変換する演算子 U

$$U|v_n\rangle = |u_n\rangle \tag{9.47}$$

を導入する．(9.47) の両辺と $\langle v_m|$ の内積をとると

$$\langle v_m|U|v_n\rangle = \langle v_m|u_n\rangle \tag{9.48}$$

となるが，(9.48) の左辺は，(9.17) に倣えば，$\{|v_m\rangle\}$ を基底とする演算子 U の行列表現（行列 U）の m 行 n 列成分を表している．つまり，(9.48) で成分が与えられる行列 U は，演算子 A の n 番目の固有ケット $|u_n\rangle$ の $\{|v_m\rangle\}$ を基底とする行列表現（ベクトル表現）(9.46) を第 n 列ベクトルとして並べた行列になっている．

$$U = \begin{pmatrix} \langle v_1|U|v_1\rangle & \langle v_1|U|v_2\rangle & \cdots \\ \langle v_2|U|v_1\rangle & \langle v_2|U|v_2\rangle & \cdots \\ \vdots & \vdots & \ddots \end{pmatrix} = \begin{pmatrix} d_1^{(1)} & d_1^{(2)} & \cdots \\ d_2^{(1)} & d_2^{(2)} & \cdots \\ \vdots & \vdots & \ddots \end{pmatrix} \tag{9.49}$$

(9.47) の逆変換を与える演算子を U^{-1} とすれば,

$$U^{-1}|u_n\rangle = |v_n\rangle \tag{9.50}$$

となる. U^{-1} の定義から $U^{-1}U = UU^{-1} = I$ であり, (9.47) の両辺に左側から U^{-1} を演算すれば (9.50) となる (I は恒等演算子). 演算子 U^{-1} の $\{|v_m\rangle\}$ を基底とする行列表現は, その定義から, 行列 U の逆行列となる. $\{|v_m\rangle\}$ を基底とする U^{-1} の行列表現 (行列 U の逆行列) の m 行 n 列成分は, 次のように計算できる.

$$\langle v_m|U^{-1}|v_n\rangle = \langle v_m|U^{-1}I|v_n\rangle \overset{(4.58)}{=} \langle v_m|U^{-1}\left(\sum_\ell |u_\ell\rangle\langle u_\ell|\right)|v_n\rangle$$

$$= \sum_\ell \langle v_m|U^{-1}|u_\ell\rangle\langle u_\ell|v_n\rangle \overset{(9.50)}{=} \sum_\ell \langle v_m|v_\ell\rangle\langle u_\ell|v_n\rangle$$

$$\overset{(9.42)}{=} \sum_\ell \delta_{m\ell}\langle u_\ell|v_n\rangle = \langle u_m|v_n\rangle \overset{(4.5)}{=} \langle v_n|u_m\rangle^*$$

$$\overset{(9.47)}{=} \langle v_n|U|v_m\rangle^* \overset{(9.22)}{=} \langle v_m|U^\dagger|v_n\rangle \tag{9.51}$$

(9.51) の最左辺と最右辺が等しいことから, 行列 U の逆行列 U^{-1} は, U の Hermite 共役行列 $U^\dagger$ に等しいことがわかる. もちろん, 演算子としても,

$$U^{-1} = U^\dagger \tag{9.52}$$

が成り立つので, (9.50) を次のように表せる.

$$U^\dagger|u_n\rangle = |v_n\rangle \tag{9.53}$$

(9.24) のように, Hermite 共役行列 $U^\dagger$ は, U の複素共役行列の転置行列 ${}^t\bar{U}$ であったので, $U^\dagger$ の行列表現は, (9.49) の最右辺の複素共役の転置により,

$$U^\dagger = {}^t\bar{U} = \begin{pmatrix} (d_1^{(1)})^* & (d_2^{(1)})^* & \cdots \\ (d_1^{(2)})^* & (d_2^{(2)})^* & \cdots \\ \vdots & \vdots & \ddots \end{pmatrix} \tag{9.54}$$

となる.

(9.52) のような性質を持つ演算子は**ユニタリ（unitary）演算子**と呼ばれ，数学的には以下の性質を持つ演算子として定義される.

── ユニタリ演算子 ──────────────

演算子 U とその Hermite 共役演算子 $U^\dagger$ が次の関係を満たすとき，U をユニタリ演算子と呼ぶ.

$$U^\dagger U = U U^\dagger = I \tag{9.55}$$

(9.52) が成り立てば (9.55) を満たすことは明らかである．ユニタリ演算子の行列表現を**ユニタリ行列**と呼ぶ．ユニタリ行列は，(9.52) のように，その逆行列が自身の Hermite 共役行列であるような行列であるといえる.

ユニタリ演算子をベクトルに演算して得られる (9.47) のような変換を**ユニタリ変換**と呼ぶ．数学的には，ユニタリ変換は，その変換の下で内積が不変であるような変換として定義される．任意のケット $|f\rangle$ と $|g\rangle$ のユニタリ変換を，各々 $|\tilde{f}\rangle \equiv U|f\rangle$ と $|\tilde{g}\rangle \equiv U|g\rangle$ とすると，$|\tilde{f}\rangle$ の Hermite 共役が，

$$|\tilde{f}\rangle = U|f\rangle \overset{\text{H.c.}}{\Longleftrightarrow} \langle\tilde{f}| \overset{(9.27)}{=} (|\tilde{f}\rangle)^\dagger = (U|f\rangle)^\dagger = \langle f|U^\dagger$$

であるので，$\langle\tilde{f}|$ と $|\tilde{g}\rangle$ の内積 $\langle\tilde{f}|\tilde{g}\rangle$ は，

$$\langle\tilde{f}|\tilde{g}\rangle = (\langle f|U^\dagger)(U|g\rangle) = \langle f|U^\dagger U|g\rangle \overset{(9.55)}{=} \langle f|I|g\rangle = \langle f|g\rangle$$

となって，確かに，演算子 U によるユニタリ変換の下で内積が不変であることがわかる.

演算子 U を

$$U = \sum_\ell |u_\ell\rangle \langle v_\ell| \tag{9.56}$$

で与えれば，この (9.56) の U が変換 (9.47) を満たすことが，次のように確かめられる.

$$U|v_n\rangle \overset{(9.56)}{=} \sum_\ell |u_\ell\rangle \langle v_\ell|v_n\rangle \overset{(9.42)}{=} \sum_\ell |u_\ell\rangle \delta_{\ell n} = |u_n\rangle$$

また，(9.56) の Hermite 共役演算子を考えれば，$U^\dagger$ は

$$U^\dagger = \sum_\ell |v_\ell\rangle\langle u_\ell| \tag{9.57}$$

で与えられる（ブラとケットは，互いの Hermite 共役になっていて，$(|u_\ell\rangle)^\dagger = \langle u_\ell|$，および，$(\langle v_\ell|)^\dagger = |v_\ell\rangle$ であることに注意しよう）.

例題 9.3　(9.57) で与えられる $U^\dagger = U^{-1}$ が，逆変換 (9.50) を満たすことを確かめよ.

解答

$$U^{-1}|u_n\rangle \overset{(9.52)}{=} U^\dagger|u_n\rangle \overset{(9.57)}{=} \sum_\ell |v_\ell\rangle\langle u_\ell|u_n\rangle \overset{(4.47)}{=} \sum_\ell |v_\ell\rangle\delta_{\ell n} = |v_n\rangle$$

となって，確かに (9.50) を満たすことが確かめられる.

もちろん，(9.56) と (9.57) で与えられる U と $U^\dagger$ が，ユニタリ演算子の定義 (9.55) のうち，$U^\dagger U = I$ を満たすことも，次のように確かめられる.

$$U^\dagger U \overset{(9.56),\,(9.57)}{=} \left(\sum_\ell |v_\ell\rangle\langle u_\ell|\right)\left(\sum_m |u_m\rangle\langle v_m|\right)$$

$$= \sum_\ell\sum_m |v_\ell\rangle\langle u_\ell|u_m\rangle\langle v_m| \overset{(4.47)}{=} \sum_\ell\sum_m |v_\ell\rangle\delta_{\ell m}\langle v_m|$$

$$= \sum_m |v_m\rangle\langle v_m| \overset{(9.41)}{=} I \tag{9.58}$$

問題 9.5　(9.58) の導出に倣って，(9.56) と (9.57) で与えられる U と $U^\dagger$ が $UU^\dagger = I$ を満たすことを確かめよ.

9.3.2　行列の対角化とユニタリ変換

(9.49) のように構成された行列表現を持つ演算子 U はユニタリ演算子であることがわかった. このユニタリ演算子 U の，演算子 A の固有方程式 (9.38) にお

ける役割を考えてみよう．今度は，(9.38) の両辺と $\langle u_m|$ との内積をとってみる．

$$\langle u_m|A|u_n\rangle \overset{(9.38)}{=} a_n\langle u_m|u_n\rangle \overset{(4.47)}{=} a_n\delta_{mn} \tag{9.59}$$

(9.59) の最左辺について，(9.47) と，その Hermite 共役

$$(|u_m\rangle)^\dagger \overset{(9.47)}{=} (U|v_m\rangle)^\dagger = \langle u_m| = \langle v_m|U^\dagger \tag{9.60}$$

を代入すれば，

$$\langle u_m|A|u_n\rangle \overset{(9.47),(9.60)}{=} \langle v_m|U^\dagger AU|v_n\rangle \tag{9.61}$$

となる．(9.59) の最右辺と (9.61) の右辺から，

$$\langle v_m|U^\dagger AU|v_n\rangle = a_n\delta_{mn} \tag{9.62}$$

が得られる．(9.62) の左辺は，$\{|v_m\rangle\}$ を基底とする演算子 $U^\dagger AU$ の行列表現であるので，(9.62) の具体的な成分表示として

$$U^\dagger AU = \begin{pmatrix} \langle v_1|U^\dagger AU|v_1\rangle & \langle v_1|U^\dagger AU|v_2\rangle & \cdots \\ \langle v_2|U^\dagger AU|v_1\rangle & \langle v_2|U^\dagger AU|v_2\rangle & \cdots \\ \vdots & \vdots & \ddots \end{pmatrix} = \begin{pmatrix} a_1 & 0 & \cdots \\ 0 & a_2 & \cdots \\ \vdots & \vdots & \ddots \end{pmatrix} \tag{9.63}$$

を得る．(9.63) の最右辺のように，非対角成分がすべて 0 となる行列を**対角行列**と呼ぶ．

　$\{|v_m\rangle\}$ を基底とすると，演算子 A は (9.45) 左辺のような行列表現を持つが，(9.49) で構成された行列表現を持つユニタリ演算子 U によって A から変換された演算子 $U^\dagger AU$ は，(9.63) からわかるように，その $\{|v_m\rangle\}$ を基底とした行列表現が，演算子 A の固有値を対角成分とする対角行列となる．このことを，行列（または演算子）A の**対角化**という．$U^\dagger AU$ は，A を対角化するユニタリ演算子 U によるユニタリ変換になっている．

　つまり，$\{|v_n\rangle\}$ を基底とする演算子 A の行列表現（行列 A）の固有値の組 $\{a_n\}$ と固有ベクトルの組 $\{|u_n\rangle\}$ の $\{|v_n\rangle\}$ を基底とする表現を求めることは，$\{|v_n\rangle\}$ を基底とする演算子 $U^\dagger AU$ の行列表現を求めることと等価である．この意味で，

行列 A の固有値と固有ベクトルの組を求めることは，A を対角化するユニタリ行列 U を求めることに他ならないので，行列 A についての固有方程式を解くことを，「行列 A を**対角化する**」ということがある．

演算子 A を，$\{|v_n\rangle\}$ を基底として行列表現すると，

$$
A = \begin{pmatrix} \langle v_1|A|v_1\rangle & \langle v_1|A|v_2\rangle & \cdots \\ \langle v_2|A|v_1\rangle & \langle v_2|A|v_2\rangle & \cdots \\ \vdots & \vdots & \ddots \end{pmatrix}
$$

と，一般に非対角成分を持つ行列になり，対応する固有ケットの組 $\{|u_n\rangle\}$ を，$\{|v_n\rangle\}$ を基底として行列表現すると，(9.46) から，

$$
|u_1\rangle = \begin{pmatrix} d_1^{(1)} \\ d_2^{(1)} \\ \vdots \end{pmatrix}, \quad |u_2\rangle = \begin{pmatrix} d_1^{(2)} \\ d_2^{(2)} \\ \vdots \end{pmatrix}, \quad \cdots, \quad |u_n\rangle = \begin{pmatrix} d_1^{(n)} \\ d_2^{(n)} \\ \vdots \end{pmatrix}, \quad \cdots
$$

となるが，もちろん，A の固有ベクトルである $\{|u_n\rangle\}$ を基底とする表現では．

$$
A = \begin{pmatrix} a_1 & 0 & \cdots \\ 0 & a_2 & \cdots \\ \vdots & \vdots & \ddots \end{pmatrix}
$$

という対角行列となり，固有ベクトルは

$$
|u_1\rangle = \begin{pmatrix} 1 \\ 0 \\ \vdots \end{pmatrix}, \quad |u_2\rangle = \begin{pmatrix} 0 \\ 1 \\ \vdots \end{pmatrix}, \quad \cdots, \quad |u_n\rangle = \begin{pmatrix} 0 \\ \vdots \\ 1 \\ \vdots \end{pmatrix}, \quad \cdots
$$

と表されることに注意しよう．演算子 A をその固有ベクトルの組を基底として行列表現すると対角行列となるので，固有ベクトルを基底とした行列表現を，「A を**対角化する表現（表示）**」ということがある．

演算子 A の固有方程式 (9.38) の両辺の左側から, A を対角化するユニタリ演算子 U の Hermite 共役演算子 $U^\dagger$ を演算すると,

$$U^\dagger A \left| u_n \right\rangle = a_n U^\dagger \left| u_n \right\rangle \tag{9.64}$$

となるが, (9.64) の左辺に (9.55) や (9.53) を用いれば,

$$U^\dagger A \left| u_n \right\rangle = U^\dagger A I \left| u_n \right\rangle \overset{(9.55)}{=} U^\dagger A U U^\dagger \left| u_n \right\rangle \overset{(9.53)}{=} U^\dagger A U \left| v_n \right\rangle \tag{9.65}$$

を得る. 一方, (9.64) の右辺は, (9.53) から

$$a_n U^\dagger \left| u_n \right\rangle \overset{(9.53)}{=} a_n \left| v_n \right\rangle \tag{9.66}$$

となるので, (9.65) と (9.66) から

$$U^\dagger A U \left| v_n \right\rangle = a_n \left| v_n \right\rangle \tag{9.67}$$

となることがわかる. (9.38) と (9.67) を見れば, A をユニタリ変換した $U^\dagger A U$ の固有ベクトルが, 対応する A の固有ベクトル $\left| u_n \right\rangle$ を $\left| v_n \right\rangle$ にユニタリ変換して得られること, また, 対応する固有値はユニタリ変換する前と後で不変であることがわかる.

9.3.3 Hermite 演算子とユニタリ演算子

一般に, Hermite 演算子 A を用いて, ユニタリ演算子 U を次のように表すことができる.

┌─ **Hermite 演算子を用いたユニタリ演算子の表現** ─────────
演算子 A が,

$$A^\dagger = A \tag{9.68}$$

を満たす Hermite 演算子であるとき, 次で与えられる演算子 U はユニタリ演算子である.

$$U = e^{iA} \tag{9.69}$$
└──

　ここで，任意の演算子 X を関数 $f(x)$ の「引数」に持つ関数演算子 $f(X)$ は，次のように，関数 $f(x)$ の $x = 0$ の周りでの Taylor 展開（Maclaurin（マクローリン）展開）を用いて

$$f(X) \equiv \sum_{k=0}^{\infty} \frac{1}{k!} f^{(k)}(0) X^k = I + f'(0)X + \frac{1}{2!}f''(0)X^2 + \frac{1}{3!}f'''(0)X^3 + \cdots$$

$$(9.70)$$

と定義される（$f^{(k)}(x)$ は $f(x)$ の x による k 階導関数）．(9.70) では，演算子 X について，$X^0 \equiv I$ であることに注意しよう．

　(9.70) の定義から，

$$[f(X), X] \overset{(9.70)}{=} \sum_{k=0}^{\infty} \frac{1}{k!} f^{(k)}(0) \left[X^k, X \right] = 0 \qquad \left(\because \left[X^k, X \right] = 0 \right) \quad (9.71)$$

が成り立つので，演算子 X とその関数演算子 $f(X)$ は可換である．(9.70) の定義に従って，(9.69) の右辺に現れる指数関数演算子 e^X は

$$e^X \equiv \sum_{k=0}^{\infty} \frac{1}{k!} X^k = I + X + \frac{1}{2!}X^2 + \frac{1}{3!}X^3 + \cdots \qquad (9.72)$$

と定義される．もちろん，(9.71) から，

$$\left[e^X, X \right] = 0 \qquad\qquad\qquad (9.73)$$

となり，演算子 X とその指数関数演算子 e^X は可換である．

　たとえば，Hermite 演算子として x 方向の運動量演算子 $p_x = -i\hbar\frac{\partial}{\partial x}$ をとり，実定数 a を用いた $e^{-\frac{i}{\hbar}p_x a}$ という指数関数演算子を考えよう．演算子 $e^{-\frac{i}{\hbar}p_x a}$ を波動関数 $\phi(x)$ に演算すると，

$$e^{-\frac{i}{\hbar}p_x a}\phi(x) \overset{(9.72)}{=} \sum_{k=0}^{\infty} \frac{1}{k!}\left(-\frac{i}{\hbar}p_x a \right)^k \phi(x) = \sum_{k=0}^{\infty} \frac{1}{k!}\left(-\frac{i}{\hbar}a \right)^k (p_x)^k \phi(x)$$

$$= \sum_{k=0}^{\infty} \frac{1}{k!}\left(-\frac{i}{\hbar}a(-i\hbar) \right)^k \frac{d^k\phi(x)}{dx^k}$$

$$\left(\because (p_x)^k \phi(x) = (-i\hbar)^k \left(\frac{\partial}{\partial x} \right)^k \phi(x) = (-i\hbar)^k \frac{d^k\phi(x)}{dx^k} \right)$$

$$= \sum_{k=0}^{\infty} \frac{1}{k!}(-a)^k \frac{d^k \phi(x)}{dx^k} = \phi(x-a) \tag{9.74}$$

となる（(9.74) の最終等号では，$\phi(x-a)$ の a についての Taylor 展開を用いた）．(9.74) の最左辺と最右辺を見れば，演算子 $e^{-\frac{i}{\hbar} p_x a}$ が関数の変数 x を $x-a$ に変換する，または，関数 $\phi(x)$ を x の正方向に a だけ平行移動する演算子（並進演算子）となっていることがわかる．一般に，実ベクトル $\boldsymbol{a}$ について，演算子 $e^{-\frac{i}{\hbar} \boldsymbol{p} \cdot \boldsymbol{a}}$ は，$\phi(\boldsymbol{r})$ を $\boldsymbol{a}$ だけ並進させる演算を与えるユニタリ演算子である．

例題 9.4　(9.69) の U が，ユニタリ演算子の定義 (9.55) の 1 つである $U^\dagger U = I$ を満たすことを確かめよ．

解答　(9.69) の U について，$U^\dagger U$ は，

$$U^\dagger U \overset{(9.69)}{=} (e^{iA})^\dagger e^{iA} \overset{(9.72)}{=} \left(\sum_{\ell=0}^{\infty} \frac{1}{\ell!}(iA)^\ell \right)^\dagger \left(\sum_{k=0}^{\infty} \frac{1}{k!}(iA)^k \right)$$

$$= \sum_{\ell=0}^{\infty} \frac{1}{\ell!}\{(iA)^\ell\}^\dagger \sum_{k=0}^{\infty} \frac{1}{k!}(iA)^k$$

と表される．6.3.2 節で示したように，演算子の積の Hermite 共役については，$(AB)^\dagger \overset{(6.63)}{=} B^\dagger A^\dagger$ となるが，演算子自身との積であれば，$(A^2)^\dagger = (AA)^\dagger = A^\dagger A^\dagger = (A^\dagger)^2$ が成り立つので，一般に $(A^\ell)^\dagger = (A^\dagger)^\ell$ が成り立つ．また，Hermite 共役の定義から，$(iA)^\dagger = -iA^\dagger$ であることに注意すれば，上式の最右辺は，

$$\sum_{\ell=0}^{\infty} \frac{1}{\ell!}\{(iA)^\ell\}^\dagger \sum_{k=0}^{\infty} \frac{1}{k!}(iA)^k = \sum_{\ell=0}^{\infty} \frac{1}{\ell!}(-iA^\dagger)^\ell \sum_{k=0}^{\infty} \frac{1}{k!}(iA)^k$$

$$\overset{(9.68)}{=} \sum_{\ell=0}^{\infty} \frac{1}{\ell!}(-iA)^\ell \sum_{k=0}^{\infty} \frac{1}{k!}(iA)^k = \sum_{\ell=0}^{\infty} \sum_{k=0}^{\infty} \frac{1}{\ell!}\frac{1}{k!}(-iA)^\ell(iA)^k$$

となる．

ここで，一般に，無限級数について成り立つ Cauchy（コーシー）積という積公式（後述の〈数学的補足〉参照），

$$\left(\sum_{\ell=0}^{\infty} a_\ell\right)\left(\sum_{k=0}^{\infty} b_k\right) = \sum_{\ell=0}^{\infty}\sum_{k=0}^{\infty} a_\ell b_k = \sum_{m=0}^{\infty}\sum_{n=0}^{m} a_n b_{m-n}$$

を用いれば，さらに

$$\sum_{\ell=0}^{\infty}\sum_{k=0}^{\infty}\frac{1}{\ell!}\frac{1}{k!}(-iA)^\ell(iA)^k = \sum_{m=0}^{\infty}\sum_{n=0}^{m}\frac{1}{n!}\frac{1}{(m-n)!}(-iA)^n(iA)^{m-n}$$

$$= \sum_{m=0}^{\infty}\sum_{n=0}^{m}\left(\frac{m!}{m!}\right)\frac{1}{n!}\frac{1}{(m-n)!}(-iA)^n(iA)^{m-n}$$

$$= \sum_{m=0}^{\infty}\frac{1}{m!}\sum_{n=0}^{m}\frac{m!}{n!(m-n)!}(-iA)^n(iA)^{m-n} = \sum_{m=0}^{\infty}\frac{1}{m!}(-iA+iA)^m = I$$

となることがわかる（第4等号では，二項展開の公式を用いた）．すなわち，
(9.69) の U は，ユニタリ演算子の定義 (9.55) の1つである $U^\dagger U = I$ を満たすことが確かめられた．

$\boxed{\textbf{問題 9.6}}$　上の例題 9.4 の解答に倣って，(9.69) の U が，$UU^\dagger = I$ を満たすことを確かめよ．

上の例題 9.4 や問題 9.6 から，(9.69) の U が (9.55) を満たすユニタリ演算子であることが確かめられる．

なお，例題の解答で用いた論理から，任意の演算子 X について，

$$e^X e^{-X} = e^{X-X} = e^0 = I \tag{9.75}$$

が成り立つことがわかるが，一般に，$[A, B] \neq 0$ となる演算子 A と B の指数関数演算子については

$$e^A e^B \neq e^{A+B} \tag{9.76}$$

であることに注意しよう．以下のように，(9.76) を示すことができる．

$e^A e^B$ は，(9.72) を用いて，

$$e^A e^B \overset{(9.72)}{=} \left(\sum_{\ell=0}^{\infty}\frac{1}{\ell!}A^\ell\right)\left(\sum_{k=0}^{\infty}\frac{1}{k!}B^k\right) = \sum_{\ell=0}^{\infty}\sum_{k=0}^{\infty}\frac{1}{\ell!}\frac{1}{k}A^\ell B^k$$

$$= \sum_{m=0}^{\infty} \sum_{n=0}^{m} \frac{1}{n!} \frac{1}{(m-n)!} A^n B^{m-n} \tag{9.77}$$

と Cauchy 積で表されるが，$[A, B] \neq 0$ となる非可換な演算子 A と B につい
ては，

$$\sum_{n=0}^{m} \frac{m!}{n!(m-n)!} A^n B^{m-n} \neq (A+B)^m$$

であり，二項展開の公式が成り立たないので，(9.77) の最右辺は，

$$\sum_{m=0}^{\infty} \sum_{n=0}^{m} \frac{1}{n!} \frac{1}{(m-n)!} A^n B^{m-n} \neq \sum_{m}^{\infty} \frac{1}{m!} (A+B)^m = e^{A+B}$$

である．つまり，$[A, B] \neq 0$ となる非可換な演算子 A と B については，

$$e^A e^B \neq e^{A+B}$$

であり，e^{A+B} が $e^A e^B$ に等しくなるのは，演算子 A と B が可換な場合（$[A, B] = 0$）のみである．

〈数学的補足〉**Cauchy 積**
無限級数について，次が成り立つ．

$$\sum_{\ell=0}^{\infty} \sum_{k=0}^{\infty} a_\ell b_k = a_0 b_0 + a_0 b_1 + a_0 b_2 + a_0 b_3 + \dots$$

$$+ a_1 b_0 + a_1 b_1 + a_1 b_2 + a_1 b_3 + \dots$$

$$+ a_2 b_0 + a_2 b_1 + a_2 b_2 + a_2 b_3 + \dots$$

$$= a_0 b_0$$

$$+ a_0 b_1 + a_1 b_0$$

$$+ a_0 b_2 + a_1 b_1 + a_2 b_0 + \cdots$$

$$= \sum_{m=0}^{\infty} \sum_{n=0}^{m} a_n b_{m-n}$$

第10章

一般化された角運動量とスピン

　本章では，9章で学んだ行列力学に基づいて，角運動量の量子力学的な拡張を行う．7.2節で導入された角運動量演算子は，その固有関数が球面調和関数と呼ばれる関数であることを7.3節で学んだ．角運動量演算子が従う交換関係の特徴から，角運動量を量子力学的に拡張して一般化すると，9章の冒頭で挙げたように，波動関数で表すことのできない量子状態の存在が示される．このような量子状態は行列力学によらなければ記述できず，一般化された角運動量は古典的な対応物を持たない．本章では，古典力学では原理的に扱うことのできない**スピン角運動量**という物理量の行列力学による取り扱いを学ぶ.

10.1　一般化された角運動量

10.1.1　角運動量演算子の満たす交換関係

　7.2節で学んだように，粒子の位置演算子 r と運動量演算子 p を用いて

$$L = r \times p \tag{10.1}$$

と定義される角運動量演算子 $L = (L_x, L_y, L_z)$ については，(7.58)で定義される球面調和関数 $Y_\ell^m(\theta, \phi)$ が，$|L|^2$ と L_z の同時固有関数となることを見た．ここで，$Y_\ell^m(\theta, \phi)$ について，方位量子数と呼ばれる ℓ は非負の整数で，磁気量子数と呼ばれる m は $|m| \leq \ell$ を満たす整数であったことを思い出そう.

　位置演算子 $r = (x, y, z)$ と運動量演算子 $p = (p_x, p_y, p_z) = -i\hbar\nabla$ の間には，

交換関係

$$[\mu, p_\nu] = i\hbar\delta_{\mu\nu} \qquad (\mu, \nu = x, y, z) \tag{10.2}$$

が成り立ったので，角運動量演算子の成分の間にも次の交換関係が成り立つ．

$$\begin{cases} [L_x, L_y] = i\hbar L_z \\ [L_y, L_z] = i\hbar L_x \\ [L_z, L_x] = i\hbar L_y \end{cases} \tag{10.3}$$

さらに，（10.3）を用いると，$|\boldsymbol{L}|^2 = L_x^2 + L_y^2 + L_z^2$ が $\boldsymbol{L}$ の各成分と可換であること

$$\left[|\boldsymbol{L}|^2, L_\mu\right] = 0 \qquad (\mu = x, y, z) \tag{10.4}$$

が示される．

> **問題 10.1**　（10.2）を用いて，（10.3）が成り立つことを確かめよ．
> ［ヒント：（10.2）を用いることができるように，（10.3）の各左辺に交換子の公式（2.15）・（2.16）・（2.17）を用いて変形せよ．］

> **問題 10.2**　（10.3）を用いて，（10.4）が成り立つことを確かめよ．

2.2.2 節で，可換な演算子は同時固有関数を持つことを学んだ．たとえば，$|\boldsymbol{L}|^2$ が L_z と可換であることから，両者は同時固有関数を持つことがわかるが，その事実を反映したのが，まさに（7.59）と（7.60）である．（10.4）によれば，$|\boldsymbol{L}|^2$ は L_x や L_y とも可換であるので，たとえば，$|\boldsymbol{L}|^2$ と L_x も同時固有関数を持つ．しかし，（10.3）で見たように，L_x と L_z は非可換なので，L_x と L_z は同時固有関数を持たない．つまり，$|\boldsymbol{L}|^2$ と L_z の同時固有関数は，L_x の固有関数にはなり得ない．（7.58）で定義された球面調和関数 $Y_\ell^m(\theta, \phi)$ は，L_z の固有関数として構成されていることに注意しよう．

10.1.2　一般化された角運動量演算子

10.1.1 節では角運動量演算子 $\boldsymbol{L}$ の満たす交換関係を確認したが，以降では，逆の視点で，（10.3）や（10.4）の交換関係を満たす演算子が，どのような固有値・固有状態を持ち得るのかを考えてみよう．つまり，一般に，3 成分を持つ

$\boldsymbol{J} = (J_x, J_y, J_z)$ という Hermite 演算子を考えて，それらの成分やその大きさの2乗演算子 $|\boldsymbol{J}|^2$ について，次の交換関係を仮定することを出発点とする．Hermite 演算子 $\boldsymbol{J}$ は，(10.1) のように古典力学で定義された角運動量に対応するが，(10.1) を定義とするのでなく，あくまで次の交換関係を満たすことを定義とするので，以降では**一般化された角運動量演算子**と呼ぶことにする．

一般化された角運動量演算子についての交換関係

$$\begin{cases} [J_x, J_y] = i\hbar J_z \\ [J_y, J_z] = i\hbar J_x \\ [J_z, J_x] = i\hbar J_y \end{cases} \tag{10.5}$$

$$\left[|\boldsymbol{J}|^2, J_\mu \right] = 0 \quad (\mu = x, y, z) \tag{10.6}$$

(10.6) に定義されるように，$|\boldsymbol{J}|^2$ と $\boldsymbol{J}$ の各成分は可換であるので，同時固有状態を持つ[1]．ここでは，7.2 節に倣って，$|\boldsymbol{J}|^2$ と J_z の同時固有状態を考えることにしよう．$|\boldsymbol{J}|^2$ と J_z の固有値を，各々 λ と α で区別することにし，同時固有状態のケットを $|\lambda, \alpha\rangle$ と表そう．すなわち，

$$|\boldsymbol{J}|^2 |\lambda, \alpha\rangle = \lambda \hbar^2 |\lambda, \alpha\rangle \tag{10.7}$$

$$J_z |\lambda, \alpha\rangle = \alpha \hbar |\lambda, \alpha\rangle \tag{10.8}$$

が成り立つとする．$|\lambda, \alpha\rangle$ は規格化されていること

$$\langle \lambda, \alpha | \lambda, \alpha \rangle = 1 \tag{10.9}$$

を仮定しておく（もちろん，$|\lambda, \alpha\rangle \neq 0$ とする）．$\boldsymbol{J}$ は角運動量に対応する Hermite 演算子であるので，(10.7) および (10.8) では，対応する固有値の物理的な次元を明瞭にするために，$|\boldsymbol{J}|^2$ と J_z の固有値を，各々 $\hbar^2$ と $\hbar$ の実数倍で表した[2]．つまり，λ や α は実数の無次元量である．

---

[1] 波動力学では状態の記述に波動関数を用いたが，9章で見た行列力学を含めて考えるため，「関数」と「状態」を区別せずに用いることにする．

[2] $\hbar$ は角運動量の次元を持つ量である．また，$\boldsymbol{J}$ は Hermite 演算子なので，4.1.2 節で学んだように，対応する固有値は実数であることが保証される．

10.1.3 昇降演算子

(10.5) と (10.6) の交換関係を満たす演算子について，それらの同時固有状態 (10.7) および (10.8) を構成するために，次のように定義される新たな演算子 $J_\pm$ を考える．後述する理由により，これらの演算子 $J_\pm$ は**昇降演算子**と呼ばれる．

昇降演算子

$$J_\pm \equiv J_x \pm i J_y \qquad \text{(複号同順)} \tag{10.10}$$

J_x も J_y も Hermite 演算子なので，$J_x^\dagger = J_x$ であり $J_y^\dagger = J_y$ であるので，

$$J_\pm^\dagger = (J_x \pm i J_y)^\dagger = J_x^\dagger \mp i J_y^\dagger = J_x \mp i J_y = J_\mp \qquad \text{(複号同順)} \tag{10.11}$$

が成り立つ．すなわち，(10.10) で定義される J_+ と J_- は互いに Hermite 共役になっている．J_z と (10.10) の $J_\pm$ の交換関係を考えると，(10.5) に注意すれば，

$$[J_z, J_\pm] = \pm \hbar J_\pm \qquad \text{(複号同順)} \tag{10.12}$$

となることがわかる．

問題 **10.3** (10.5) を用いて，(10.12) を示せ．

交換子の定義を用いて (10.12) を変形すれば，

$$J_z J_\pm = J_\pm J_z \pm \hbar J_\pm \qquad \text{(複号同順)} \tag{10.13}$$

を得る．すると，$|\lambda, \alpha\rangle$ に $J_\pm$ を演算した状態 $J_\pm |\lambda, \alpha\rangle$ について，

$$J_z J_\pm |\lambda, \alpha\rangle \overset{(10.13)}{=} (J_\pm J_z \pm \hbar J_\pm) |\lambda, \alpha\rangle = J_\pm J_z |\lambda, \alpha\rangle \pm \hbar J_\pm |\lambda, \alpha\rangle$$

$$\overset{(10.8)}{=} \alpha \hbar J_\pm |\lambda, \alpha\rangle \pm \hbar J_\pm |\lambda, \alpha\rangle$$

$$= (\alpha \pm 1) \hbar J_\pm |\lambda, \alpha\rangle \qquad \text{(複号同順)} \tag{10.14}$$

が成り立つ．

(10.14) の最左辺と最右辺を見ると，演算子 J_z の固有状態である $|\lambda, \alpha\rangle$ に $J_\pm$ を演算した状態 $J_\pm |\lambda, \alpha\rangle$ は，これもまた J_z の固有状態であり，対応する固有値

が $(\alpha \pm 1)\hbar$（複号同順）であることがわかる．つまり，$J_\pm$ は，J_z の固有値の α を ± 1 だけ昇降させる演算子といえる．これが，(10.10) で定義される $J_\pm$ を昇降演算子と呼ぶ理由である．(10.14) で導かれた昇降演算子 $J_\pm$ の性質は，6.3 節で学んだ 1 次元調和振動子の代数的解法で導入された生成・消滅演算子の持つ性質と同様であることに気づくであろう[3]．昇降演算子を用いると，以下に示すように，演算子 $|\boldsymbol{J}|^2$ と J_z の同時固有状態を構成し，対応する各々の固有値を求めることができる．

★（この★から 255 ページの☆までを飛ばしても，その後の論理を追うことができる．）

　まず，J_z の固有値の上限を調べるために，内積 $\langle \lambda, \alpha | |\boldsymbol{J}|^2 | \lambda, \alpha \rangle$ を考える．まず，(10.7) のように，$|\lambda, \alpha\rangle$ は $|\boldsymbol{J}|^2$ の固有状態でもあるので，

$$\langle \lambda, \alpha | |\boldsymbol{J}|^2 | \lambda, \alpha \rangle \overset{(10.7)}{=} \langle \lambda, \alpha | |\lambda\hbar^2 | \lambda, \alpha \rangle = \lambda\hbar^2 \langle \lambda, \alpha | \lambda, \alpha \rangle \overset{(10.9)}{=} \lambda\hbar^2 \quad (10.15)$$

一方，

$$|\boldsymbol{J}|^2 = J_x^2 + J_y^2 + J_z^2 \quad (10.16)$$

より，

$$\langle \lambda, \alpha | |\boldsymbol{J}|^2 | \lambda, \alpha \rangle = \langle \lambda, \alpha | J_x^2 | \lambda, \alpha \rangle + \langle \lambda, \alpha | J_y^2 | \lambda, \alpha \rangle + \langle \lambda, \alpha | J_z^2 | \lambda, \alpha \rangle \quad (10.17)$$

となるが，(10.17) の右辺第 3 項は，

$$\langle \lambda, \alpha | J_z^2 | \lambda, \alpha \rangle \overset{(10.8)}{=} \langle \lambda, \alpha | (\alpha\hbar)^2 | \lambda, \alpha \rangle = \alpha^2\hbar^2 \langle \lambda, \alpha | \lambda, \alpha \rangle \overset{(10.9)}{=} \alpha^2\hbar^2 \quad (10.18)$$

と表されることがわかる．

　(10.17) の右辺第 1 項については，J_x が Hermite 演算子であること（$J_x = J_x^\dagger$）を用いると，

$$\langle \lambda, \alpha | J_x^2 | \lambda, \alpha \rangle = \langle \lambda, \alpha | J_x J_x | \lambda, \alpha \rangle = \langle \lambda, \alpha | J_x^\dagger J_x | \lambda, \alpha \rangle$$

と表せるが，$\langle \lambda, \alpha | J_x^\dagger$ は $J_x | \lambda, \alpha \rangle$ の Hermite 共役であるので，上式は $J_x | \lambda, \alpha \rangle$ 自身との内積，すなわち，$J_x | \lambda, \alpha \rangle$ のノルムの 2 乗である．ノルムは実数であり，

---

[3] この意味で，生成・消滅演算子も昇降演算子と呼ぶことがある．

実数の 2 乗は非負なので,

$$\langle \lambda, \alpha | J_x^\dagger J_x | \lambda, \alpha \rangle = \| J_x | \lambda, \alpha \rangle \|^2 \geq 0$$

という不等式が成り立つ. 同様に, (10.17) の右辺第 2 項についても,

$$\langle \lambda, \alpha | J_y^2 | \lambda, \alpha \rangle = \langle \lambda, \alpha | J_y^\dagger J_y | \lambda, \alpha \rangle = \| J_y | \lambda, \alpha \rangle \|^2 \geq 0$$

が成り立つので, 結局, (10.15) の右辺と (10.17) の右辺に (10.18) を用いた式から,

$$\lambda \hbar^2 \geq \alpha^2 \hbar^2$$

という不等式が成り立つことがわかる. すなわち,

$$\lambda \geq \alpha^2 \tag{10.19}$$

が成り立ち, α が最大値・最小値を持つことがわかる. α の最大値と最小値を各々 $\alpha_{\max}$ と $\alpha_{\min}$ としよう. このとき, $\lambda \geq \alpha^2 \geq 0$ であるので, 当然

$$\lambda \geq 0 \tag{10.20}$$

である.

ここで, α の最大値 $\alpha_{\max}$ について, $J_+ | \lambda, \alpha_{\max} \rangle$ が存在すること, すなわち,

$$\underline{J_+ | \lambda, \alpha_{\max} \rangle \neq 0 \text{であること}}_{\mathrm{H}}$$

を仮定しよう. この下線部 H の仮定が成り立つと, (10.14) から, $J_+ | \lambda, \alpha_{\max} \rangle$ も J_z の固有状態であり, 対応する固有値は,

$$J_z J_+ | \lambda, \alpha_{\max} \rangle = (\alpha_{\max} + 1) \hbar J_+ | \lambda, \alpha_{\max} \rangle$$

のように, $\alpha_{\max}$ を 1 だけ上昇させた $\alpha_{\max} + 1$ となるのであった. しかし, J_z の固有値 α の最大値を $\alpha_{\max}$ としたのであるから, $\alpha_{\max} + 1$ という固有値を持つ固有状態が存在することは, その事実に矛盾する. この矛盾は, 上述の下線部 H を仮定したために生じたのであるから, 下線部 H の仮定が否定されなければならない. すなわち, 次が成り立つ.

$$J_+ | \lambda, \alpha_{\max} \rangle = 0 \tag{10.21}$$

同様に，α の最小値 $\alpha_{\min}$ について，$J_- |\lambda, \alpha_{\min}\rangle$ が存在することを仮定すると矛盾が生じることから，

$$J_- |\lambda, \alpha_{\min}\rangle = 0 \tag{10.22}$$

が成り立つ．

(10.21) の両辺に J_- を演算した結果はもちろん 0 であるので，

$$
\begin{aligned}
0 = J_- J_+ |\lambda, \alpha_{\max}\rangle &\overset{(10.10)}{=} (J_x - iJ_y)(J_x + iJ_y) |\lambda, \alpha_{\max}\rangle \\
&= (J_x^2 + iJ_x J_y - iJ_y J_x + J_y^2) |\lambda, \alpha_{\max}\rangle \\
&= (J_x^2 + J_y^2 + i\,[J_x, J_y]) |\lambda, \alpha_{\max}\rangle \\
&\overset{(10.5)(10.16)}{=} (|\boldsymbol{J}|^2 - J_z^2 - \hbar J_z) |\lambda, \alpha_{\max}\rangle \\
&\overset{(10.7)(10.8)}{=} (\lambda\hbar^2 - \alpha_{\max}^2 \hbar^2 - \alpha_{\max}\hbar^2) |\lambda, \alpha_{\max}\rangle \\
&= (\lambda - \alpha_{\max}^2 - \alpha_{\max})\hbar^2 |\lambda, \alpha_{\max}\rangle
\end{aligned} \tag{10.23}
$$

となるが，$|\lambda, \alpha_{\max}\rangle \neq 0$ であるので，(10.23) の最左辺と最右辺から，

$$\lambda - \alpha_{\max}^2 - \alpha_{\max} = 0$$

すなわち，

$$\lambda = \alpha_{\max}(\alpha_{\max} + 1) \tag{10.24}$$

が導かれる．同様の論理で，

$$\lambda = \alpha_{\min}(\alpha_{\min} - 1) \tag{10.25}$$

も導かれる．

問題 10.4　(10.23) から (10.24) を導いた論理に倣って，(10.22) の両辺に J_+ を演算することで，(10.25) を導け．

(10.24) の右辺と (10.25) の右辺が等しいことから，

$$\alpha_{\max}(\alpha_{\max} + 1) - \alpha_{\min}(\alpha_{\min} - 1) = 0$$

を得る．この式の左辺を因数分解することで，

$$(\alpha_{\max} + \alpha_{\min})(\alpha_{\max} - \alpha_{\min} + 1) = 0$$

となるので，$\alpha_{\max} = -\alpha_{\min}$ または $\alpha_{\max} = \alpha_{\min} - 1$ が成り立つ．しかし，$\alpha_{\max}$ と $\alpha_{\min}$ の定義から，$\alpha_{\max} \geq \alpha_{\min}$ であり，$\alpha_{\max} = \alpha_{\min} - 1$ となることは許されないため，

$$\alpha_{\min} = -\alpha_{\max} \tag{10.26}$$

が成り立つ．

ここで，J_z の最大固有値である $\alpha_{\max}\hbar$ を持つ固有状態 $|\lambda, \alpha_{\max}\rangle$ に下降演算子 J_- を演算すると，$\alpha_{\max}$ を 1 だけ下降させた $\alpha_{\max} - 1$ という固有値を持つ固有状態が得られ，さらに J_- を繰り返し演算すれば，次々に固有値の小さい状態が得られる．すなわち，

$$J_- |\lambda, \alpha_{\max}\rangle \propto |\lambda, \alpha_{\max} - 1\rangle$$

$$J_-^2 |\lambda, \alpha_{\max}\rangle \propto J_- |\lambda, \alpha_{\max} - 1\rangle \propto |\lambda, \alpha_{\max} - 2\rangle$$

$$J_-^3 |\lambda, \alpha_{\max}\rangle \propto J_- |\lambda, \alpha_{\max} - 2\rangle \propto |\lambda, \alpha_{\max} - 3\rangle$$

$$\vdots$$

となる．α には $\alpha_{\min}$ という最小値があったので，上のような操作は限りなく続けることはできず，

$$J_-^n |\lambda, \alpha_{\max}\rangle \propto |\lambda, \alpha_{\max} - n\rangle \neq 0$$

$$J_-^{n+1} |\lambda, \alpha_{\max}\rangle \propto J_- |\lambda, \alpha_{\max} - n\rangle \propto |\lambda, \alpha_{\max} - (n+1)\rangle = 0$$

の両式を満たすような，ある非負の整数 n が存在することになる．このとき，上の両式を満たす $|\lambda, \alpha_{\max} - n\rangle$ こそ，（10.22) の $|\lambda, \alpha_{\min}\rangle$ であるので，

$$\alpha_{\max} - n = \alpha_{\min} \tag{10.27}$$

が成り立つ[4]. (10.27) に (10.26) を代入すれば,

$$\alpha_{\max} - (-\alpha_{\max}) = 2\alpha_{\max} = n$$

を得る. すなわち, $\alpha_{\max}$ は非負の整数 n の $1/2$ となる. そのような $\alpha_{\max}$ を j と表そう.

$$\alpha_{\max} = j = 0,\ \frac{1}{2},\ 1,\ \frac{3}{2},\ 2,\ \frac{5}{2},\cdots \tag{10.28}$$

(10.24) より, $|\boldsymbol{J}|^2$ の固有値についても, (10.28) の j を用いて,

$$\lambda = j(j+1) \tag{10.29}$$

となるので, 以降では, $|\boldsymbol{J}|^2$ の固有状態も λ でなく j で指定することにして (すなわち, $|\boldsymbol{J}|^2$ の固有状態の量子数を j として), $|\lambda, \alpha\rangle$ を $|j, \alpha\rangle$ と表記しよう. J_z の固有値については, $\alpha_{\min} \leq \alpha \leq \alpha_{\max}$ であったので, (10.28) の j を (10.26) にも用いることで,

$$-j \leq \alpha \leq j \tag{10.30}$$

という上限・下限が定まる.

J_z の固有状態は, 最大固有値を与える $\alpha_{\max} = j$ に対応する $|j, j\rangle$ から, 逐次 J_- を演算させて構成される,

$$|j, j\rangle$$

$$J_- |j, j\rangle \propto |j, j-1\rangle$$

$$J_-^2 |j, j\rangle \propto |j, j-2\rangle$$

$$\vdots$$

$$J_-^{2j} |j, j\rangle \propto |j, -j\rangle$$

---

[4] もし, $\alpha_{\min}$ でない α_{X} について, $\alpha_{\max} - n = \alpha_{\mathrm{X}}$ が成り立つような $|\lambda, \alpha_{\mathrm{X}}\rangle$ が存在するとすれば, その状態にさらに J_- を演算することで, $\alpha_{\min}\hbar$ よりも小さい固有値 $(\alpha_{\mathrm{X}} - 1)\hbar$ に対応する固有状態が存在してしまうことになり, $\alpha_{\min}$ が α の最小値であることに矛盾する.

までの $(2j+1)$ 個の状態のみであり，各々，

$$J_z \left| j,j \right\rangle = j\hbar \left| j,j \right\rangle$$

$$J_z J_- \left| j,j \right\rangle = (j-1)\hbar J_- \left| j,j \right\rangle$$

$$J_z J_-^2 \left| j,j \right\rangle = (j-2)\hbar J_-^2 \left| j,j \right\rangle$$

$$\vdots$$

$$J_z J_-^{2j} \left| j,j \right\rangle = -j\hbar J_-^{2j} \left| j,j \right\rangle$$

が成り立つ．J_z の固有値を与える α を，以降では m と表すと，m は，(10.28) で与えられる各々の j に対して，

$$m = -j, \ -j+1, \ -j+2, \ \cdots, \ j-2, \ j-1, \ j$$

の $(2j+1)$ 個の値をとり得る．以上をまとめると，次のようになる．

(250 ページの★から右の☆までを飛ばしても，この後の論理を追うことができる．)　　　　☆

― $|\boldsymbol{J}|^2$ と J_z の固有値 ―

$$|\boldsymbol{J}|^2 \left| j,m \right\rangle = j(j+1)\hbar^2 \left| j,m \right\rangle \tag{10.31}$$

$$J_z \left| j,m \right\rangle = m\hbar \left| j,m \right\rangle \tag{10.32}$$

$$\begin{cases} j = 0, \ \dfrac{1}{2}, \ 1, \ \dfrac{3}{2}, \ 2, \ \dfrac{5}{2}, \cdots \\[2mm] m = -j, \ -j+1, \ -j+2, \ \cdots, \ j-2, \ j-1, \ j \end{cases} \tag{10.33}$$

　7.2 節の (7.59) と (7.60) と，(10.31) と (10.32) を比較してみると，角運動量の大きさの 2 乗演算子 $|\boldsymbol{L}|^2$ の固有値に現れる方位量子数 ℓ は非負の整数であったが，(10.33) で与えられる量子数 j は非負の整数を含み，さらに，正の半奇数を含んでいることがわかる．つまり，(10.5) の交換関係を満たす演算子 $\boldsymbol{J}$ は，角運動量演算子 $\boldsymbol{L}$ をより一般化した演算子になっていて，その固有状態は，球面調和関数 $Y_\ell^m(\theta,\phi)$ に対応する，非負の整数 ℓ を方位量子数に持つ状態以外に，球面調和関数では表すことのできない半奇数の「方位量子数」を持つ状態を含んでいると

いえる．角運動量演算子 $\boldsymbol{L}$ は，(7.28)・(7.29)・(7.30) に示したような実空間の偏微分演算子で表されるが，半奇数の方位量子数を持つ状態を含むような一般化された角運動量 $\boldsymbol{J}$ は，もはや実空間の偏微分演算子では表すことができない．

10.1.4　スピン演算子

数学的には，半奇数の方位量子数を持つ状態が $|\boldsymbol{J}|^2$ と J_z の固有状態となることが示されたが，自然界に，半奇数の方位量子数を持つような「角運動量」は存在するのであろうか？

実は，自然界に存在する素粒子に固有の**スピン**と呼ばれる物理量が，一般化された角運動量に対応する物理量であることがわかっている．特に，半奇数の方位量子数を持つスピンは，その固有状態が球面調和関数で表されないことからもわかるように，古典的な対応物が存在しない．つまり，粒子の位置と運動量を用いて $\boldsymbol{r} \times \boldsymbol{p}$ のように表される角運動量ではなく，スピン自体が本質的な物理量になっている．一般的な角運動量演算子をスピン演算子の意味で用いるときは，$\boldsymbol{S}$ で表すことがあり，$|\boldsymbol{S}|^2$ の方位量子数を S として，S を**スピンの大きさ**と呼ぶことがある．S を用いて，スピン演算子についての固有方程式を以下のように表す．

$$|\boldsymbol{S}|^2 \,|S, m\rangle = S(S+1)\hbar^2 \,|S, m\rangle$$

$$S_z \,|S, m\rangle = m\hbar \,|S, m\rangle$$

スピンは，相対論的量子力学から導かれる量であり，粒子の統計性にも関連することがわかっている．スピンの大きさ S が整数である粒子は Bose-Einstein（ボース-アインシュタイン）統計に従い，Bose 粒子（ボソン）と呼ばれ，S が半奇数である粒子は Fermi-Dirac（フェルミ-ディラック）統計に従い，Fermi 粒子（フェルミオン）と呼ばれる．

10.2　一般化された角運動量演算子の行列表現

一般化された角運動量演算子 $\boldsymbol{J}$ について，(10.31)・(10.32) を満たす $|\boldsymbol{J}|^2$ と J_z の同時固有状態の組 $\{|j, m\rangle\}$ は，完全正規直交系を成す（j と m は (10.33) で与えられる）．

$$\langle j', m' | j, m \rangle = \delta_{j'j} \delta_{m'm} \tag{10.34}$$

$$\sum_j \sum_m |j, m\rangle \langle j, m| = I \tag{10.35}$$

以下では，$\{|j, m\rangle\}$ を基底とする，一般化された角運動量演算子の行列表現を調べてみよう．

10.2.1　固有状態 $|j, m\rangle$ への昇降演算子 $J_\pm$ の作用

10.1.3 節で見たように，J_+ は J_z の固有値を 1 だけ上昇させた固有状態を与えるので，

$$J_z J_+ |j, m\rangle = (m+1)\hbar J_+ |j, m\rangle \qquad (m \neq j)$$

が成り立つ．つまり，$m \neq j$ であるような m に対して，$J_+ |j, m\rangle$ は，

$$J_+ |j, m\rangle \propto |j, m+1\rangle \qquad (m \neq j)$$

のように，J_z の固有値を与える量子数が $m+1$ である固有状態になっている．上式の比例定数を C_{jm} とすれば，

$$J_+ |j, m\rangle = C_{jm} |j, m+1\rangle \qquad (m \neq j) \tag{10.36}$$

$J_+ |j, m\rangle$ に，さらに J_- を演算すると，

$$J_- J_+ |j, m\rangle \overset{(10.23)}{=} (j(j+1) - m^2 - m)\hbar^2 |j, m\rangle$$

$$= (j-m)(j+m+1)\hbar^2 |j, m\rangle \tag{10.37}$$

(10.37) の両辺と $\langle j, m|$ との内積をとると，

$$\langle j, m | J_- J_+ | j, m\rangle \overset{(10.37)}{=} \langle j, m|(j-m)(j+m+1)\hbar^2|j, m\rangle$$

$$= (j-m)(j+m+1)\hbar^2 \langle j, m | j, m \rangle$$

$$\overset{(10.34)}{=} (j-m)(j+m+1)\hbar^2 \tag{10.38}$$

一方，(10.38) の左辺は，

$$\langle j,m|J_-J_+|j,m\rangle \overset{(10.11)}{=} \langle j,m|J_+^\dagger J_+|j,m\rangle \tag{10.39}$$

となるが，$\langle j,m|J_+^\dagger$ は，(10.36) で表される $J_+|j,m\rangle$ の Hermite 共役であり，

$$\langle j,m|J_+^\dagger = (J_+|j,m\rangle)^\dagger \overset{(10.36)}{=} (C_{jm}|j,m+1\rangle)^\dagger = C_{jm}^* \langle j,m+1|$$

であるので，

$$(10.39) = C_{jm}^*C_{jm}\langle j,m+1|j,m+1\rangle \overset{(10.34)}{=} |C_{jm}|^2 \tag{10.40}$$

となる．

(10.38) と (10.40) より，$|C_{jm}| = \sqrt{(j-m)(j+m+1)}\,\hbar$ となるので，一般性を失うことなく，C_{jm} を実数として，$C_{jm} = \sqrt{(j-m)(j+m+1)}\,\hbar$ ととれる．

$$J_+|j,m\rangle = \sqrt{(j-m)(j+m+1)}\,\hbar|j,m+1\rangle \tag{10.41}$$

(10.36) は，$m \neq j$ であったが，(10.41) では，(10.21) の条件を加えて，$m = j$ も含めている．

問題 **10.5**　　(10.36) と同様に，$J_-|j,m\rangle$ を，比例定数 D_{jm} を用いて，

$$J_-|j,m\rangle = D_{jm}|j,m-1\rangle \quad (m \neq -j)$$

と表して，上式に J_+ を演算して，$\langle j,m|$ との内積をとることで，(10.41) を導いたのと同様の論理を用いて，

$$J_-|j,m\rangle = \sqrt{(j+m)(j-m+1)}\,\hbar|j,m-1\rangle \tag{10.42}$$

を導出せよ．

(10.41) と上の問題で得られた (10.42) をまとめておく．

昇降演算子 $J_\pm$ の $|j,m\rangle$ への作用

$$J_\pm|j,m\rangle = \sqrt{(j\mp m)(j\pm m+1)}\,\hbar|j,m\pm 1\rangle \quad （複号同順） \tag{10.43}$$

(10.41) や (10.42) の導出のように C_{jm} や D_{jm} の位相を選ぶと, 7.2 節の角運動量演算子 $\boldsymbol{L}$ を用いて構成される昇降演算子 $L_\pm$ と, 7.3 節で定義した (7.58) の球面調和関数 $Y_\ell^m(\theta, \phi)$ についても, (10.43) に対応する結果が得られることが確かめられる.

$$\begin{cases} L_\pm = L_x \pm iL_y \overset{(7.28)\,(7.29)}{=} \hbar e^{\pm i\phi}\left(\pm\frac{\partial}{\partial\theta} + i\cot\theta\frac{\partial}{\partial\phi}\right) & \text{(複号同順)} \\ L_\pm Y_\ell^m(\theta, \phi) = \sqrt{(\ell \mp m)(\ell \pm m + 1)}\,\hbar Y_\ell^{m\pm 1}(\theta, \phi) \end{cases}$$

$$(10.44)$$

10.2.2 行列表現の具体例 (その 1)

ある方位量子数 j を固定したとき, j に対して, 磁気量子数 m を $m = -j,\, -j+1,\, -j+2,\, \cdots,\, j-2,\, j-1,\, j$ とした $(2j+1)$ 個の固有状態の組 $\{|j, m\rangle\}$ は, 完全正規直交系を成す.

$$\langle j, m'|j, m\rangle = \delta_{m'm} \qquad (10.45)$$

$$\sum_m |j, m\rangle\langle j, m| = I \qquad (10.46)$$

j を固定した $(2j+1)$ 個の固有状態の組 $\{|j, m\rangle\}$ を基底として, 一般化された角運動量演算子の行列表現を考えよう.

$$\begin{aligned} \langle j, m'|J_\pm|j, m\rangle &\overset{(10.43)}{=} \langle j, m'|\sqrt{(j \mp m)(j \pm m + 1)}\,\hbar|j, m \pm 1\rangle \\ &= \sqrt{(j \mp m)(j \pm m + 1)}\,\hbar\langle j, m'|j, m \pm 1\rangle \\ &\overset{(10.45)}{=} \sqrt{(j \mp m)(j \pm m + 1)}\,\hbar\delta_{m', m \pm 1} \qquad \text{(複号同順)} \end{aligned}$$

$$(10.47)$$

さらに, (10.10) を J_x または J_y について解くと, $J_x = (J_+ + J_-)/2$, および, $J_y = (J_+ - J_-)/(2i)$ となるので,

$$\langle j, m'|J_x|j, m\rangle$$

$$= \frac{1}{2} \left(\sqrt{(j-m)(j+m+1)}\delta_{m',m+1} + \sqrt{(j+m)(j-m+1)}\delta_{m',m-1} \right) \hbar$$

$$\tag{10.48}$$

$$\langle j, m' | J_y | j, m \rangle$$

$$= \frac{1}{2i} \left(\sqrt{(j-m)(j+m+1)}\delta_{m',m+1} - \sqrt{(j+m)(j-m+1)}\delta_{m',m-1} \right) \hbar$$

$$\tag{10.49}$$

$$\langle j, m' | J_z | j, m \rangle \overset{(10.32)\ (10.45)}{=} m\hbar\delta_{m'm} \tag{10.50}$$

を得る.

たとえば, $j = 1$ のとき, $\{|1, m\rangle\}$ $(m = -1, 0, 1)$ を基底として, 一般化された角運動量演算子の具体的な行列表現を求めてみよう. ここでは, $\{|1, m\rangle\}$ $(m = -1, 0, 1)$ の簡略化した表記を $\{|m\rangle\}$ $(m = -1, 0, 1)$ とし, 次の表示を採用する[5].

$$\langle 1| = (1\ 0\ 0), \quad \langle 0| = (0\ 1\ 0), \quad \langle -1| = (0\ 0\ 1)$$

$$|1\rangle = \begin{pmatrix} 1 \\ 0 \\ 0 \end{pmatrix}, \quad |0\rangle = \begin{pmatrix} 0 \\ 1 \\ 0 \end{pmatrix}, \quad |-1\rangle = \begin{pmatrix} 0 \\ 0 \\ 1 \end{pmatrix}$$

まず, (10.47) を用いて $J_\pm$ の行列表現は,

$$J_+ = \begin{pmatrix} \langle 1|J_+|1\rangle & \langle 1|J_+|0\rangle & \langle 1|J_+|-1\rangle \\ \langle 0|J_+|1\rangle & \langle 0|J_+|0\rangle & \langle 0|J_+|-1\rangle \\ \langle -1|J_+|1\rangle & \langle -1|J_+|0\rangle & \langle -1|J_+|-1\rangle \end{pmatrix} = \hbar \begin{pmatrix} 0 & \sqrt{2} & 0 \\ 0 & 0 & \sqrt{2} \\ 0 & 0 & 0 \end{pmatrix} \tag{10.51}$$

$$J_- = \begin{pmatrix} \langle 1|J_-|1\rangle & \langle 1|J_-|0\rangle & \langle 1|J_-|-1\rangle \\ \langle 0|J_-|1\rangle & \langle 0|J_-|0\rangle & \langle 0|J_-|-1\rangle \\ \langle -1|J_-|1\rangle & \langle -1|J_-|0\rangle & \langle -1|J_-|-1\rangle \end{pmatrix} = \hbar \begin{pmatrix} 0 & 0 & 0 \\ \sqrt{2} & 0 & 0 \\ 0 & \sqrt{2} & 0 \end{pmatrix} \tag{10.52}$$

---

[5] もちろん, たとえば, ブラについて, $\langle -1| = (1\ 0\ 0)$, $\langle 0| = (0\ 1\ 0)$, $\langle 1| = (0\ 0\ 1)$ という表示を採用するなど, 採用する表示には任意性がある.

となる. さらに, (10.48)・(10.49)・(10.50) より,

$$J_x = \frac{1}{2}(J_+ + J_-) = \frac{\hbar}{\sqrt{2}} \begin{pmatrix} 0 & 1 & 0 \\ 1 & 0 & 1 \\ 0 & 1 & 0 \end{pmatrix} \tag{10.53}$$

$$J_y = \frac{1}{2i}(J_+ - J_-) = \frac{\hbar}{\sqrt{2}} \begin{pmatrix} 0 & -i & 0 \\ i & 0 & -i \\ 0 & i & 0 \end{pmatrix} \tag{10.54}$$

$$J_z = \hbar \begin{pmatrix} 1 & 0 & 0 \\ 0 & 0 & 0 \\ 0 & 0 & -1 \end{pmatrix} \tag{10.55}$$

となる. (10.53)・(10.54)・(10.55) から $|\boldsymbol{J}|^2 = J_x^2 + J_y^2 + J_z^2$ を求めると,

$$|\boldsymbol{J}|^2 = 2\hbar^2 \begin{pmatrix} 1 & 0 & 0 \\ 0 & 1 & 0 \\ 0 & 0 & 1 \end{pmatrix} \tag{10.56}$$

となることが確かめられる (以下の問題 10.7 参照). (10.55) と (10.56) から, $|\boldsymbol{J}|^2$ と J_z の同時固有状態である $\{|m\rangle\}$ $(m = -1, 0, 1)$ を基底とする行列表現が, 各々の固有値をそれらの対角成分に持つ対角行列となっていることが確かめられる ($j = 1$ なので, $j(j+1) = 2$ であることに注意せよ).

> **問題 10.6** (10.53)・(10.54)・(10.55) の行列表現から, 行列の演算により $|\boldsymbol{J}|^2 = J_x^2 + J_y^2 + J_z^2$ を計算し, (10.56) を確かめよ.

> **問題 10.7** (10.53)・(10.54)・(10.55) の行列表現から, 行列の演算により, (10.5) の交換関係が成り立つことを確かめよ.

10.2.3 行列表現の具体例 (その 2)

本節では, 一般化された角運動量演算子をスピン演算子として $\boldsymbol{S} = (S_x, S_y, S_z)$ で表し, 方位量子数をスピンの大きさと呼ぶことにして, S で表す. ここでは,

特に電子を念頭に置くことにしよう．電子は，そのスピンの大きさ S が $S = 1/2$ である Fermi 粒子であることがわかっている．$S = 1/2$ のとき，$|\boldsymbol{S}|^2$ と S_z の同時固有状態は，$m = 1/2$ と $m = -1/2$ に対応する２つであるが，慣例的に，$m = 1/2$ と $m = -1/2$ に対応する状態を，各々↑（上向き：アップ）スピン状態と↓（下向き：ダウン）スピン状態と呼ぶことがある．それらの固有状態を $|{\uparrow}\rangle$ と $|{\downarrow}\rangle$ と表記し，各々，

$$|{\uparrow}\rangle \equiv \left|\frac{1}{2}, \frac{1}{2}\right\rangle = \begin{pmatrix} 1 \\ 0 \end{pmatrix} \tag{10.57}$$

$$|{\downarrow}\rangle \equiv \left|\frac{1}{2}, -\frac{1}{2}\right\rangle = \begin{pmatrix} 0 \\ 1 \end{pmatrix} \tag{10.58}$$

という表示を用いて表そう[6]．つまり，S_z についての固有値方程式は，

$$\begin{cases} S_z |{\uparrow}\rangle = \dfrac{1}{2}\hbar |{\uparrow}\rangle \\ S_z |{\downarrow}\rangle = -\dfrac{1}{2}\hbar |{\downarrow}\rangle \end{cases} \tag{10.59}$$

となる．この表示の下では，$\{|{\uparrow}\rangle, |{\downarrow}\rangle\}$ を基底とする $S_\pm$ の行列表現は，

$$S_+ = \begin{pmatrix} \langle{\uparrow}|S_+|{\uparrow}\rangle & \langle{\uparrow}|S_+|{\downarrow}\rangle \\ \langle{\downarrow}|S_+|{\uparrow}\rangle & \langle{\downarrow}|S_+|{\downarrow}\rangle \end{pmatrix} = \hbar \begin{pmatrix} 0 & 1 \\ 0 & 0 \end{pmatrix} \tag{10.60}$$

$$S_- = \begin{pmatrix} \langle{\uparrow}|S_-|{\uparrow}\rangle & \langle{\uparrow}|S_-|{\downarrow}\rangle \\ \langle{\downarrow}|S_-|{\uparrow}\rangle & \langle{\downarrow}|S_-|{\downarrow}\rangle \end{pmatrix} = \hbar \begin{pmatrix} 0 & 0 \\ 1 & 0 \end{pmatrix} \tag{10.61}$$

となり，S_x, S_y, S_z の行列表現，および，それらを用いた $|\boldsymbol{S}|^2 = S_x^2 + S_y^2 + S_z^2$ の行列表現は，次のようになる．

---

[6] 書物によっては，$|{\uparrow}\rangle$ を $|+\rangle$，$|{\downarrow}\rangle$ を $|-\rangle$ と表すこともある．

スピンの大きさ $S = 1/2$ のスピン演算子の行列表現

$$S_x = \frac{1}{2}\hbar \begin{pmatrix} 0 & 1 \\ 1 & 0 \end{pmatrix} \tag{10.62}$$

$$S_y = \frac{1}{2}\hbar \begin{pmatrix} 0 & -i \\ i & 0 \end{pmatrix} \tag{10.63}$$

$$S_z = \frac{1}{2}\hbar \begin{pmatrix} 1 & 0 \\ 0 & -1 \end{pmatrix} \tag{10.64}$$

$$|\boldsymbol{S}|^2 = \frac{3}{4}\hbar^2 \begin{pmatrix} 1 & 0 \\ 0 & 1 \end{pmatrix} \tag{10.65}$$

$\hbar$ を単位 ($\hbar = 1$) とする単位系 (自然単位系) では, (10.59) は,

$$S_z \left|\uparrow\right\rangle = \frac{1}{2}\left|\uparrow\right\rangle \quad \Leftrightarrow \quad \frac{1}{2}\begin{pmatrix} 1 & 0 \\ 0 & -1 \end{pmatrix}\begin{pmatrix} 1 \\ 0 \end{pmatrix} = \frac{1}{2}\begin{pmatrix} 1 \\ 0 \end{pmatrix}$$

$$S_z \left|\downarrow\right\rangle = -\frac{1}{2}\left|\downarrow\right\rangle \quad \Leftrightarrow \quad \frac{1}{2}\begin{pmatrix} 1 & 0 \\ 0 & -1 \end{pmatrix}\begin{pmatrix} 0 \\ 1 \end{pmatrix} = -\frac{1}{2}\begin{pmatrix} 0 \\ 1 \end{pmatrix}$$

となり, 昇降演算子 $S_\pm$ の固有状態 $\left|\uparrow\right\rangle$ と $\left|\downarrow\right\rangle$ への作用は,

$$S_+ \left|\uparrow\right\rangle = 0 \quad \Leftrightarrow \quad \begin{pmatrix} 0 & 1 \\ 0 & 0 \end{pmatrix}\begin{pmatrix} 1 \\ 0 \end{pmatrix} = \begin{pmatrix} 0 \\ 0 \end{pmatrix}$$

$$S_+ \left|\downarrow\right\rangle = \left|\uparrow\right\rangle \quad \Leftrightarrow \quad \begin{pmatrix} 0 & 1 \\ 0 & 0 \end{pmatrix}\begin{pmatrix} 0 \\ 1 \end{pmatrix} = \begin{pmatrix} 1 \\ 0 \end{pmatrix}$$

$$S_- \left|\uparrow\right\rangle = \left|\downarrow\right\rangle \quad \Leftrightarrow \quad \begin{pmatrix} 0 & 0 \\ 1 & 0 \end{pmatrix}\begin{pmatrix} 1 \\ 0 \end{pmatrix} = \begin{pmatrix} 0 \\ 1 \end{pmatrix}$$

$$S_- \left|\downarrow\right\rangle = 0 \quad \Leftrightarrow \quad \begin{pmatrix} 0 & 0 \\ 1 & 0 \end{pmatrix}\begin{pmatrix} 0 \\ 1 \end{pmatrix} = \begin{pmatrix} 0 \\ 0 \end{pmatrix}$$

と，簡易に表せる．

また，この表示で，$S = 1/2$ のスピン演算子を $\boldsymbol{S} = \boldsymbol{\sigma}/2$ と表したときのベクトル $\boldsymbol{\sigma}$ の各成分となる2行2列の行列を，**Pauli 行列**と呼ぶ．

┌─ Pauli 行列 ────────────────────────

$$\boldsymbol{\sigma} = (\sigma_x, \sigma_y, \sigma_z) \tag{10.66}$$

$$\sigma_x = \begin{pmatrix} 0 & 1 \\ 1 & 0 \end{pmatrix} \tag{10.67}$$

$$\sigma_y = \begin{pmatrix} 0 & -i \\ i & 0 \end{pmatrix} \tag{10.68}$$

$$\sigma_z = \begin{pmatrix} 1 & 0 \\ 0 & -1 \end{pmatrix} \tag{10.69}$$

Pauli 行列には，以下に示すような，様々な性質がある．スピン演算子 $\boldsymbol{S}$ は一般化された角運動量演算子であり，交換関係 (10.5) を満たすので，$\boldsymbol{\sigma} = 2\boldsymbol{S}$ で与えられる Pauli 行列 $\boldsymbol{\sigma}$ は次を満たす．

┌─ Pauli 行列の交換関係 ────────────────────

$$\begin{cases} [\sigma_x, \sigma_y] = 2i\sigma_z \\ [\sigma_y, \sigma_z] = 2i\sigma_x \\ [\sigma_z, \sigma_x] = 2i\sigma_y \end{cases} \tag{10.70}$$

演算子 A と B に対して，$[A, B] = AB - BA$ を A と B の交換子と呼んだが，

$$\{A, B\} \equiv AB + BA$$

で定義される演算子 $\{A, B\}$ を，A と B の**反交換子**と呼ぶ[7]． (10.67)・(10.68)・(10.69) の行列表現を用いると，次の反交換関係を示すことができる（以下の問題

---

[7] 反交換子の記号は書物によって異なる．

10.8 参照).

Pauli 行列の反交換関係

$$\begin{cases} \{\sigma_x, \sigma_y\} = 0 \\ \{\sigma_y, \sigma_z\} = 0 \\ \{\sigma_z, \sigma_x\} = 0 \end{cases} \tag{10.71}$$

(10.70) と (10.71) から,

$$\sigma_x \sigma_y = i\sigma_z, \qquad \sigma_y \sigma_z = i\sigma_x, \qquad \sigma_z \sigma_x = i\sigma_y$$

が示される. さらに, (10.67)・(10.68)・(10.69) の行列表現からは, 次の性質も示される (以下の問題 10.8 参照).

$$\sigma_x^2 = \sigma_y^2 = \sigma_z^2 = I \tag{10.72}$$

$\mu = x, y, z$ について, Pauli 行列は Hermite 行列 $\sigma_\mu^\dagger = \sigma_\mu$ であるので, (10.72) は, σ_μ が (9.55) を満たすユニタリ行列であることを示しているともいえる.

Pauli 行列のユニタリ性

$$\sigma_\mu^\dagger \sigma_\mu = \sigma_\mu \sigma_\mu^\dagger = I \qquad (\mu = x, y, z) \tag{10.73}$$

| 問題 **10.8** | (10.67)・(10.68)・(10.69) の行列表現について, 行列の演算を用いて, (10.71) および (10.72) を示せ.

10.3 【発展】スピンの量子化軸

10.3.1 スピン演算子の行列表現の基底と量子化軸

10.2.3 節の (10.57) と (10.58) で定義した $|\uparrow\rangle$ と $|\downarrow\rangle$ は, (10.64)・(10.65) で見たように, $|\boldsymbol{S}|^2$ と S_z を同時対角化する固有状態であった. 9.3.2 節でも学んだように, S_z の固有状態 $\{|\uparrow\rangle, |\downarrow\rangle\}$ を基底とする表示では, S_z の行列表現が対角行列になるので, このような表示を S_z を対角化する表示と呼ぶ. S_z を対角化する表

示では，S_z と非可換な演算子である S_x と S_y の行列表現は，(10.62) と (10.63) で示したように，もちろん対角行列にはならない．

以降では，(10.57) と (10.58) で定義される $|\uparrow\rangle$ と $|\downarrow\rangle$ を，S_z の固有状態であることを強調して，各々 $|\uparrow; z\rangle$ と $|\downarrow; z\rangle$ と表すことにして，S_z を対角化する表示，すなわち，S_z の固有状態 $\{|\uparrow; z\rangle, |\downarrow; z\rangle\}$ を基底とする

$$|\uparrow; z\rangle = \begin{pmatrix} 1 \\ 0 \end{pmatrix}, \quad |\downarrow; z\rangle = \begin{pmatrix} 0 \\ 1 \end{pmatrix} \tag{10.74}$$

という表示で，S_x の固有状態を表してみよう．この表示では，S_x の行列表現は (10.62) であるので，固有値を λ とした固有方程式は，

$$\det(\lambda I - S_x) = \det\left(\begin{pmatrix} \lambda & 0 \\ 0 & \lambda \end{pmatrix} - \frac{1}{2} \begin{pmatrix} 0 & 1 \\ 1 & 0 \end{pmatrix} \right) = \begin{vmatrix} \lambda & -\frac{1}{2} \\ -\frac{1}{2} & \lambda \end{vmatrix} = \lambda^2 - \frac{1}{4} = 0$$

となり，S_z の固有方程式 (10.59) と同様に，S_x の固有値も $\lambda = \pm 1/2$ と得られる[8]．このとき，$\lambda = \pm 1/2$ の固有値に対応する固有ベクトルを，複号同順で $\begin{pmatrix} x_1^\pm \\ x_2^\pm \end{pmatrix}$ とすれば，固有方程式は，

$$\frac{1}{2} \begin{pmatrix} 0 & 1 \\ 1 & 0 \end{pmatrix} \begin{pmatrix} x_1^\pm \\ x_2^\pm \end{pmatrix} = \pm \frac{1}{2} \begin{pmatrix} x_1^\pm \\ x_2^\pm \end{pmatrix} \quad \text{(複号同順)}$$

となるので，$x_2^\pm = \pm x_1^\pm$ (複号同順) を得る．規格化定数を $a_\pm \equiv x_1^\pm$ とおけば，規格化条件は

$$(a_\pm^* \quad \pm a_\pm^*) \begin{pmatrix} a_\pm \\ \pm a_\pm \end{pmatrix} = 2|a_\pm|^2 = 1$$

となるので，一般性を失うことなく $a_\pm \in \mathbb{R}$ として，$a_\pm = 1/\sqrt{2}$ を得る．つまり，$\lambda = \pm 1/2$ の固有値に対応する固有ベクトルは，複号同順で $\dfrac{1}{\sqrt{2}} \begin{pmatrix} 1 \\ \pm 1 \end{pmatrix}$ と

---

[8] $\hbar = 1$ としたことに注意せよ．

なる．S_z の固有状態と同様に，S_x についても，その固有値 $\lambda = 1/2$ に対応する固有状態を $|\uparrow; x\rangle$，$\lambda = -1/2$ に対応する固有状態を $|\downarrow; x\rangle$ と表記すると，S_z を対角化する表示でのそれらの行列表現（ベクトル表現）は，

$$|\uparrow; x\rangle = \frac{1}{\sqrt{2}} \begin{pmatrix} 1 \\ 1 \end{pmatrix}, \quad |\downarrow; x\rangle = \frac{1}{\sqrt{2}} \begin{pmatrix} 1 \\ -1 \end{pmatrix} \tag{10.75}$$

と表されることがわかる．

S_z も S_x も，共に同様の固有方程式

$$S_z |\uparrow; z\rangle = \frac{1}{2} |\uparrow; z\rangle, \quad S_z |\downarrow; z\rangle = -\frac{1}{2} |\downarrow; z\rangle \tag{10.76}$$

$$S_x |\uparrow; x\rangle = \frac{1}{2} |\uparrow; x\rangle, \quad S_x |\downarrow; x\rangle = -\frac{1}{2} |\downarrow; x\rangle \tag{10.77}$$

を満たすという意味では，スピン演算子の z 成分も x 成分もどちらも対等である．S_z はスピン演算子の z 軸正方向への射影でもあるので，S_z の固有状態 $\{|\uparrow; z\rangle, |\downarrow; z\rangle\}$ を基底とする (10.74) の表示を，慣例的に「z 軸を量子化軸とする表示」と呼ぶことがある．z 軸を量子化軸とする表示では，S_x の固有状態は (10.75) と表されるが，z 軸が特別なわけではないので，たとえば，S_x の固有状態 $\{|\uparrow; x\rangle, |\downarrow; x\rangle\}$ を基底とする表示，すなわち，x 軸を量子化軸とする表示では，S_x の固有状態が

$$|\uparrow; x\rangle = \begin{pmatrix} 1 \\ 0 \end{pmatrix}, \quad |\downarrow; x\rangle = \begin{pmatrix} 0 \\ 1 \end{pmatrix}$$

と表されることになり，この表示では S_x の行列表現が対角行列となることに注意しよう．

10.3.2　スピン演算子の固有状態と連結 Stern-Gerlach 装置

スピン演算子の固有状態に関連して，Stern（シュテルン：1943 年 ノーベル物理学賞受賞）-Gerlach（ゲルラッハ）の実験を紹介しよう[9]．　z 軸方向に磁場勾

---

[9] 本節の内容は，[11] の 1 章を参考にした．

配を持つ非一様磁場中に銀原子を入射させると，非一様磁場を透過した銀原子線（透過線）がz軸方向に2つに分裂して観測されるという実験である．

銀原子はその最外殻電子の持つスピンに由来する磁気モーメントを持ち，磁場中でその磁気モーメントに応じた力を受けて，軌道がz軸方向に曲げられる．銀原子の磁気モーメントが古典的な角運動量に起因するならば，角運動量は連続的な量なので，それに応じて，透過線で観測される銀原子の分布もz軸方向に連続的に広がったものになるはずである．しかし実際には銀原子は連続的には分布せず，2つに分裂して観測された．すなわち，この事実は古典的には理解することができない．歴史的には，この実験事実から，古典的には理解できない角運動量に相当する，スピンという物理量が存在すると考えられるようになった．

ここでは，銀原子の磁気モーメントが最外殻電子のスピンに由来する理由や，銀原子の入射線の軌道が非一様磁場で曲げられる理由などの詳細には一切触れず，便宜的に，銀原子の持つ磁気モーメントを銀原子のスピンと呼び，入射線の銀原子のスピンに応じて，透過線がz軸方向に2つに分裂することのみに着目しよう．

銀原子のスピンを10.3.1節で扱ったスピン演算子の固有状態と対応させると，スピン演算子のz成分S_zの固有値が$1/2$となる銀原子（これを簡単に$z\uparrow$銀原子と呼ぼう）の透過線の軌道はz軸正方向に曲げられ，S_zの固有値が$-1/2$となる銀原子（$z\downarrow$銀原子と呼ぶ）の透過線の軌道はz軸負方向に曲げられる．そこで，うまく細工をすることで，z軸負方向に曲げられた透過線のみを遮れば，最終的に$z\uparrow$銀原子のみが透過し，逆に，z軸正方向に曲げられた透過線のみを遮れば，最終的に$z\downarrow$銀原子のみが透過することになる．

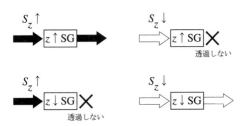

図10.1 z軸を量子化軸とするSG装置

このシステムを透過線の銀原子のスピンに応じた「フィルター」として機能さ

せて，SG (Stern-Gerlach) 装置と呼ぶことにしよう．$z\uparrow$ 銀原子のみを透過させる SG 装置を $z\uparrow$SG 装置，$z\downarrow$ 銀原子のみを透過させる SG 装置を $z\downarrow$SG 装置として，これらを z 軸を量子化軸とする SG 装置と呼ぼう（図10.1）．図10.1では，$z\uparrow$ 銀原子の入射線・透過線を黒の矢印で，$z\downarrow$ 銀原子の入射線・透過線を白の矢印で，各々表してある．

S_z の固有状態 $\{|\uparrow;z\rangle , |\downarrow;z\rangle\}$ は完全正規直交系を成すので，

$$\langle\uparrow;z|\uparrow;z\rangle = \langle\downarrow;z|\downarrow;z\rangle = 1, \quad \langle\uparrow;z|\downarrow;z\rangle = 0, \quad \langle\downarrow;z|\uparrow;z\rangle = 0 \quad (10.78)$$

$$|\uparrow;z\rangle\langle\uparrow;z| + |\downarrow;z\rangle\langle\downarrow;z| = I \tag{10.79}$$

が成り立ち，任意の規格化されたスピン状態 $|\phi\rangle$ は，

$$|\phi\rangle = I|\phi\rangle \overset{(10.79)}{=} (|\uparrow;z\rangle\langle\uparrow;z| + |\downarrow;z\rangle\langle\downarrow;z|)|\phi\rangle$$

$$= \langle\uparrow;z|\phi\rangle |\uparrow;z\rangle + \langle\downarrow;z|\phi\rangle |\downarrow;z\rangle$$

と展開される．また，$|\phi\rangle$ の規格化条件から，

$$\langle\phi|\phi\rangle = \langle\phi|I|\phi\rangle \overset{(10.79)}{=} \langle\phi|(|\uparrow;z\rangle\langle\uparrow;z| + |\downarrow;z\rangle\langle\downarrow;z|)|\phi\rangle$$

$$= |\langle\uparrow;z|\phi\rangle|^2 + |\langle\downarrow;z|\phi\rangle|^2 = 1$$

が成り立つ（$\langle\phi|\uparrow;z\rangle = \langle\uparrow;z|\phi\rangle^*$ などに注意せよ）．

4.2.2 節で学んだ射影演算子を思い出すと，z 軸を量子化軸とする SG 装置は，まさに S_z の固有状態への射影演算子に対応している．つまり，$z\uparrow$SG 装置は，S_z の固有値が $1/2$ となる状態への射影演算子 $|\uparrow;z\rangle\langle\uparrow;z|$ に対応し，$z\downarrow$SG 装置は，S_z の固有値が $-1/2$ となる状態への射影演算子 $|\downarrow;z\rangle\langle\downarrow;z|$ に対応する．

たとえば，入射線に対応するスピン状態 $|\phi_{\mathrm{init}}\rangle$ が，すべて S_z の固有値が $1/2$ となる状態だったとしよう．すなわち，入射線の銀原子はすべて $z\uparrow$ 銀原子で，

$$|\phi_{\mathrm{init}}\rangle = |\uparrow;z\rangle \tag{10.80}$$

と表されたとする．この入射線を，射影演算子 $|\uparrow;z\rangle\langle\uparrow;z|$ に対応する $z\uparrow$SG 装置に入射させると，その透過線の銀原子のスピンを表す状態（$|\phi_{z\uparrow}\rangle$ とする）は，

$|\phi_{\text{init}}\rangle$ に射影演算子 $|\uparrow; z\rangle \langle \uparrow; z|$ を演算して,

$$|\phi_{z\uparrow}\rangle = |\uparrow; z\rangle \langle \uparrow; z|\phi_{\text{init}}\rangle \overset{(10.80)}{=} |\uparrow; z\rangle \langle \uparrow; z| \uparrow; z\rangle \overset{(10.78)}{=} |\uparrow; z\rangle \qquad (10.81)$$

と得られる. (10.81) から, 透過線の銀原子のスピン状態は, $z\uparrow$SG 装置を透過しても入射線から変化せず, $z\uparrow$銀原子の入射線は完全に $z\uparrow$SG 装置を透過することがわかる.

一方, この入射線を, 射影演算子 $|\downarrow; z\rangle \langle \downarrow; z|$ に対応する $z\downarrow$SG 装置に入射させると, その透過線の銀原子のスピンを表す状態 ($|\phi_{z\downarrow}\rangle$ とする) は, $|\phi_{\text{init}}\rangle$ に射影演算子 $|\downarrow; z\rangle \langle \downarrow; z|$ を演算して,

$$|\phi_{z\downarrow}\rangle = |\downarrow; z\rangle \langle \downarrow; z|\phi_{\text{init}}\rangle \overset{(10.80)}{=} |\downarrow; z\rangle \langle \downarrow; z| \uparrow; z\rangle \overset{(10.78)}{=} 0 \qquad (10.82)$$

となるので, $z\uparrow$銀原子の入射線は $z\downarrow$SG 装置を全く透過しない. 図 10.1 ではこれらの状況を模式的に表している.

以上の z 軸を量子化軸とする SG 装置についての議論は, x 軸を量子化軸とする SG 装置についても同様に成り立つ. そこで, (10.80) で表されるスピン状態の入射線 (すべて $z\uparrow$銀原子) を, $x\uparrow$SG 装置に入射させた場合を考えよう. $x\uparrow$SG 装置は射影演算子 $|\uparrow; x\rangle \langle \uparrow; x|$ に対応するので, $x\uparrow$SG 装置の透過線の銀原子のスピンを表す状態 $|\phi_{x\uparrow}\rangle$ は, $|\phi_{\text{init}}\rangle$ に射影演算子 $|\uparrow; x\rangle \langle \uparrow; x|$ を演算して,

$$|\phi_{x\uparrow}\rangle = |\uparrow; x\rangle \langle \uparrow; x|\phi_{\text{init}}\rangle \overset{(10.80)}{=} |\uparrow; x\rangle \langle \uparrow; x| \uparrow; z\rangle \qquad (10.83)$$

と得られる. ここで, 前節 10.3.1 の (10.75) を思い出そう. (10.75) は S_z の固有状態 $\{|\uparrow; z\rangle, |\downarrow; z\rangle\}$ を基底とする表示 (10.74) で表されているので, $|\uparrow; x\rangle$ や $|\downarrow; x\rangle$ (または, その Hermite 共役である $\langle \uparrow; x|$ や $\langle \downarrow; x|$) は,

$$|\uparrow; x\rangle = \frac{1}{\sqrt{2}}|\uparrow; z\rangle + \frac{1}{\sqrt{2}}|\downarrow; z\rangle \overset{\text{H.c.}}{\Longleftrightarrow} \langle \uparrow; x| = \frac{1}{\sqrt{2}}\langle \uparrow; z| + \frac{1}{\sqrt{2}}\langle \downarrow; z|$$
$$(10.84)$$

$$|\downarrow; x\rangle = \frac{1}{\sqrt{2}}|\uparrow; z\rangle - \frac{1}{\sqrt{2}}|\downarrow; z\rangle \overset{\text{H.c.}}{\Longleftrightarrow} \langle \downarrow; x| = \frac{1}{\sqrt{2}}\langle \uparrow; z| - \frac{1}{\sqrt{2}}\langle \downarrow; z|$$
$$(10.85)$$

と表すことができる. これらを用いれば, (10.83) から, $|\phi_{x\uparrow}\rangle$ は

$$|\phi_{x\uparrow}\rangle \overset{(10.84)}{=} \left(\frac{1}{\sqrt{2}} |{\uparrow}; z\rangle + \frac{1}{\sqrt{2}} |{\downarrow}; z\rangle \right) \left(\frac{1}{\sqrt{2}} \langle{\uparrow}; z| + \frac{1}{\sqrt{2}} \langle{\downarrow}; z| \right) |{\uparrow}; z\rangle$$

$$\overset{(10.78)}{=} \frac{1}{\sqrt{2}} \left(\frac{1}{\sqrt{2}} |{\uparrow}; z\rangle + \frac{1}{\sqrt{2}} |{\downarrow}; z\rangle \right) = \frac{1}{2} |{\uparrow}; z\rangle + \frac{1}{2} |{\downarrow}; z\rangle \qquad (10.86)$$

となる.

さらに, (10.86) で与えられる $x\,{\uparrow}$SG 装置の透過線 (その銀原子のスピン状態が $|\phi_{x\uparrow}\rangle$ で表される) を, 続けて $z\,{\downarrow}$SG 装置に入射させてみよう. 最初の入射線はすべて $z\,{\uparrow}$ 銀原子だったから, 最後に $z\,{\downarrow}$SG 装置に入射させても銀原子は装置を透過しないはずであろう ($z\,{\uparrow}$ 銀原子は $z\,{\downarrow}$SG 装置を透過できないことを (10.82) で見た). このとき, $x\,{\uparrow}$SG 装置と $z\,{\downarrow}$SG 装置を順に透過してきた最終的な透過線の銀原子のスピン状態を $|\phi_{\mathrm{final}}\rangle$ と表すと, $|\phi_{\mathrm{final}}\rangle$ は, $x\,{\uparrow}$SG 装置の透過線の銀原子のスピン状態 $|\phi_{x\uparrow}\rangle$ に射影演算子 $|{\downarrow}; z\rangle \langle{\downarrow}; z|$ を演算することで, 次のように得られる.

$$|\phi_{\mathrm{final}}\rangle = |{\downarrow}; z\rangle \langle{\downarrow}; z|\phi_{x\uparrow}\rangle \overset{(10.86)}{=} |{\downarrow}; z\rangle \langle{\downarrow}; z| \left(\frac{1}{2} |{\uparrow}; z\rangle + \frac{1}{2} |{\downarrow}; z\rangle \right) \overset{(10.78)}{=} \frac{1}{2} |{\downarrow}; z\rangle$$

$$(10.87)$$

(10.87) は, 最初の入射線がすべて $z\,{\uparrow}$ 銀原子だったにもかかわらず, 最終的には, $z\,{\downarrow}$SG 装置を透過する銀原子が存在することを意味する. すなわち, (10.83) を用いて (10.87) を表せば,

$$|\phi_{\mathrm{final}}\rangle = |{\downarrow}; z\rangle \langle{\downarrow}; z|\phi_{x\uparrow}\rangle \overset{(10.83)}{=} |{\downarrow}; z\rangle \langle{\downarrow}; z| {\uparrow}; x\rangle \langle{\uparrow}; x|\phi_{\mathrm{init}}\rangle = \frac{1}{2} |{\downarrow}; z\rangle$$

となり, すべて $z\,{\uparrow}$ 銀原子から成る入射線を, $x\,{\uparrow}$SG 装置と $z\,{\downarrow}$SG 装置の連結SG 装置に透過させると, 透過線は $z\,{\downarrow}$ 銀原子になってしまうことになる. これは, 古典的な粒子描像では全く理解できない不思議な結果である (図10.2).

SG 装置の順序を変えてみると、状況の不思議さがよくわかる. 図10.3のように, 先に $z\,{\downarrow}$SG 装置に入射させると, (10.82) で確かめたように, そもそも $z\,{\uparrow}$ 銀原子は $z\,{\downarrow}$SG 装置を透過できないので, 最終的な透過線も存在しない. SG 装置の連結の順序で結果が全く異なってしまうことからも, 古典的な理解ができない現象であることがわかる.

図10.2　$x\uparrow$SG 装置から $z\downarrow$SG 装置への連結 SG 装置

$$S_z\uparrow$$

$$\boxed{z\downarrow\text{SG}}\times\quad\boxed{x\uparrow\text{SG}}\times$$

図10.3　$z\downarrow$SG 装置から $x\uparrow$SG 装置への連結 SG 装置

連結 SG 装置の結果は，量子力学の重ね合わせの原理から導かれるものであり，重ね合わせという概念のない古典的な粒子描像では理解できないのは当然である．一番の鍵は，$x\uparrow$SG 装置を透過した透過線の銀原子のスピン状態 $|\phi_{x\uparrow}\rangle$ である．(10.86) は，$x\uparrow$SG 装置を透過した透過線の銀原子のスピン状態 $|\phi_{x\uparrow}\rangle$ が，S_z の固有状態の重ね合わせになっていることを示している．

元々，入射線の銀原子のスピン状態は，S_z の固有状態である $|\uparrow;z\rangle$ であったが，$x\uparrow$SG 装置はあくまで<u>x軸を量子化軸とする</u>SG 装置であるため，$x\uparrow$SG 装置を透過した透過線の銀原子のスピン状態は，決して S_z の固有状態にはなっておらず，それらの重ね合わせになってしまうのである．図10.1 では，入射線・透過線を表す矢印の色を，S_z の固有状態で区別して，$z\uparrow$銀原子は黒，$z\downarrow$銀原子は白で示した．この色の区別はあくまで S_z の固有状態での区別であり，図10.2 では，$x\uparrow$SG 装置からの透過線を表す矢印の色を区別できない[10]．　$x\uparrow$SG 装置を透過した透過線の銀原子のスピン状態 $|\phi_{x\uparrow}\rangle$ は，　(10.86) で示したように，S_z の固有状態 $|\uparrow;z\rangle$ と $|\downarrow;z\rangle$ を同じ重み（係数）で重ね合わせた状態になっているので，図10.2 では $x\uparrow$SG 装置を透過した透過線を表す矢印をグレーで示したが，これはあくまで便宜的なものである．

図10.1・10.2 では，模式的に入射線・透過線を表す矢印の線幅に各々の強度を対応させてある．入射線のスピン状態が $\langle\phi_{\text{init}}|\phi_{\text{init}}\rangle = \langle\uparrow;z|\uparrow;z\rangle = 1$ と規格化されているので，$x\uparrow$SG 装置を透過した透過線の強度は $\langle\phi_{x\uparrow}|\phi_{x\uparrow}\rangle$ で表され，最

---

[10] このため，x軸を量子化軸とする SG 装置については，あえて，図10.1 に相当するような図を示さなかった．

終的な透過線の強度は $\langle \phi_{\text{final}} | \phi_{\text{final}} \rangle$ で表される．$x\uparrow$SG 装置を透過した透過線の強度 $\langle \phi_{x\uparrow} | \phi_{x\uparrow} \rangle$ は

$$\langle \phi_{x\uparrow} | \phi_{x\uparrow} \rangle \overset{(10.86)}{=} \left(\frac{1}{2} \langle \uparrow; z | + \frac{1}{2} \langle \downarrow; z | \right) \left(\frac{1}{2} | \uparrow; z \rangle + \frac{1}{2} | \downarrow; z \rangle \right) \overset{(10.78)}{=} \frac{1}{4} + \frac{1}{4} = \frac{1}{2}$$

となって，入射線の強度の $1/2$ となっている．また，最終的な透過線の強度 $\langle \phi_{\text{final}} | \phi_{\text{final}} \rangle$ は，

$$\langle \phi_{\text{final}} | \phi_{\text{final}} \rangle \overset{(10.87)}{=} \left(\frac{1}{2} \langle \downarrow; z | \right) \left(\frac{1}{2} | \downarrow; z \rangle \right) = \frac{1}{4} \langle \downarrow; z | \downarrow; z \rangle \overset{(10.78)}{=} \frac{1}{4}$$

となって，入射線の強度の $1/4$ となっている．図 10.2 の矢印の線幅はこれらを反映させたものである．

　ここで見た量子力学的な重ね合わせ状態は古典的には理解しがたい性質を持つが，この性質を積極的に活用することで，古典的に扱うと天文学的な時間を要してしまうような計算を，量子力学的な重ね合わせ状態を用いて遥かに短い時間で実行できる可能性が指摘されている．これは広い意味での量子計算機（量子コンピュータ）呼ばれ，汎用性のある実用化に向けて研究が進んでいる[11]．　重ね合わせだけでなく，観測による状態の変化（波束の収縮）など，量子力学の原理に基づく，古典的には原理的に不可能な通信方法として，量子テレポーテーションや量子暗号を含めた量子通信・量子ネットワークなどの開発研究も進められている．

---

[11] 量子力学の重ね合わせ原理を用いたコンピュータの一部の方式はすでに実用化されている（量子アニーラ）．ただし，量子アニーラを量子コンピュータに含めるべきではないという立場もある．

第11章

Schrödinger 描像と
Heisenberg 描像

　系の時間発展の記述については，2.1 節で，時間に依存する Schrödinger 方程式を導入した．実は，量子力学には Schrödinger 方程式と異なる形で系の時間発展を記述する方法がある．本章では，系の時間発展を記述する方法について，2 つの異なる視点（描像）と，各々の描像に基づく時間発展方程式の特徴を学ぶ．

11.1 　系の時間変化の記述

11.1.1 　時間に依存する Schrödinger 方程式の行列表現

　2.1 節の時間に依存する Schrödinger 方程式 (2.1) は波動関数 $\psi(r, t)$ についての方程式であった．以降では，状態を $|\psi(t)\rangle$ で表す形式を用いて，時間に依存する Schrödinger 方程式を

$$i\hbar \frac{\partial}{\partial t} |\psi(t)\rangle = H |\psi(t)\rangle \tag{11.1}$$

と表そう．(11.1) において，系のハミルトニアン H が時間に依らない場合に，H の固有状態・エネルギー固有値が

$$H |u_n\rangle = E_n |u_n\rangle \tag{11.2}$$

と求められているとする．H の固有状態の組 $\{|u_n\rangle\}$ は，完全正規直交系を成すようにできるので，

$$\langle u_\ell | u_m \rangle = \delta_{\ell m} \tag{11.3}$$

$$\sum_n |u_n\rangle \langle u_n| = I \tag{11.4}$$

が成り立つものとする.

$\{|u_n\rangle\}$ の完全性 (11.4) から, (11.1) の $|\psi(t)\rangle$ も $\{|u_n\rangle\}$ で展開できる. 展開係数を $c_n(t)$ として,

$$|\psi(t)\rangle = \sum_n c_n(t) |u_n\rangle \tag{11.5}$$

$$c_n(t) = \langle u_n|\psi(t)\rangle \tag{11.6}$$

と表そう. (11.5) を時間に依存する Schrödinger 方程式 (11.1) に代入すれば, その左辺は

$$i\hbar\frac{\partial}{\partial t} |\psi(t)\rangle \overset{(11.5)}{=} i\hbar\frac{\partial}{\partial t} \sum_n c_n(t) |u_n\rangle = i\hbar \sum_n \frac{dc_n(t)}{dt} |u_n\rangle \tag{11.7}$$

となる. 一方, 右辺は

$$H |\psi(t)\rangle \overset{(11.5)}{=} H \sum_n c_n(t) |u_n\rangle = \sum_n c_n(t) H |u_n\rangle \overset{(11.2)}{=} \sum_n c_n(t) E_n |u_n\rangle \tag{11.8}$$

となるので, (11.7) と (11.8) から,

$$i\hbar \sum_n \frac{dc_n(t)}{dt} |u_n\rangle = \sum_n c_n(t) E_n |u_n\rangle \tag{11.9}$$

を得る. (11.9) の両辺と $\langle u_m|$ との内積をとれば, 左辺は

$$i\hbar \sum_n \frac{dc_n(t)}{dt} \langle u_m|u_n\rangle \overset{(11.3)}{=} i\hbar \sum_n \frac{dc_n(t)}{dt} \delta_{mn} = i\hbar\frac{dc_m(t)}{dt}$$

となり, 右辺は

$$\sum_n c_n(t) E_n \langle u_m|u_n\rangle \overset{(11.3)}{=} \sum_n c_n(t) E_n \delta_{mn} = c_m(t) E_m$$

となるので,

$$i\hbar\frac{dc_m(t)}{dt} = E_m c_m(t) \tag{11.10}$$

が成り立つ．この $c_m(t)$ についての微分方程式 (11.10) は変数分離型であるので容易に解けて，$t = 0$ において $c_m(t) = c_m(0)$ となる初期条件の下での特殊解として，

$$c_m(t) = c_m(0)e^{-i\frac{E_m}{\hbar}t} \tag{11.11}$$

を得る．この展開係数を (11.5) に代入すれば，$|\psi(t)\rangle$ が

$$|\psi(t)\rangle = \sum_n c_n(0)e^{-i\frac{E_n}{\hbar}t}|u_n\rangle \tag{11.12}$$

と表される．

11.1.2 Schrödinger 表示と Heisenberg 表示

9.1.1 節を参考にして，(11.12) の $|\psi(t)\rangle$ の行列表現（ベクトル表現）を考えよう．H の固有状態の組 $\{|u_n\rangle\}$ を基底とする表示では，(9.7) のように，各々 $|u_n\rangle$ $(n = 1, 2, \cdots)$ が

$$|u_1\rangle = \begin{pmatrix} 1 \\ 0 \\ \vdots \end{pmatrix}, \quad |u_2\rangle = \begin{pmatrix} 0 \\ 1 \\ \vdots \end{pmatrix}, \quad \cdots \tag{11.13}$$

と表される．(11.13) の表示の下では，$|\psi(t)\rangle$ は (11.11) で与えられる展開係数を用いて，

$$|\psi(t)\rangle = c_1(t)\begin{pmatrix} 1 \\ 0 \\ \vdots \end{pmatrix} + c_2(t)\begin{pmatrix} 0 \\ 1 \\ \vdots \end{pmatrix} + \cdots = \begin{pmatrix} c_1(t) \\ c_2(t) \\ \vdots \end{pmatrix} \tag{11.14}$$

と表される．すなわち，この表示では，$|\psi(t)\rangle$ のベクトル表現が時間変化することになる．このような表示を **Schrödinger 表示**（Schrödinger representation）と呼ぶ．

一方，(11.12) において，$c_n(0)$ を展開係数と見なして，

$$|u_n(t)\rangle \equiv e^{-i\frac{E_n}{\hbar}t}|u_n\rangle \tag{11.15}$$

で定義されるケットの組 $\{|u_n(t)\rangle\}$ を基底とする表示

$$|u_1(t)\rangle = \begin{pmatrix} 1 \\ 0 \\ \vdots \end{pmatrix}, \quad |u_2(t)\rangle = \begin{pmatrix} 0 \\ 1 \\ \vdots \end{pmatrix}, \quad \cdots \tag{11.16}$$

を考えれば，この表示の下では，$|\psi(t)\rangle = \sum_n c_n(0)\,|u_n(t)\rangle$ は

$$|\psi(t)\rangle = c_1(0)\begin{pmatrix} 1 \\ 0 \\ \vdots \end{pmatrix} + c_2(0)\begin{pmatrix} 0 \\ 1 \\ \vdots \end{pmatrix} + \cdots = \begin{pmatrix} c_1(0) \\ c_2(0) \\ \vdots \end{pmatrix} \tag{11.17}$$

となって，$|\psi(t)\rangle$ のベクトル表現は時間変化しない．このような表示を **Heisenberg 表示** (Heisenberg representation) と呼ぶ．

ここで，Schrödinger 表示の基底と Heisenberg 表示の基底を結び付けている (11.15) の意味を考えてみよう．指数関数演算子の定義 (9.72) から，H についても

$$e^{-i\frac{H}{\hbar}t} = \sum_{k=0}^{\infty} \frac{1}{k!}\left(-i\frac{H}{\hbar}t\right)^k = \sum_{k=0}^{\infty} \frac{1}{k!}\left(-i\frac{1}{\hbar}t\right)^k H^k \tag{11.18}$$

と表されるが，(11.2) から，

$$H^2\,|u_n\rangle = H\left(H\,|u_n\rangle\right) \overset{(11.2)}{=} H\left(E_n\,|u_n\rangle\right) = E_n H\,|u_n\rangle \overset{(11.2)}{=} E_n^2\,|u_n\rangle \tag{11.19}$$

が成り立ち，さらに，(11.19) の手順を繰り返すことで，一般の $k = 0, 1, 2, \cdots$ について

$$H^k\,|u_n\rangle = E_n^k\,|u_n\rangle \tag{11.20}$$

が成り立つことを用いれば，

$$e^{-i\frac{H}{\hbar}t}\,|u_n\rangle \overset{(11.18)}{=} \sum_{k=0}^{\infty} \frac{1}{k!}\left(-i\frac{1}{\hbar}t\right)^k H^k\,|u_n\rangle \overset{(11.20)}{=} \sum_{k=0}^{\infty} \frac{1}{k!}\left(-i\frac{1}{\hbar}t\right)^k E_n^k\,|u_n\rangle$$

$$= \sum_{k=0}^{\infty} \frac{1}{k!}\left(-i\frac{E_n}{\hbar}t\right)^k\,|u_n\rangle = e^{-i\frac{E_n}{\hbar}t}\,|u_n\rangle \tag{11.21}$$

と表される．つまり，(11.21) から，(11.15) は，

$$|u_n(t)\rangle = e^{-i\frac{H}{\hbar}t}|u_n\rangle \tag{11.22}$$

となることがわかる．

　9.3.3 節で学んだように，Hermite 演算子 A に対して，e^{iA} の指数関数演算子はユニタリ演算子であった．(11.22) を見ると，$e^{-i\frac{H}{\hbar}t}$ は，Schrödinger 表示の基底から Heisenberg 表示の基底へのユニタリ変換を与えるユニタリ演算子になっていることがわかる．さらに，(11.10) を，$t = t_0$ で $c_m(t) = c_m(t_0)$ となる初期条件の下で解けば，

$$c_m(t) = c_m(t_0)e^{-i\frac{E_m}{\hbar}(t-t_0)} \tag{11.23}$$

を得るので，この展開係数の表式を (11.5) に代入することで，$|\psi(t)\rangle$ は

$$|\psi(t)\rangle \overset{(11.5)(11.23)}{=} \sum_n c_n(t_0)e^{-i\frac{E_n}{\hbar}(t-t_0)}|u_n\rangle \overset{(11.21)}{=} \sum_n c_n(t_0)e^{-i\frac{H}{\hbar}(t-t_0)}|u_n\rangle$$

$$= e^{-i\frac{H}{\hbar}(t-t_0)}\sum_n c_n(t_0)|u_n\rangle \overset{(11.5)}{=} e^{-i\frac{H}{\hbar}(t-t_0)}|\psi(t_0)\rangle \tag{11.24}$$

と表される．

　(11.24) は，ある時刻 $t = t_0$ での状態 $|\psi(t_0)\rangle$ が与えられれば，その他の任意の時刻 t での状態 $|\psi(t)\rangle$ が，ユニタリ演算子 $e^{-i\frac{H}{\hbar}(t-t_0)}$ を $|\psi(t_0)\rangle$ に演算して得られることを示している．その意味で，ユニタリ演算子 $e^{-i\frac{H}{\hbar}(t-t_0)}$ は，時刻 t_0 の状態から時刻 t の状態へのユニタリ変換を与える演算子（**時間発展演算子**，または**時間並進演算子**）になっているといえる．

> **時間発展演算子**
>
> $$|\psi(t)\rangle = e^{-i\frac{H}{\hbar}(t-t_0)}|\psi(t_0)\rangle \overset{\text{H.c.}}{\Longleftrightarrow} \langle\psi(t)| = \langle\psi(t_0)|e^{i\frac{H}{\hbar}(t-t_0)} \tag{11.25}$$

11.1.3　Schrödinger 描像と Heisenberg 描像

$|\psi(t)\rangle$ で表される状態の下での物理量 A の期待値を

$$\langle A\rangle(t) = \langle\psi(t)|A|\psi(t)\rangle \tag{11.26}$$

と表す[1]. 以下では, 物理量 A は時間に依らないとしよう: $\frac{\partial A}{\partial t} = 0$. (11.26) では, A 自体は時間変化しないので, 期待値 $\langle A \rangle(t)$ の時間変化は, すべて状態 $|\psi(t)\rangle$ が担っている. これまでは暗黙のうちに, 物理量の期待値を (11.26) のように記述してきたが, 後述するように, 記述の仕方はこれだけではない. (11.26) のように, 物理量 A の期待値の時間変化をすべて状態 $|\psi(t)\rangle$ が担っているような記述を, **Schrödinger 描像** (Schrödinger picture) と呼ぶ.

一方, $|\psi(t)\rangle$ を, (11.25) を用いて表すと,

$$\langle A \rangle(t) = \langle \psi(t)|A|\psi(t)\rangle \overset{(11.25)}{=} \langle \psi(t_0)|e^{i\frac{H}{\hbar}(t-t_0)}Ae^{-i\frac{H}{\hbar}(t-t_0)}|\psi(t_0)\rangle$$

$$= \langle \psi(t_0)|A(t-t_0)|\psi(t_0)\rangle \tag{11.27}$$

$$A(t) \equiv e^{i\frac{H}{\hbar}t}Ae^{-i\frac{H}{\hbar}t} \tag{11.28}$$

と表すことができる. このとき, $|\psi(t_0)\rangle$ は時刻 $t = t_0$ の状態であり, 時間変化しないので, 物理量 A の期待値の時間変化は, すべて演算子 $A(t - t_0)$ が担っている. このような記述を, **Heisenberg 描像** (Heisenberg picture) と呼ぶ.

── Schrödinger 描像と Heisenberg 描像 ──────────

Schrödinger 描像：物理量の期待値の時間変化を状態が担う

$$\langle A \rangle(t) = \langle \psi(t)|A|\psi(t)\rangle \tag{11.29}$$

$$|\psi(t)\rangle = e^{-i\frac{H}{\hbar}(t-t_0)}|\psi(t_0)\rangle \tag{11.30}$$

Heisenberg 描像：物理量の期待値の時間変化を演算子が担う

$$\langle A \rangle(t) = \langle \psi(t_0)|A(t-t_0)|\psi(t_0)\rangle \tag{11.31}$$

$$A(t) = e^{i\frac{H}{\hbar}t}Ae^{-i\frac{H}{\hbar}t} \tag{11.32}$$

Schrödinger 描像では状態が時間変化するので, Schrödinger 描像で状態をベクトル表現すれば, (11.14) の Schrödinger 表示となる. 一方, Heisenberg 描像

---

[1] 物理量 A 自体と A に対応する演算子を同じ記号で表し, 「物理量」と「物理量に対応する演算子」の術語を区別なく用いる. なお, 引数の記法については, 108 ページの脚注 2) 参照.

では状態が時間変化せず，状態のベクトル表現は時間変化のない，(11.17) の Heisenberg 表示となる[2].

(11.25) の時間発展演算子は，Schrödinger 表示と Heisenberg 表示を結び付ける演算子でもあるので，「表示」という言葉を，状態だけでなく，演算子にも用いて，演算子 A を Schrödinger 表示の演算子，(11.32) で与えられる演算子 $A(t)$ を Heisenberg 表示の演算子と呼ぶことがある．(11.32) は，Schrödinger 表示の演算子 A から Heisenberg 表示 $A(t)$ の演算子への時間発展演算子によるユニタリ変換を与えているといえる．ハミルトニアン H を Heisenberg 表示すれば，

$$H(t) \overset{(11.32)}{=} e^{i\frac{H}{\hbar}t}He^{-i\frac{H}{\hbar}t} \overset{(9.73)}{=} He^{i\frac{H}{\hbar}t}e^{-i\frac{H}{\hbar}t} \overset{(9.75)}{=} H \quad (\because [H,H]=0)$$

が成り立つ．すなわち，ハミルトニアンは Schrödinger 表示と Heisenberg 表示のどちらの表示でも不変である．

11.2 Heisenberg の運動方程式

11.2.1 Heisenberg 表示の演算子の時間変化

11.1.3 節で，Heisenberg 描像では演算子が時間変化することを見た．(11.32) で与えられる Heisenberg 表示の演算子 $A(t)$ の時間変化を調べるために，(11.32) の t についての導関数を考えよう．Schrödinger 表示の演算子 A が時間に依らない場合を考えているので，積の微分公式を用いれば，(11.32) の t についての導関数は，

$$\frac{dA(t)}{dt} = \frac{d}{dt}\left(e^{i\frac{H}{\hbar}t}Ae^{-i\frac{H}{\hbar}t}\right) = \frac{de^{i\frac{H}{\hbar}t}}{dt}Ae^{-i\frac{H}{\hbar}t} + e^{i\frac{H}{\hbar}t}A\frac{de^{-i\frac{H}{\hbar}t}}{dt} \quad (11.33)$$

と表される．

ここで指数関数演算子の定義 (9.72) に従って，一般の演算子 O の指数関数演算子 e^{Ot} の t 微分を考えると，

$$\frac{de^{Ot}}{dt} \overset{(9.72)}{=} \frac{d}{dt}\sum_{k=0}^{\infty}\frac{1}{k!}(Ot)^k = \frac{d}{dt}\left(I + Ot + \frac{1}{2!}(Ot)^2 + \frac{1}{3!}(Ot)^3 + \frac{1}{4!}(Ot)^4 + \cdots\right)$$

---

[2] 「描像」と「表示」を区別する必要がない場合もあり，「描像」と「表示」の術語の扱いは書物によって異なる．

$$= O + 2\frac{1}{2!}O^2 t + 3\frac{1}{3!}O^3 t^2 + 4\frac{1}{4!}O^4 t^3 + \cdots = O + O^2 t + \frac{1}{2!}O^3 t^2 + \frac{1}{3!}O^4 t^3 + \cdots$$

$$= O \left(I + Ot + \frac{1}{2!}(Ot)^2 + \frac{1}{3!}(Ot)^3 + \cdots \right) = O \sum_{k=0}^{\infty} \frac{1}{k!}(Ot)^k \overset{(9.72)}{=} O e^{Ot}$$

$$(11.34)$$

を得る．すなわち，指数関数演算子 e^{Ot} の t 微分が，演算子 O を定数と見做した，通常の指数関数の微分と同様になることがわかる．

したがって，(11.33) においては，

$$\frac{de^{i\frac{H}{\hbar}t}}{dt} = i\frac{H}{\hbar}e^{i\frac{H}{\hbar}t} \; ; \quad \frac{de^{-i\frac{H}{\hbar}t}}{dt} = -i\frac{H}{\hbar}e^{-i\frac{H}{\hbar}t}$$

となるので，

$$
\begin{aligned}
(11.33) \quad &= \quad i\frac{H}{\hbar}e^{i\frac{H}{\hbar}t}Ae^{-i\frac{H}{\hbar}t} + e^{i\frac{H}{\hbar}t}A\left(-i\frac{H}{\hbar}e^{-i\frac{H}{\hbar}t}\right) \\
&\overset{(9.73)}{=} \quad i\frac{H}{\hbar}e^{i\frac{H}{\hbar}t}Ae^{-i\frac{H}{\hbar}t} - i\frac{1}{\hbar}e^{i\frac{H}{\hbar}t}Ae^{-i\frac{H}{\hbar}t}H \\
&= \quad \frac{i}{\hbar}\left(He^{i\frac{H}{\hbar}t}Ae^{-i\frac{H}{\hbar}t} - e^{i\frac{H}{\hbar}t}Ae^{-i\frac{H}{\hbar}t}H\right) \\
&\overset{(11.32)}{=} \quad \frac{i}{\hbar}\left(HA(t) - A(t)H\right) = \frac{1}{i\hbar}\left(A(t)H - HA(t)\right) \quad (\because i = -1/i) \\
&= \quad \frac{1}{i\hbar}[A(t), H] \quad\quad\quad\quad\quad\quad\quad\quad\quad\quad (11.35)
\end{aligned}
$$

が示される．この Heisenberg 表示の演算子についての方程式は，**Heisenberg の運動方程式**と呼ばれる．

┌─ **Heisenberg の運動方程式** ─────────────

$$\frac{dA(t)}{dt} = \frac{1}{i\hbar}[A(t), H] \quad\quad\quad (11.36)$$

└────────────────────────────────

(11.35) の第 2 等号で，(9.73) を第 2 項でなく第 1 項に適用すれば，(11.36) を

$$\frac{dA(t)}{dt} = \frac{1}{i\hbar}e^{i\frac{H}{\hbar}t}[A, H]e^{-i\frac{H}{\hbar}t} \quad\quad\quad (11.37)$$

と表すこともできる（問題 11.1 参照）.

> **問題 11.1**　(11.33) と (11.35) から，(11.37) を導出せよ.

　Schrödinger 描像での状態 $|\psi(t)\rangle$ の時間変化を定める方程式は，時間に依存する Schrödinger 方程式 (11.1) であった．実際，指数関数演算子の微分 (11.34) を用いれば，(11.30) が (11.1) の解になっていることを確かめられる．一方，Heisenberg 描像では，時間変化するのは演算子のほうであるが，その Heisenberg 表示の演算子の時間変化を定める方程式が，(11.36) の Heisenberg の運動方程式となっている．つまり，Schrödinger 描像での基本方程式が，時間に依存する Schrödinger 方程式 (11.1) であり，Heisenberg 描像での基本方程式が，Heisenberg の運動方程式 (11.36) だということである．物理量の期待値はどちらの表示でも表すことができて，どちらの描像も対等であるので，(11.1) も (11.36) も，量子力学の基本方程式としての重要性は同等であり，量子力学をどちらの方程式に基づいて記述しても等価である.

11.2.2　Heisenberg の運動方程式と古典力学の運動方程式の対応

　Schrödinger 描像に基づく Schrödinger 方程式においては，時間変化する対象は波動関数やブラ-ケットで表される状態自体であり，時間変化する対象に古典力学的な対応物がない．一方，Heisenberg 描像に基づく Heisenberg の運動方程式は，物理量の時間変化を求める古典力学との対応がわかりやすい.

　例として，6 章で扱った 1 次元調和振動子について，Heisenberg の運動方程式を見てみよう．質量 m の粒子が角周波数 ω で運動する 1 次元調和振動子のハミルトニアン H は，(6.2) で与えられた．Heisenberg 表示での x 方向の運動量演算子 $p_x(t)$ は，(11.32) の定義から，

$$p_x(t) = e^{i\frac{H}{\hbar}t} p_x e^{-i\frac{H}{\hbar}t} \tag{11.38}$$

である．$p_x(t)$ についての Heisenberg の運動方程式は，(11.36) から，

$$\frac{dp_x(t)}{dt} \overset{(11.36)}{=} \frac{1}{i\hbar}[p_x(t), H] \overset{(11.37)}{=} \frac{1}{i\hbar} e^{i\frac{H}{\hbar}t}[p_x, H]e^{-i\frac{H}{\hbar}t} \tag{11.39}$$

となる．交換子 $[p_x, H]$ については，H として (6.2) を代入し，交換子の公式

(2.16) を用いれば,

$$[p_x, H] \overset{(6.2)(2.16)}{=} \frac{1}{2m}\left[p_x, p_x^2\right] + \frac{1}{2}m\omega^2\left[p_x, x^2\right]$$

となる. $\left[p_x, p_x^2\right] = 0$ であるので, 上式第 2 項のみを考えよう. 交換子の公式 (2.15)・(2.17) を用いたうえで, 位置と運動量の交換関係 (2.14) を用いれば,

$$\left[p_x, x^2\right] \overset{(2.15)}{=} -\left[x^2, p_x\right] \overset{(2.17)}{=} -x\left[x, p_x\right] - \left[x, p_x\right]x \overset{(2.14)}{=} -2i\hbar x$$

であるので, $[p_x, H] = -i\hbar m\omega^2 x$ を得る. これを (11.39) に代入すれば,

$$(11.39) = -\frac{1}{i\hbar}i\hbar m\omega^2 e^{i\frac{H}{\hbar}t}xe^{-i\frac{H}{\hbar}t} \overset{(11.32)}{=} -m\omega^2 x(t) \qquad (11.40)$$

となる.

　古典力学における 1 次元調和振動子は, 自然長からの変位を x とすれば, 物体に働く力の x 成分 F_x は, x に比例していた (Hooke の法則). その比例定数をバネ定数と呼んだが, それは m と ω を用いれば $m\omega^2$ と表せるので, $F_x = -m\omega^2 x$ となる (バネ定数を k とすれば, $\omega = \sqrt{k/m}$ である). 古典力学の運動方程式では, x 方向の運動量の時間による導関数は, 物体に働く力の x 成分 F_x に等しいので, 上式を考慮すれば,

$$\frac{dp_x}{dt} = -m\omega^2 x$$

を得るが, これは (11.40) の結果

$$\frac{dp_x(t)}{dt} = -m\omega^2 x(t)$$

と完全に対応している. つまり, Heisenberg 表示での演算子が従う Heisenberg の運動方程式が, 古典力学における運動方程式に対応しているのである.

11.2.3　物理量の保存則とハミルトニアンとの可換性

　Heisenberg の運動方程式 (11.36) は, 解析力学で学んだ, Poisson (ポアソン) 括弧を用いた物理量の時間変化の式に対応させた表式になっている. 古典力学に

おける物理量とハミルトニアンの Poisson 括弧を，形式的に，時間に依存する演算子 $A(t)$ とハミルトニアンの交換子を用いた (11.36) の右辺で置き換えれば，それが演算子 $A(t)$ の時間変化を定める Heisenberg の運動方程式となるのである．

　Schrödinger 方程式に基づく定式化では，古典力学的な系のハミルトニアンにおいて，物体の運動量 $\boldsymbol{p}$ を偏微分演算子 $-i\hbar\boldsymbol{\nabla}$ で置き換え，波動関数の偏微分方程式として Schrödinger 方程式を立てた．物体の位置演算子 $\mu = x, y, z$ と偏微分演算子で表された運動量の ν 成分 $p_\nu = -i\hbar\frac{\partial}{\partial\nu}$　（$\nu = x, y, z$）との間には，交換関係

$$[\mu, p_\nu] = i\hbar\delta_{\mu\nu}　　(\mu, \nu = x, y, z)$$

が成り立つが，これは，解析力学の Poisson 括弧を，形式的に，「交換子を $i\hbar$ で割ったもの」に替えたと見なせる．古典力学（解析力学）の Poisson 括弧を，形式的に交換子（正確にいえば，「交換子を $i\hbar$ で割ったもの」）に替えることで，量子力学への移行（量子化）を行う手続きを**正準量子化**と呼ぶことがある[3]．

　解析力学において，ハミルトニアンとの Poisson 括弧が 0 となる物理量は時間に依存せず，保存量（または運動の恒量）になることを学んだ．それと同様に，(11.37) からは，ハミルトニアンとの交換子が 0，すなわち，ハミルトニアンと可換な物理量の Heisenberg 表示の演算子が時間に依存しないことがわかる．物理量 A とハミルトニアン H の可換性と，状態 $|\psi(t)\rangle$ の下での A の期待値 $\langle A \rangle(t) = \langle\psi(t)|A|\psi(t)\rangle$ の時間変化の関係は，5.1.3 節において，時間に依存する Schrödinger 方程式を用いて取り扱った．ここでは，Heisenberg の運動方程式 (11.37) を用いて考えよう．

　$\langle A \rangle(t)$ の時間微分は，

$$\frac{d\langle A\rangle(t)}{dt} = \frac{d}{dt}\langle\psi(t)|A|\psi(t)\rangle \overset{(11.31)}{=} \frac{d}{dt}\langle\psi(t_0)|A(t - t_0)|\psi(t_0)\rangle$$

$$= \langle\psi(t_0)|\frac{dA(t - t_0)}{dt}|\psi(t_0)\rangle \overset{(11.37)}{=} \langle\psi(t_0)|\frac{1}{i\hbar}e^{i\frac{H}{\hbar}(t-t_0)}[A, H]e^{-i\frac{H}{\hbar}(t-t_0)}|\psi(t_0)\rangle$$

$$\overset{(11.25)}{=} \frac{1}{i\hbar}\langle\psi(t)|[A, H]|\psi(t)\rangle \tag{11.41}$$

と表される．「物理量 A が保存量である」または「物理量 A が運動の恒量である」

---

[3] 拡張された正準量子化は，多粒子系の量子力学や場の量子論における定式化に用いられる．

とは,

$$\frac{d\langle A \rangle(t)}{dt} = 0$$

が成り立つことであり, これを「物理量 A の保存則が成り立つ」ともいう. (11.41) から, 物理量 A の保存則が成り立つことの必要十分条件は, A がハミルトニアン H と可換であることであるといえる.

$$\frac{d\langle A \rangle(t)}{dt} = 0 \quad \Leftrightarrow \quad [A, H] = 0 \tag{11.42}$$

第12章
近似法

　これまで扱ってきた系の Schrödinger 方程式は，その固有値と固有関数を解析的に（または代数的に）厳密に求めることができた．しかし，一般的には，厳密に固有値問題を解くことができない場合が多い．そのような場合，近似的に固有値や固有状態を求める必要があるが，本章では，量子力学で実際に用いられることの多い，摂動論と変分法の2つの近似法を紹介する．

12.1　時間に依存しない摂動論（縮退のない場合）

　摂動論は，元々，古典力学における天体の運動の記述に用いられた方法である．太陽系における惑星，たとえば地球の運動は，太陽と地球のみを考えるのであれば，両者の間に働く万有引力を中心力とする運動として Newton の運動方程式を解くことで厳密に得られる．しかし，実際には，他の惑星からの万有引力も働くため，太陽系最大の惑星である木星だけを考慮しても，太陽と地球と木星の三体問題となり，解析的に解くことはできない．

　そこで，まず，太陽と地球の二体問題を厳密に解いた後で，木星からの引力を「補正」として取り込むことを考える．このときの「補正」を摂動 (perturbation)と呼び，このような解法を摂動論と呼ぶ．あくまで「補正」であるので，摂動は，それが与える影響が小さいことが必要であり，無摂動系の解を，「摂動を加えていない」という意味で摂動の0次とするならば，摂動が働く系の解は，摂動の1次，2次‥‥‥という冪級数展開の形となる．

ここでは，ハミルトニアンが時間に依存しない場合を考える[1]．H_0 を無摂動ハミルトニアンとして，その固有値と固有状態が求まっているとする．すなわち，次の固有方程式（Schrödinger 方程式）が成り立つとする．

$$H_0 |\phi_n^{(0)}\rangle = \varepsilon_n^{(0)} |\phi_n^{(0)}\rangle \tag{12.1}$$

$$\langle \phi_m^{(0)} | \phi_n^{(0)} \rangle = \delta_{mn} \tag{12.2}$$

$$\sum_n |\phi_n^{(0)}\rangle \langle \phi_n^{(0)}| = I \tag{12.3}$$

ここで，n は固有状態を区別する量子数であり，(12.2) は固有状態が正規直交系を成すことを，(12.3) は固有状態が完全系を成すことを，各々表している．固有状態 $|\phi_n^{(0)}\rangle$ やエネルギー固有値 $\varepsilon_n^{(0)}$ の右肩の (0) は，無摂動状態を 0 次摂動と考えることを表す．

H_0 で表される無摂動系に，V で与えられる摂動ハミルトニアンが加えられた系のハミルトニアン H を，

$$H \equiv H_0 + \lambda V \tag{12.4}$$

と表す．λ は摂動パラメータと呼ばれる無次元の実数であり，以降の計算では，λ の冪を摂動の次数とする．摂動論が有効であるためには，$|\lambda| \ll 1$ であることが必要だが，実際には，摂動ハミルトニアン V の影響自体が小さいことが重要であり，摂動論を定式化する際には λ は任意の実数とする．

解くべき Schrödinger 方程式は，

$$H |\phi_n\rangle = (H_0 + \lambda V) |\phi_n\rangle = \varepsilon_n |\phi_n\rangle \tag{12.5}$$

である．摂動の働く系の固有状態 $|\phi_n\rangle$ とエネルギー固有値 ε_n を，無摂動系の $|\phi_n^{(0)}\rangle$ と $\varepsilon_n^{(0)}$ を用いて具体的に構成することが摂動論の目的である．

今，$|\phi_n\rangle$ と ε_n が，λ の冪級数展開として，

$$|\phi_n\rangle = |\phi_n^{(0)}\rangle + \lambda |\phi_n^{(1)}\rangle + \lambda^2 |\phi_n^{(2)}\rangle + \cdots \tag{12.6}$$

$$\varepsilon_n = \varepsilon_n^{(0)} + \lambda \varepsilon_n^{(1)} + \lambda^2 \varepsilon_n^{(2)} + \cdots \tag{12.7}$$

---

[1] ハミルトニアンが時間に依存する場合の摂動論は，本書では扱わない．

と表されることを仮定する[2]．$|\phi_n^{(k)}\rangle$ や $\varepsilon_n^{(k)}$ の右肩の (k) が，固有状態やエネルギー固有値への k 次摂動の寄与を表している．

まず，(12.5) に (12.6) と (12.7) を代入してみよう．

$$(H_0 + \lambda V)\left(|\phi_n^{(0)}\rangle + \lambda|\phi_n^{(1)}\rangle + \lambda^2|\phi_n^{(2)}\rangle + \cdots\right)$$

$$= \left(\varepsilon_n^{(0)} + \lambda\varepsilon_n^{(1)} + \lambda^2\varepsilon_n^{(2)} + \cdots\right)\left(|\phi_n^{(0)}\rangle + \lambda|\phi_n^{(1)}\rangle + \lambda^2|\phi_n^{(2)}\rangle + \cdots\right) \quad (12.8)$$

(12.8) を展開したとき，係数の λ の冪が同じ項が両辺で等しくなければならないので，

$$H_0|\phi_n^{(0)}\rangle = \varepsilon_n^{(0)}|\phi_n^{(0)}\rangle \quad (12.9)$$

$$\lambda\left(H_0|\phi_n^{(1)}\rangle + V|\phi_n^{(0)}\rangle\right) = \lambda\left(\varepsilon_n^{(0)}|\phi_n^{(1)}\rangle + \varepsilon_n^{(1)}|\phi_n^{(0)}\rangle\right) \quad (12.10)$$

$$\lambda^2\left(H_0|\phi_n^{(2)}\rangle + V|\phi_n^{(1)}\rangle\right) = \lambda^2\left(\varepsilon_n^{(0)}|\phi_n^{(2)}\rangle + \varepsilon_n^{(1)}|\phi_n^{(1)}\rangle + \varepsilon_n^{(2)}|\phi_n^{(0)}\rangle\right) \quad (12.11)$$

$$\vdots$$

(12.9) は，(12.1) であり，まさに，無摂動系の Schrödinger 方程式である．(12.10) や (12.11) などの等式では，λ は任意なので，両辺の λ の同じ冪を係数に持つ部分が等しくなければならない．すなわち，

$$H_0|\phi_n^{(1)}\rangle + V|\phi_n^{(0)}\rangle = \varepsilon_n^{(0)}|\phi_n^{(1)}\rangle + \varepsilon_n^{(1)}|\phi_n^{(0)}\rangle \quad (12.12)$$

$$H_0|\phi_n^{(2)}\rangle + V|\phi_n^{(1)}\rangle = \varepsilon_n^{(0)}|\phi_n^{(2)}\rangle + \varepsilon_n^{(1)}|\phi_n^{(1)}\rangle + \varepsilon_n^{(2)}|\phi_n^{(0)}\rangle \quad (12.13)$$

$$\vdots$$

が成り立つ．

12.1.1　1 次摂動

最初に，λ の係数を持つ項どうしの等式 (12.12) の両辺と，$\langle\phi_n^{(0)}|$ との内積を考えよう．

---

[2] 逆に，このような冪級数展開が可能であるとき，「摂動論が有効である」というべきであり，系によっては，摂動論が有効でないこともある．

$$\langle \phi_n^{(0)} | \left(H_0 | \phi_n^{(1)} \rangle + V | \phi_n^{(0)} \rangle \right) = \langle \phi_n^{(0)} | \left(\varepsilon_n^{(0)} | \phi_n^{(1)} \rangle + \varepsilon_n^{(1)} | \phi_n^{(0)} \rangle \right)$$

上式の両辺の内積を各項に分配して，

$$\langle \phi_n^{(0)} | H_0 | \phi_n^{(1)} \rangle + \langle \phi_n^{(0)} | V | \phi_n^{(0)} \rangle = \varepsilon_n^{(0)} \langle \phi_n^{(0)} | \phi_n^{(1)} \rangle + \varepsilon_n^{(1)} \langle \phi_n^{(0)} | \phi_n^{(0)} \rangle \quad (12.14)$$

を得る（右辺ではエネルギー固有値を内積の記号の外に出した）．ここで，(4.20) に注意して，ハミルトニアン H_0 が Hermite 演算子であること：$H_0^\dagger = H_0$ を用いれば，

$$H_0 | \phi_n^{(0)} \rangle \quad \overset{\text{H.c.}}{\Longleftrightarrow} \quad \langle \phi_n^{(0)} | H_0^\dagger = \langle \phi_n^{(0)} | H_0$$

が成り立つので，(12.9) から，

$$H_0 | \phi_n^{(0)} \rangle = \varepsilon_n^{(0)} | \phi_n^{(0)} \rangle \quad \overset{\text{H.c.}}{\Longleftrightarrow} \quad \langle \phi_n^{(0)} | H_0 = \langle \phi_n^{(0)} | \varepsilon_n^{(0)} = \varepsilon_n^{(0)} \langle \phi_n^{(0)} | \quad (12.15)$$

を得る．すると，(12.14) 左辺の第 1 項は，

$$\langle \phi_n^{(0)} | H_0 | \phi_n^{(1)} \rangle = \varepsilon_n^{(0)} \langle \phi_n^{(0)} | \phi_n^{(1)} \rangle$$

となって，(12.14) 右辺の第 1 項と相殺する．

また，(12.2) のように，無摂動系の固有状態も正規直交系を成すから，(12.14) 右辺の第 2 項について，

$$\langle \phi_n^{(0)} | \phi_n^{(0)} \rangle \overset{(12.2)}{=} 1$$

であるので，以上すべてを考慮すれば，(12.14) は，

$$\varepsilon_n^{(1)} = \langle \phi_n^{(0)} | V | \phi_n^{(0)} \rangle \equiv V_{nn} \quad (12.16)$$

となり，エネルギー固有値への 1 次摂動の寄与 $\varepsilon_n^{(1)}$ を得る．なお，(12.16) の中辺を最右辺のように略記した．すなわち，摂動の 1 次までの寄与を明記すれば，系のエネルギー固有値は，

$$\varepsilon_n = \varepsilon_n^{(0)} + \lambda V_{nn} + \cdots \quad (12.17)$$

と表される．

無摂動系の固有状態 $\{|\phi_n^{(0)}\rangle\}$ は完全系を成し，(12.3) が成り立つので，摂動がある系の固有状態への 1 次摂動の寄与 $|\phi_n^{(1)}\rangle$ も，$\{|\phi_n^{(0)}\rangle\}$ で展開できる．

$$|\phi_n^{(1)}\rangle \overset{(12.3)}{=} \sum_k |\phi_k^{(0)}\rangle \langle \phi_k^{(0)}|\phi_n^{(1)}\rangle$$

$$= \sum_k c_k |\phi_k^{(0)}\rangle \qquad (c_k \equiv \langle \phi_k^{(0)}|\phi_n^{(1)}\rangle) \qquad (12.18)$$

(12.18) の展開を，(12.12) の両辺の第 1 項に代入すれば，

$$H_0 \sum_k c_k |\phi_k^{(0)}\rangle + V |\phi_n^{(0)}\rangle = \varepsilon_n^{(0)} \sum_k c_k |\phi_k^{(0)}\rangle + \varepsilon_n^{(1)} |\phi_n^{(0)}\rangle$$

となるが，この式の左辺第 1 項については，

$$H_0 \sum_k c_k |\phi_k^{(0)}\rangle = \sum_k c_k H_0 |\phi_k^{(0)}\rangle \overset{(12.9)}{=} \sum_k c_k \varepsilon_k^{(0)} |\phi_k^{(0)}\rangle$$

となるので，上式は，

$$\sum_k c_k \varepsilon_k^{(0)} |\phi_k^{(0)}\rangle + V |\phi_n^{(0)}\rangle = \varepsilon_n^{(0)} \sum_k c_k |\phi_k^{(0)}\rangle + \varepsilon_n^{(1)} |\phi_n^{(0)}\rangle$$

となる．この式の両辺と，$\langle \phi_m^{(0)}|$ との内積をとると，

$$\sum_k c_k \varepsilon_k^{(0)} \langle \phi_m^{(0)}|\phi_k^{(0)}\rangle + \langle \phi_m^{(0)}| V |\phi_n^{(0)}\rangle = \varepsilon_n^{(0)} \sum_k c_k \langle \phi_m^{(0)}|\phi_k^{(0)}\rangle + \varepsilon_n^{(1)} \langle \phi_m^{(0)}|\phi_n^{(0)}\rangle$$

となるが，無摂動系の固有状態の正規直交性 (12.2) より，

$$\sum_k c_k \varepsilon_k^{(0)} \delta_{mk} + \langle \phi_m^{(0)}| V |\phi_n^{(0)}\rangle = \varepsilon_n^{(0)} \sum_k c_k \delta_{mk} + \varepsilon_n^{(1)} \delta_{mn}$$

となるので，Kronecker のデルタ記号の性質から，k の和の中では，$k = m$ の項のみが残って，

$$c_m \varepsilon_m^{(0)} + V_{mn} = \varepsilon_n^{(0)} c_m + \varepsilon_n^{(1)} \delta_{mn} \qquad (12.19)$$

を得る．(12.19) の左辺では，$V_{mn} \equiv \langle \phi_m^{(0)}| V |\phi_n^{(0)}\rangle$ のように略記した．

(12.19) で $m = n$ のときは，両辺の第 1 項どうしが相殺するので，(12.19) は，

$$\varepsilon_n^{(1)} = V_{nn}$$

となって，(12.16) を再現する式となる．$m \neq n$ のときは，(12.19) を整理すると，

$$c_m(\varepsilon_m^{(0)} - \varepsilon_n^{(0)}) = -V_{mn}$$

となる．

ここで，本節の仮定として，無摂動系の固有状態が縮退していないとしよう．すなわち，$m \neq n$ のとき，

$$\varepsilon_m^{(0)} \neq \varepsilon_n^{(0)} \quad (m \neq n)$$

が成り立つと仮定する[3]．この仮定の下で，$\varepsilon_m^{(0)} - \varepsilon_n^{(0)}(\neq 0)$ で上式の両辺を割れば，係数 c_m について，

$$c_m = -\frac{V_{mn}}{\varepsilon_m^{(0)} - \varepsilon_n^{(0)}} \tag{12.20}$$

を得る．つまり，(12.18) の展開係数 c_m が $m = n$ のときを除いて定まったので，固有状態への 1 次摂動の寄与 $|\phi_n^{(1)}\rangle$ を，

$$|\phi_n^{(1)}\rangle \overset{(12.18)}{=} \sum_m c_m |\phi_m^{(0)}\rangle \overset{(12.20)}{=} \sum_{m(\neq n)} \left(-\frac{V_{mn}}{\varepsilon_m^{(0)} - \varepsilon_n^{(0)}} \right) |\phi_m^{(0)}\rangle + c_n |\phi_n^{(0)}\rangle$$

と表すことができる．

12.1.3 節で後述する理由から，$m = n$ のときの係数 c_n を $c_n = 0$ とおくことができるので，結局，

$$|\phi_n^{(1)}\rangle = -\sum_{m(\neq n)} \frac{V_{mn}}{\varepsilon_m^{(0)} - \varepsilon_n^{(0)}} |\phi_m^{(0)}\rangle \tag{12.21}$$

となり，摂動の 1 次までの寄与を明記すれば，系の固有状態を表すケットは，

$$|\phi_n\rangle = |\phi_n^{(0)}\rangle - \lambda \sum_{m(\neq n)} \frac{V_{mn}}{\varepsilon_m^{(0)} - \varepsilon_n^{(0)}} |\phi_m^{(0)}\rangle + \cdots \tag{12.22}$$

---

[3] この仮定が成り立たないときは，次節で扱う．

と表される．対応するブラは，(12.22) の Hermite 共役になるので，

$$\langle \phi_n | = (|\phi_n\rangle)^{\dagger} = \langle \phi_n^{(0)} | - \lambda \sum_{m(\neq n)} \frac{V_{mn}^*}{\varepsilon_m^{(0)} - \varepsilon_n^{(0)}} \langle \phi_m^{(0)} | + \cdots$$

$$= \langle \phi_n^{(0)} | - \lambda \sum_{m(\neq n)} \frac{V_{nm}}{\varepsilon_m^{(0)} - \varepsilon_n^{(0)}} \langle \phi_m^{(0)} | + \cdots \qquad (12.23)$$

と表される．(12.23) の最終等号では，Hermite 共役演算子の定義 (4.17) から，

$$V_{mn}^* = \langle \phi_m^{(0)} | V | \phi_n^{(0)} \rangle^{* \ (4.17)} \langle \phi_n^{(0)} | V | \phi_m^{(0)} \rangle = V_{nm} \qquad (12.24)$$

であることを用いた (摂動ハミルトニアン V も Hermite 演算子 $V^{\dagger} = V$ である)．

12.1.2　2 次摂動

次に，λ^2 の係数を持つ項どうしの等式 (12.13) の両辺と，$\langle \phi_n^{(0)} |$ との内積を考えよう．

$$\langle \phi_n^{(0)} | \left(H_0 | \phi_n^{(2)} \rangle + V | \phi_n^{(1)} \rangle \right) = \langle \phi_n^{(0)} | \left(\varepsilon_n^{(0)} | \phi_n^{(2)} \rangle + \varepsilon_n^{(1)} | \phi_n^{(1)} \rangle + \varepsilon_n^{(2)} | \phi_n^{(0)} \rangle \right)$$

上式両辺の内積を各項に分配すると，

$$\langle \phi_n^{(0)} | H_0 | \phi_n^{(2)} \rangle + \langle \phi_n^{(0)} | V | \phi_n^{(1)} \rangle = \varepsilon_n^{(0)} \langle \phi_n^{(0)} | \phi_n^{(2)} \rangle + \varepsilon_n^{(1)} \langle \phi_n^{(0)} | \phi_n^{(1)} \rangle + \varepsilon_n^{(2)} \langle \phi_n^{(0)} | \phi_n^{(0)} \rangle$$

$$(12.25)$$

を得る．ここで，(12.14) の導出と同様に，(12.15) を用いると，(12.25) の両辺の第 1 項は相殺し，無摂動状態の正規直交性 (12.2) を用いれば，(12.25) は，

$$\langle \phi_n^{(0)} | V | \phi_n^{(1)} \rangle = \varepsilon_n^{(1)} \langle \phi_n^{(0)} | \phi_n^{(1)} \rangle + \varepsilon_n^{(2)} \qquad (12.26)$$

となる．

(12.26) 右辺第 1 項の $\langle \phi_n^{(0)} | \phi_n^{(1)} \rangle$ について，12.1.1 節で導いた，固有状態への 1 次摂動の寄与 $|\phi_n^{(1)}\rangle$ の表式 (12.21) を用いれば，

$$\langle \phi_n^{(0)} | \phi_n^{(1)} \rangle \overset{(12.21)}{=} - \sum_{m(\neq n)} \frac{V_{mn}}{\varepsilon_m^{(0)} - \varepsilon_n^{(0)}} \langle \phi_n^{(0)} | \phi_m^{(0)} \rangle$$

$$= 0 \quad (\because \ \langle \phi_n^{(0)} | \phi_m^{(0)} \rangle \overset{(12.2)}{=} 0 \quad (m \neq n)) \tag{12.27}$$

と，$\langle \phi_n^{(0)} | \phi_n^{(1)} \rangle$ は 0 となるので，結局，(12.26) は，$\varepsilon_n^{(2)}$ を定める式

$$\varepsilon_n^{(2)} = \langle \phi_n^{(0)} | V | \phi_n^{(1)} \rangle$$

となる．この式の右辺に，さらに (12.21) を代入すると，

$$\varepsilon_n^{(2)} \overset{(12.21)}{=} \langle \phi_n^{(0)} | V \left(- \sum_{m(\neq n)} \frac{V_{mn}}{\varepsilon_m^{(0)} - \varepsilon_n^{(0)}} | \phi_m^{(0)} \rangle \right)$$

$$= - \sum_{m(\neq n)} \frac{V_{mn}}{\varepsilon_m^{(0)} - \varepsilon_n^{(0)}} \langle \phi_n^{(0)} | V | \phi_m^{(0)} \rangle$$

$$= - \sum_{m(\neq n)} \frac{V_{nm} V_{mn}}{\varepsilon_m^{(0)} - \varepsilon_n^{(0)}} \tag{12.28}$$

を得る．(12.28) の最終等号で，$V_{nm} = \langle \phi_n^{(0)} | V | \phi_m^{(0)} \rangle$ の略記を用いた．さらに，(12.24) を用いれば，(12.28) 最右辺の m の和の中の分子は，

$$V_{nm} V_{mn} \overset{(12.24)}{=} V_{mn}^* V_{mn} = |V_{mn}|^2$$

となり，エネルギー固有値への 2 次摂動の寄与 $\varepsilon_n^{(2)}$ が，

$$\varepsilon_n^{(2)} = - \sum_{m(\neq n)} \frac{|V_{mn}|^2}{\varepsilon_m^{(0)} - \varepsilon_n^{(0)}} \tag{12.29}$$

と得られる．

(12.29) 右辺の m の和の中の分子を略記せずに，あえて，

$$\varepsilon_n^{(2)} = - \sum_{m(\neq n)} \frac{\langle \phi_n^{(0)} | V | \phi_m^{(0)} \rangle \langle \phi_m^{(0)} | V | \phi_n^{(0)} \rangle}{\varepsilon_m^{(0)} - \varepsilon_n^{(0)}}$$

と表すことがある．この右辺の m の和の中の分子を，「$|\phi_n^{(0)}\rangle$」という始状態に摂動 V が作用して，中間状態 $\langle \phi_m^{(0)} |$ になり，さらに，その中間状態 $|\phi_m^{(0)}\rangle$ に再び摂動

V が作用して，終状態 $\langle \phi_n^{(0)} |$ に戻る」と解釈することがある．このとき，右辺の m の和を，中間状態についての和と呼ぶ．

12.1.1 節と 12.1.2 節から，(12.17) と (12.29)，さらに，(12.22) と (12.23) をまとめると，摂動の 2 次までの表式は次のようになる．

摂動の 2 次までの表式

$$|\phi_n\rangle = |\phi_n^{(0)}\rangle - \lambda \sum_{m(\neq n)} \frac{V_{mn}}{\varepsilon_m^{(0)} - \varepsilon_n^{(0)}} |\phi_m^{(0)}\rangle + \cdots \tag{12.30}$$

$$\langle \phi_n| = \langle \phi_n^{(0)}| - \lambda \sum_{m(\neq n)} \frac{V_{mn}^*}{\varepsilon_m^{(0)} - \varepsilon_n^{(0)}} \langle \phi_m^{(0)}| + \cdots \tag{12.31}$$

$$\varepsilon_n = \varepsilon_n^{(0)} + \lambda V_{nn} - \lambda^2 \sum_{m(\neq n)} \frac{|V_{mn}|^2}{\varepsilon_m^{(0)} - \varepsilon_n^{(0)}} + \cdots \tag{12.32}$$

$$V_{mn} = \langle \phi_m^{(0)} | V | \phi_n^{(0)} \rangle \tag{12.33}$$

「k 次の摂動」というときは，エネルギー固有値については k 次まで，固有状態については $(k-1)$ 次まで明示することを指す．上記は，2 次の摂動による表式である（エネルギー固有値については 2 次まで，固有状態については 1 次まで明示）．これ以降，高次の摂動展開を同様の手順で求めることができるが，実際には煩雑で実用的ではない．通常は，上記の 2 次の摂動による表式で十分である．

なお，(12.32) の 2 次の寄与について，特に基底状態 ($n = 0$) を考えると，$m > 0$ となるすべての $\varepsilon_m^{(0)}$ は，$\varepsilon_m^{(0)} > \varepsilon_0^{(0)}$ であり（縮退はないとしている），(12.32) 右辺第 2 項の m の和の中の分母は正となる．分子は 0 でない限り正となり，第 2 項全体の符号が負であるため，結局，基底エネルギー ε_0 に対する 2 次摂動の寄与は，必ず負となることがわかる．

★（この★から 296 ページの☆までを飛ばしても，その後の論理を追うことができる．）

12.1.3 固有状態への 1 次の寄与の無摂動系固有状態による展開係数

固有状態への 1 次摂動の寄与 $|\phi_n^{(1)}\rangle$ の $\{|\phi_n^{(0)}\rangle\}$ による展開の係数 (12.19) につい

て，12.1.1 節では，

$$c_n = \langle \phi_n^{(0)} | \phi_n^{(1)} \rangle = 0$$

とおいた．以下で，その理由を述べる．

固有状態の摂動展開 (12.6) の 1 次の寄与 $|\phi_n^{(1)}\rangle$ に，$\{|\phi_n^{(0)}\rangle\}$ による展開 (12.18) を代入すると，

$$|\phi_n\rangle \overset{(12.6)}{=} |\phi_n^{(0)}\rangle + \lambda |\phi_n^{(1)}\rangle + O(\lambda^2)$$

$$\overset{(12.18)}{=} |\phi_n^{(0)}\rangle + \lambda \sum_m c_m |\phi_m^{(0)}\rangle + O(\lambda^2) \tag{12.34}$$

となる．(12.34) の $O(\lambda^2)$ は，「λ^2 のオーダー」と読み，λ^2 以上の高次項を意味する．ブラ $\langle \phi_n |$ は，(12.34) の Hermite 共役であるから，

$$\langle \phi_n | = (|\phi_n\rangle)^\dagger = \langle \phi_n^{(0)} | + \lambda \sum_m c_m^* \langle \phi_m^{(0)} | + O(\lambda^2) \tag{12.35}$$

と表される（係数が共役複素数になることに注意せよ．ただし，λ は実数である）．

固有状態は規格化されているので，$\langle \phi_n | \phi_n \rangle = 1$ である．この規格化条件に，(12.34) と (12.35) を代入すると，

$$1 = \langle \phi_n | \phi_n \rangle$$

$$\overset{(12.34)(12.35)}{=} \left(\langle \phi_n^{(0)} | + \lambda \sum_{m'} c_{m'}^* \langle \phi_{m'}^{(0)} | + O(\lambda^2) \right) \left(| \phi_n^{(0)} \rangle + \lambda \sum_m c_m | \phi_m^{(0)} \rangle + O(\lambda^2) \right)$$

$$= \langle \phi_n^{(0)} | \phi_n^{(0)} \rangle + \lambda \sum_{m'} c_{m'}^* \langle \phi_{m'}^{(0)} | \phi_n^{(0)} \rangle + \lambda \sum_m c_m \langle \phi_n^{(0)} | \phi_m^{(0)} \rangle + O(\lambda^2)$$

$$\overset{(12.2)}{=} 1 + \lambda \left(\sum_{m'} c_{m'}^* \delta_{m'n} + \sum_m c_m \delta_{nm} \right) + O(\lambda^2)$$

$$= 1 + \lambda (c_n^* + c_n) + O(\lambda^2) \tag{12.36}$$

となる．

任意の λ に対して (12.36) が右辺と左辺で等しいためには，右辺の λ の 1 次の係数が 0 でなければならないので，$c_n^* + c_n = 0$ でなければならない[4]．すなわ

---

[4] もちろん，λ の 2 次以上の係数も 0 でなければならない．

ち，$c_n^* = -c_n$ であり，複素係数 c_n は，その複素共役 c_n^* が逆符号となる複素数，つまり，純虚数でなければならない（c_n の実部が 0）．そこで，c_n を，虚数単位 i と実数 γ を用いて，

$$c_n \equiv i\gamma \tag{12.37}$$

と表そう．

この条件を加味して，改めて，固有状態の摂動展開 (12.6) を示せば，

$$|\phi_n\rangle \overset{(12.34)}{=} |\phi_n^{(0)}\rangle + \lambda \sum_m c_m |\phi_m^{(0)}\rangle + O(\lambda^2)$$

$$= |\phi_n^{(0)}\rangle + \lambda c_n |\phi_n^{(0)}\rangle + \lambda \sum_{m(\neq n)} c_m |\phi_m^{(0)}\rangle + O(\lambda^2)$$

$$\overset{(12.37)}{=} |\phi_n^{(0)}\rangle + i\lambda\gamma |\phi_n^{(0)}\rangle + \lambda \sum_{m(\neq n)} c_m |\phi_m^{(0)}\rangle + O(\lambda^2)$$

$$= (1 + i\lambda\gamma) |\phi_n^{(0)}\rangle + \lambda \sum_{m(\neq n)} c_m |\phi_m^{(0)}\rangle + O(\lambda^2) \tag{12.38}$$

となるが，指数関数 $e^{i\lambda\gamma}$ の Taylor 展開を λ の 1 次まで明示した式

$$e^{i\lambda\gamma} = 1 + i\lambda\gamma + \frac{1}{2!}(i\lambda\gamma)^2 + \cdots = 1 + i\lambda\gamma + O(\lambda^2)$$

を用いれば，(12.38) は，

$$|\phi_n\rangle = e^{i\lambda\gamma} |\phi_n^{(0)}\rangle + \lambda \sum_{m(\neq n)} c_m |\phi_m^{(0)}\rangle + O(\lambda^2) \tag{12.39}$$

とも表せる．

波動関数は，その絶対値の 2 乗が粒子の存在確率密度であったから，波動関数全体に絶対値が 1 である複素係数が掛かったものも，元の波動関数と同じ状態を表すのであった．(12.39) 右辺の第 1 項の係数 $e^{i\lambda\gamma}$ は，もちろん，$|e^{i\lambda\gamma}| = 1$ となる絶対値 1 の複素係数であるので，$e^{i\lambda\gamma}$ が掛かった $e^{i\lambda\gamma} |\phi_n^{(0)}\rangle$ を，改めて，$|\phi_n^{(0)}\rangle$ と取り直しても構わない．これは，$e^{i\lambda\gamma} = 1$ とおくことと等価であるので，$e^{i\lambda\gamma}$ の γ，すなわち c_n を，0 ととっても構わないのである．

（294 ページの★から右の☆までを飛ばしても，この後の論理を追うことができる．）　　　　　　　☆

12.1.4 1次元調和振動子に x に比例する摂動が加えられた場合

摂動論の簡単な応用例として，6章で学んだ1次元調和振動子のハミルトニアン (6.2) を無摂動ハミルトニアン H_0 として，位置座標 x に比例した摂動

$$V = \lambda x$$

が加えられた場合を考えよう[5]．たとえば，電荷 q を持った1次元調和振動子が，x 軸に平行で大きさ E の一様な静電場中に置かれた場合に，摂動ハミルトニアンを，$x = 0$ を基準にして qEx と表した静電ポテンシャルエネルギーに対応させれば，$\lambda = qE$ と考えればよい．

6.3 節で得られた結果から，無摂動ハミルトニアン H_0 の固有状態は，(6.116) の完全正規直交系 $\{|n\rangle\}$ である．9.2 節で求めた，$\{|n\rangle\}$ を基底とする x の行列表現 (9.33) から，x の行列要素を具体的に示すと，

$$\langle n'|x|n \rangle = \frac{1}{\sqrt{2}} \sqrt{\frac{\hbar}{m\omega}} \left(\sqrt{n}\, \delta_{n',n-1} + \sqrt{n+1}\, \delta_{n',n+1} \right) \tag{12.40}$$

となる．

摂動が働く系 $H = H_0 + V$ の固有値と固有状態を，各々，E_n と $|u_n\rangle$ とすれば，

$$H|u_n\rangle = E_n|u_n\rangle$$

である．(12.32) の結果を，今の場合に適用すれば，

$$E_n = \varepsilon_n + V_{nn} - \sum_{n'(\neq n)} \frac{|V_{n'n}|^2}{\varepsilon_{n'} - \varepsilon_n} + \cdots$$

と表すことができる．エネルギー固有値 E_n への摂動の1次の寄与は，

$$V_{nn} = \langle n|V|n \rangle = \lambda \langle n|x|n \rangle$$

となるが，(12.40) より，x の行列表現の対角成分（$n' = n$）は0であり，

$$V_{nn} = 0$$

---

[5] (12.4) では，摂動を λV として，λ を無次元パラメータとしたが，ここでは摂動パラメータ λ を摂動ハミルトニアン V に含めて定義しているので，λ にも次元があることに注意せよ．(12.30) や (12.32) の結果で $\lambda = 1$ とおいて，改めて，$V = \lambda x$ として結果を用いればよい．

となって，1次の寄与はない．

エネルギー固有値への摂動の2次の寄与に現れる中間状態で，0でない行列要素を持つものは，

$$\langle n-1|x|n\rangle = \frac{1}{\sqrt{2}}\sqrt{\frac{\hbar}{m\omega}}\sqrt{n}$$

$$\langle n+1|x|n\rangle = \frac{1}{\sqrt{2}}\sqrt{\frac{\hbar}{m\omega}}\sqrt{n+1}$$

のみであり，

$$|V_{n-1\ n}|^2 = \lambda^2\left(\frac{1}{\sqrt{2}}\sqrt{\frac{\hbar}{m\omega}}\sqrt{n}\right)^2 = \lambda^2\frac{\hbar}{2m\omega}n$$

$$|V_{n+1\ n}|^2 = \lambda^2\left(\frac{1}{\sqrt{2}}\sqrt{\frac{\hbar}{m\omega}}\sqrt{n+1}\right)^2 = \lambda^2\frac{\hbar}{2m\omega}(n+1)$$

となるので，2次の寄与は，$\varepsilon_{n-1}-\varepsilon_n=-\hbar\omega$ と $\varepsilon_{n+1}-\varepsilon_n=\hbar\omega$ に注意すれば，

$$-\sum_{n'(\neq n)}\frac{|V_{n'n}|^2}{\varepsilon_{n'}-\varepsilon_n} = -\lambda^2\frac{\hbar}{2m\omega}\frac{n}{(-\hbar\omega)} - \lambda^2\frac{\hbar}{2m\omega}\frac{n+1}{\hbar\omega} = -\lambda^2\frac{1}{2m\omega^2}$$

となることがわかる．ここまでの結果をまとめれば，エネルギー固有値が，

$$E_n = \hbar\omega\left(n+\frac{1}{2}\right) - \lambda^2\frac{1}{2m\omega^2} + \cdots \tag{12.41}$$

と得られる．

今の場合，摂動が働く系のハミルトニアン $H=H_0+V$ は，

$$H = H_0 + V = -\frac{\hbar^2}{2m}\frac{d^2}{dx^2} + \frac{1}{2}m\omega^2 x^2 + \lambda x = -\frac{\hbar^2}{2m}\frac{d^2}{dx^2} + \frac{1}{2}m\omega^2\left(x^2 + 2\frac{\lambda}{m\omega^2}x\right)$$

$$= -\frac{\hbar^2}{2m}\frac{d^2}{dx^2} + \frac{1}{2}m\omega^2\left(x+\frac{\lambda}{m\omega^2}\right)^2 - \frac{\lambda^2}{2m\omega^2}$$

と変形できるが，ここで，変数変換として，

$$X \equiv x + \frac{\lambda}{m\omega^2}$$

とすれば，微分演算子も

$$\frac{d}{dx} = \frac{d}{dX}$$

と変換されるので，ハミルトニアンは

$$H = -\frac{\hbar^2}{2m}\frac{d^2}{dX^2} + \frac{1}{2}m\omega^2 X^2 - \frac{\lambda^2}{2m\omega^2}$$

と表される．このハミルトニアンは，単に，エネルギーの基準が 0 でなく，

$$-\frac{\lambda^2}{2m\omega^2}$$

となったと考えれば，まさに 1 次元調和振動子のハミルトニアンであり，系のエネルギー固有値 E_n は，H_0 のエネルギー固有値 ε_n を上式の基準に加えたものに等しい．つまり，

$$E_n = \varepsilon_n - \frac{\lambda^2}{2m\omega^2} = \hbar\omega\left(n + \frac{1}{2}\right) - \frac{\lambda^2}{2m\omega^2} \tag{12.42}$$

となって，厳密解が得られることになる．摂動で得られた結果 (12.41) は，この厳密解 (12.42) と完全に一致する[6]．(12.41) では，λ の 2 次よりも高次の項が存在するかのように「$+\cdots$」を付けたが，実は，厳密解 (12.42) が λ^2 の項までで表されるので，(12.41) には λ の 2 次よりも高次の項は存在しない．

12.2 時間に依存しない摂動論（縮退のある場合）

12.1.1 節で，(12.20) を導く際に，無摂動系の固有状態が縮退していないことを仮定した．ここでは，無摂動系の固有状態が縮退している場合に，エネルギー固有値への 1 次摂動の寄与を計算する方法を解説する．

今，無摂動系の n 番目の固有状態が M 重に縮退しているとする．無摂動系の n 番目の固有状態の M 重縮退した組を $\{|\phi_{nk}^{(0)}\rangle\}$ $(k = 1, 2, 3, \cdots, M)$ と表すと，

---

[6] 今の場合，厳密解が求められる系に，あえて摂動論を適用したが，実際には，厳密解が求められないからこそ，摂動論などの近似法を用いるのであって，ここで確認したような「答え合わせ」ができるわけではない．

無摂動系の固有方程式 (Schrödinger 方程式) は,

$$H_0 |\phi_{nk}^{(0)}\rangle = \varepsilon_{nk}^{(0)} |\phi_{nk}^{(0)}\rangle \quad (k = 1, 2, 3, \cdots, M) \tag{12.43}$$

となる. $\{\varepsilon_{nk}^{(0)}\}$ $(k = 1, 2, 3, \cdots, M)$ は縮退しているので, もちろん,

$$\varepsilon_{n1}^{(0)} = \varepsilon_{n2}^{(0)} = \cdots = \varepsilon_{nM}^{(0)} \tag{12.44}$$

となっている.

摂動が働いた系の固有状態と固有値を, 各々, $|\phi_{nj}\rangle$ と ε_{nj} と表せば,

$$H |\phi_{nj}\rangle = (H_0 + \lambda V) |\phi_{nj}\rangle = \varepsilon_{nj} |\phi_{nj}\rangle \tag{12.45}$$

が成り立つ. この $|\phi_{nj}\rangle$ と ε_{nj} を, (12.6) や (12.7) と同様に, λ の冪級数展開

$$|\phi_{nj}\rangle = |\phi_{nj}^{(0)}\rangle + \lambda |\phi_{nj}^{(1)}\rangle + \lambda^2 |\phi_{nj}^{(2)}\rangle + \cdots \tag{12.46}$$

$$\varepsilon_{nj} = \varepsilon_{nj}^{(0)} + \lambda \varepsilon_{nj}^{(1)} + \lambda^2 \varepsilon_{nj}^{(2)} + \cdots \tag{12.47}$$

と表して, (12.45) に代入し, (12.9) や (12.12) の導出と同様に, (12.45) の両辺の λ の同じ冪を持つ部分が等しいことを用いれば, $j = 1, 2, 3, \cdots, M$ について,

$$H_0 |\phi_{nj}^{(0)}\rangle = \varepsilon_{nj}^{(0)} |\phi_{nj}^{(0)}\rangle \tag{12.48}$$

$$H_0 |\phi_{nj}^{(1)}\rangle + V |\phi_{nj}^{(0)}\rangle = \varepsilon_{nj}^{(0)} |\phi_{nj}^{(1)}\rangle + \varepsilon_{nj}^{(1)} |\phi_{nj}^{(0)}\rangle \tag{12.49}$$

$$\vdots$$

を得る. (12.48) は, 無摂動系の方程式 (12.43) である.

M 重縮退した固有状態の組は, $\{|\phi_{nk}^{(0)}\rangle\}$ だけでなく, $\{|\phi_{nk}^{(0)}\rangle\}$ の線型結合 (一次結合) で作られる別の正規直交系を選んでも構わない. ある正規直交系を $\{|u_{nk}^{(0)}\rangle\}$ と表すと, $\{|u_{nk}^{(0)}\rangle\}$ と $\{|\phi_{nk}^{(0)}\rangle\}$ は, 互いの線型結合で表される. $\{|u_{nk}^{(0)}\rangle\}$ は正規直交系なので,

$$\langle u_{ni}^{(0)} | u_{nj}^{(0)}\rangle = \delta_{ij} \tag{12.50}$$

が成り立つ. 今, ある $|\phi_{nj}^{(0)}\rangle$ を, $\{|u_{nk}^{(0)}\rangle\}$ の線型結合として

$$|\phi_{nj}^{(0)}\rangle = \sum_{k=1}^{M} c_{kj} |u_{nk}^{(0)}\rangle \tag{12.51}$$

$$c_{kj} \equiv \langle u_{nk}^{(0)} | \phi_{nj}^{(0)} \rangle \tag{12.52}$$

と表そう．(12.51) を (12.49) に代入して，その両辺と，$\langle u_{ni}^{(0)} |$ との内積をとると，

$$\langle u_{ni}^{(0)} | H_0 | \phi_{nj}^{(1)} \rangle + \sum_{k=1}^{M} c_{kj} \langle u_{ni}^{(0)} | V | u_{nk}^{(0)} \rangle = \varepsilon_{nj}^{(0)} \langle u_{ni}^{(0)} | \phi_{nj}^{(1)} \rangle + \varepsilon_{nj}^{(1)} \sum_{k=1}^{M} c_{kj} \langle u_{ni}^{(0)} | u_{nk}^{(0)} \rangle$$

$$\tag{12.53}$$

を得る．ここで，(12.15) と同様に，$\langle u_{ni}^{(0)} | H_0 = \varepsilon_{ni}^{(0)} \langle u_{ni}^{(0)} |$ を用いれば，(12.53) の左辺第 1 項は，

$$\langle u_{ni}^{(0)} | H_0 | \phi_{nj}^{(1)} \rangle = \varepsilon_{ni}^{(0)} \langle u_{ni}^{(0)} | \phi_{nj}^{(1)} \rangle$$

となるが，無摂動系の n 番目の固有状態が縮退している条件 (12.44) から，$\varepsilon_{ni}^{(0)} = \varepsilon_{nj}^{(0)}$ であるので，(12.53) の両辺の第 1 項は相殺する．さらに，$\{|u_{nk}^{(0)}\rangle\}$ の正規直交性 (12.50) より，(12.53) の右辺第 2 項は，

$$\varepsilon_{nj}^{(1)} \sum_{k=1}^{M} c_{kj} \langle u_{ni}^{(0)} | u_{nk}^{(0)} \rangle \overset{(12.50)}{=} \varepsilon_{nj}^{(1)} \sum_{k=1}^{M} c_{kj} \delta_{ik} = \varepsilon_{nj}^{(1)} c_{ij}$$

となるので，結局，(12.53) は，

$$\sum_{k=1}^{M} c_{kj} \langle u_{ni}^{(0)} | V | u_{nk}^{(0)} \rangle = \varepsilon_{nj}^{(1)} c_{ij} \tag{12.54}$$

となる．

(12.54) で，c_{kj} を，$\boldsymbol{c}_j$ というベクトルの第 k 成分と見做し，$\langle u_{ni}^{(0)} | V | u_{nk}^{(0)} \rangle$ を，演算子 V の行列表現の i 行 k 列成分 $(V)_{ik}$ と見做すと，(12.54) は

$$\sum_{k=1}^{M} (V)_{ik} (\boldsymbol{c}_j)_k = \varepsilon_{nj}^{(1)} (\boldsymbol{c}_j)_i$$

となる．行列とベクトルで表せば，

$$V \boldsymbol{c}_j = \varepsilon_{nj}^{(1)} \boldsymbol{c}_j \tag{12.55}$$

という固有方程式となり，この固有値が，系の n 番目のエネルギー固有値への1次摂動の寄与を与えることがわかる[7].

12.2.1 　2次元調和振動子に xy に比例する摂動が加えられた場合（1次摂動）

　無摂動系に縮退のある場合の摂動論の応用例として，2次元調和振動子のハミルトニアン

$$H_0 = H_{x0} + H_{y0}$$

$$= \frac{p_x^2 + p_y^2}{2m} + \frac{1}{2}m\omega^2(x^2 + y^2) = -\frac{\hbar^2}{2m}\left(\frac{\partial^2}{\partial x^2} + \frac{\partial^2}{\partial x^2}\right) + \frac{1}{2}m\omega^2(x^2 + y^2)$$

$$H_{\mu 0} \equiv \frac{p_\mu^2}{2m} + \frac{1}{2}m\omega^2\mu^2 = -\frac{\hbar^2}{2m}\frac{\partial^2}{\partial\mu^2} + \frac{1}{2}m\omega^2\mu^2 \quad (\mu = x, y)$$

を無摂動ハミルトニアンとして，2次元調和振動子に xy に比例した摂動

$$V = \lambda xy$$

が加えられた場合を考えよう[8].

　無摂動ハミルトニアン $H_{\mu 0}$ の $\mu = x, y$ の各々についての固有状態と対応する固有値について，6.3節で得られた1次元調和振動子の固有状態と固有値 (6.114)・(6.115)・(6.116) の量子数 n に対応する非負の整数を n_μ $(\mu = x, y)$ として，

$$H_{\mu 0}\,|n_\mu\rangle_\mu = E_{n_\mu}\,|n_\mu\rangle_\mu \tag{12.56}$$

$$|n_\mu\rangle_\mu = \frac{1}{\sqrt{n_\mu!}}(a_\mu^\dagger)^{n_\mu}\,|0\rangle_\mu \tag{12.57}$$

$$E_{n_\mu} = \hbar\omega\left(n_\mu + \frac{1}{2}\right) \tag{12.58}$$

---

[7] 9.1.2節と同様に，演算子自体の記号とその行列表現を表す記号を区別せずに用いている.

[8] 12.1.4節と同様に，摂動パラメータ λ を摂動ハミルトニアン V に含めて定義しているので，λ の次元に注意せよ. たとえば，(12.54) について，改めて，$V = \lambda xy$ として結果を用いればよい.

と表しておこう．ここで，$\mu = x, y$ の各々の生成・消滅演算子 $a_\mu^\dagger$ と a_μ は，(6.52) の定義に基づき，

$$\begin{cases} a_\mu = \dfrac{1}{\sqrt{2}} \sqrt{\dfrac{m\omega}{\hbar}} \left(\mu + i \dfrac{1}{m\omega} p_\mu \right) \\[4mm] a_\mu^\dagger = \dfrac{1}{\sqrt{2}} \sqrt{\dfrac{m\omega}{\hbar}} \left(\mu - i \dfrac{1}{m\omega} p_\mu \right) \end{cases} \tag{12.59}$$

と表される．(12.56) と (12.57) では，$a_\mu^\dagger$ と a_μ が作用する状態には添字 μ を付して，$|n_\mu\rangle_\mu$ と表した．

このとき，無摂動系のハミルトニアン $H_0 = H_{x0} + H_{y0}$ を生成・消滅演算子で表せば，

$$H_0 = H_{x0} + H_{y0} = \hbar\omega \left(a_x^\dagger a_x + \frac{1}{2} \right) + \hbar\omega \left(a_y^\dagger a_y + \frac{1}{2} \right)$$

$$= \hbar\omega \left(a_x^\dagger a_x + a_y^\dagger a_y + 1 \right) \tag{12.60}$$

となるので，無摂動系の固有状態とエネルギー固有値は $n \equiv n_x + n_y$ で定義される非負の整数 n を用いて指定され，固有方程式は，

$$H_0 |\phi_n^{(0)}\rangle = \varepsilon_n^{(0)} |\phi_n^{(0)}\rangle \tag{12.61}$$

$$\varepsilon_n^{(0)} \equiv E_{n_x} + E_{n_y} \overset{(12.58)}{=} \hbar\omega \, (n+1) \tag{12.62}$$

$$n = n_x + n_y \tag{12.63}$$

となる．

無摂動固有状態 $|\phi_n^{(0)}\rangle$ は，$|n_x\rangle_x$ と $|n_y\rangle_y$ の直積 $|n_x, n_y\rangle \equiv |n_x\rangle_x |n_y\rangle_y$ で表される．$n = 0$ の固有状態（基底状態）については，$n = n_x + n_y = 0$ となる非負の整数 n_x と n_y の組が，$(n_x, n_y) = (0, 0)$ のみなので，エネルギー固有値 $\varepsilon_0 = \hbar\omega(0+1) = \hbar\omega$ に対応する固有状態（基底状態）は，$|0, 0\rangle = |0\rangle_x |0\rangle_y$ のみであり，縮退はない．

しかし，$n = 1$ の固有状態（第 1 励起状態）については，$n = 1$ を与える組が，$(n_x, n_y) = (0, 1)$ と $(n_x, n_y) = (1, 0)$ の 2 つあるので，エネルギー固有値 $\varepsilon_1^{(0)} = \hbar\omega(1+1) = 2\hbar\omega$ に対応する固有状態（第 1 励起状態）は，$|0, 1\rangle = |0\rangle_x |1\rangle_y$

と $|1,0\rangle = |1\rangle_x |0\rangle_y$ が縮退している（二重縮退）. 無摂動系の $n = 2$ までの縮退度を表 12.1 にまとめた.

表 12.1　無摂動系の $n = 2$ までの縮退度

n	ε_n	n_x	n_y	縮退度
0	$\hbar\omega$	0	0	1
1	$2\hbar\omega$	0	1	2
		1	0	
2	$3\hbar\omega$	0	2	3
		1	1	
		2	0	

　ここで, 摂動 $V = \lambda xy$ を導入して, $n = 1$ の二重縮退がどのように変化するかを見てみよう. (12.54) で見たように, まず, $\{|0,1\rangle, |1,0\rangle\}$ を基底とする V の行列表現の各成分を求める[9]. V の行列表現を成分表示すれば,

$$
V = \begin{pmatrix} \langle 0,1|V|0,1\rangle & \langle 0,1|V|1,0\rangle \\ \langle 1,0|V|0,1\rangle & \langle 1,0|V|1,0\rangle \end{pmatrix}
$$

となる. $\langle 0,1|V|0,1\rangle$ については,

$$
\langle 0,1|V|0,1\rangle = \lambda \left({}_x\langle 0| \; {}_y\langle 1| \, xy \, |0\rangle_x \, |1\rangle_y \right) = \lambda \left({}_x\langle 0|x|0\rangle_x \; {}_y\langle 1|y|1\rangle_y \right) \quad (12.64)
$$

となる. x 座標と y 座標の位置演算子も, 生成・消滅演算子を用いた逆変換 (6.53) に基づいて, $\mu = x, y$ について,

$$
\mu = \frac{1}{\sqrt{2}} \sqrt{\frac{\hbar}{m\omega}} \left(a_\mu + a_\mu^\dagger \right)
$$

と表されるので, (12.40) を用いれば,

$$
{}_x\langle 0|x|0\rangle_x = 0
$$

$$
{}_y\langle 1|y|1\rangle_y = 0
$$

---

[9] ここでも, 演算子自体の記号とその行列表現の記号を区別なく用いる.

となり，(12.64) から，

$$\langle 0,1|V|0,1\rangle = 0$$

を得る．摂動ハミルトニアン V は x と y について対称なので，x と y を入れ替えれば，$\langle 1,0|V|1,0\rangle = \langle 0,1|V|0,1\rangle = 0$ であることがいえる．

$\langle 0,1|V|1,0\rangle$ については，

$$\langle 0,1|V|1,0\rangle = \lambda \left({}_x\langle 0| \, {}_y\langle 1| \, xy \, |1\rangle_x \, |0\rangle_y \right) = \lambda \left({}_x\langle 0|x|1\rangle_x \, {}_y\langle 1|y|0\rangle_y \right) \quad (12.65)$$

となる．先ほどと同様に，(12.40) によれば，

$$ {}_x\langle 0|x|1\rangle_x = \frac{1}{\sqrt{2}} \sqrt{\frac{\hbar}{m\omega}}$$

$$ {}_y\langle 1|y|0\rangle_y = \frac{1}{\sqrt{2}} \sqrt{\frac{\hbar}{m\omega}}$$

となり，(12.65) から，

$$\langle 0,1|V|1,0\rangle = \lambda \frac{1}{\sqrt{2}} \sqrt{\frac{\hbar}{m\omega}} \frac{1}{\sqrt{2}} \sqrt{\frac{\hbar}{m\omega}} = \lambda \frac{\hbar}{2m\omega}$$

を得る．やはり，x と y を入れ替えて，$\langle 1,0|V|0,1\rangle = \langle 0,1|V|1,0\rangle$ も成り立つ．

V の行列表現の行列要素が求まったので，この固有値を求める固有方程式を立てよう．単位行列（恒等演算子の行列表現）を I と書くことにして，求める固有値を E とすれば，固有方程式は，

$$\det(V - EI) = \begin{vmatrix} \langle 0,1|V|0,1\rangle - E & \langle 0,1|V|1,0\rangle \\ \langle 1,0|V|0,1\rangle & \langle 1,0|V|1,0\rangle - E \end{vmatrix} = \begin{vmatrix} -E & \lambda\dfrac{\hbar}{2m\omega} \\ \lambda\dfrac{\hbar}{2m\omega} & -E \end{vmatrix}$$

$$= E^2 - \left(\lambda \frac{\hbar}{2m\omega} \right)^2 = 0$$

すなわち，固有値は，

$$E = \pm\lambda\frac{\hbar}{2m\omega}$$

となるので，これが第1励起状態のエネルギー固有値への1次摂動の寄与となる．

無摂動系の第1励起状態のエネルギー固有値 $\varepsilon_1^{(0)}$ は $\varepsilon_1^{(0)} = 2\hbar\omega$ だったので，以上の結果から，摂動による第1励起状態のエネルギー固有値の変化を λ の1次ま

で明示すれば，

$$\varepsilon_1^{(0)} = 2\hbar\omega \to 2\hbar\omega \pm \lambda\frac{\hbar}{2m\omega} + \cdots \tag{12.66}$$

となる．(12.66) から，無摂動系で二重縮退していた第 1 励起状態は，摂動により，その縮退が解ける（エネルギー準位が分裂する）ことがわかる．

なお，摂動が働いた系のハミルトニアン $H = H_0 + V$ で，

$$\begin{cases} X \equiv \dfrac{1}{\sqrt{2}}(x+y) \\[2mm] Y \equiv \dfrac{1}{\sqrt{2}}(x-y) \end{cases} \tag{12.67}$$

という変数変換を行うと，系のハミルトニアンが，新たな変数 X と Y についての独立な 1 次元調和振動子ハミルトニアンの和と表されるため，今の場合については厳密な固有状態を得ることもできる．

> **問題 12.1**　(12.67) の変数変換で，系のハミルトニアンが X と Y についての独立な 1 次元調和振動子ハミルトニアンの和と表されることを示せ．それらのハミルトニアンの厳密なエネルギー固有値が λ の 1 次までの近似で (12.66) と一致することを確かめよ．

12.3　変分法

変分法は，ある関数形を仮定した波動関数（変分関数）で表される状態でのハミルトニアンの期待値を計算し，変分原理に基づいて，その期待値の最小値を，厳密な基底エネルギーの近似値とする方法である．仮定した変分関数の関数形が適切なものであれば良い近似となるが，変分関数が適切でなければ，たとえ，ハミルトニアンの期待値の最小値を正確に求めても，変分関数で表される状態が厳密な基底状態とは程遠い状態となってしまうため，近似の良し悪しが変分関数の選び方に大きく依存する．

12.3.1　変分原理と変分法

解析力学では，変分法を用いて Euler（オイラー）の微分方程式を導いた．それ

を簡単に復習しておこう. 独立変数 x とその従属変数 y (すなわち, y は x の関数とする), および y の x についての導関数 y' に対して, x, y, y' の関数 $f(x, y, y')$ を考える. $f(x, y, y')$ の $a \leq x \leq b$ の領域での積分

$$I = \int_a^b f(x, y, y')dx$$

について, 境界 ($x = a$ と $x = b$) での y の値を固定したまま (境界条件を満たしたまま), y の**変分** $y \to y + \delta y$ を考えたときに積分 I が停留値をとる条件, すなわち, $y \to y + \delta y$ の下での I の変化量 δI について, $\delta I = 0$ という条件 (停留条件) から, Euler の微分方程式

$$\frac{d}{dx}\left(\frac{\partial f}{\partial y'}\right) - \frac{\partial f}{\partial y} = 0$$

が導かれるのであった.

量子力学における変分法では, 解析力学で停留条件が Euler の微分方程式を導くような積分を考えたのと同様に, 停留条件が Schrödinger 方程式を導くような積分を定義して, 次の変分原理を考える.

― 変分原理 ―

時間に依らない Schrödinger 方程式 $H|\phi\rangle = E|\phi\rangle$ の解 $|\phi\rangle$ は, その規格化条件 $\langle\phi|\phi\rangle = 1$ の下で, H の $|\phi\rangle$ の下での期待値 $\langle\phi|H|\phi\rangle$ の停留値を与えるものである. Lagrange (ラグランジュ) の未定係数法を用いれば, 未定係数を λ とするとき,

$$I \equiv \langle\phi|H|\phi\rangle - \lambda(\langle\phi|\phi\rangle - 1) \tag{12.68}$$

で定義される I に対して, $|\phi\rangle$ の変分 $|\phi\rangle \to |\phi\rangle + |\delta\phi\rangle$ に対する I の変化量 δI が

$$\delta I = 0 \tag{12.69}$$

となる条件 (停留条件) を満たすように $|\phi\rangle$ が定まる. また, I の停留条件 (12.69) を満たすように定まる Lagrange の未定係数 λ が, 対応する固有値 E を与える.

（証明） ある完全正規直交系 $\{|u_n\rangle\}$ を用いて，$|\phi\rangle$ を展開する.

$$|\phi\rangle = \sum_i c_i |u_i\rangle \tag{12.70}$$

$$\langle\phi| = \sum_i c_i^* \langle u_i| \tag{12.71}$$

$$c_i = \langle u_i|\phi\rangle \tag{12.72}$$

この展開 (12.70)・(12.71) を用いると，$|\phi\rangle$ の規格化条件は，

$$\langle\phi|\phi\rangle = \sum_i c_i^* \langle u_i| \sum_j c_j |u_j\rangle = \sum_i \sum_j c_i^* c_j \langle u_i|u_j\rangle = \sum_i |c_i|^2 = 1$$

と表される（ここで，$\{|u_n\rangle\}$ の正規直交性 $\langle u_i|u_j\rangle = \delta_{ij}$ を用いた）．同様に，H の $|\phi\rangle$ による期待値は，

$$\langle\phi|H|\phi\rangle = \sum_i c_i^* \langle u_i| H \sum_j c_j |u_j\rangle = \sum_i \sum_j c_i^* c_j \langle u_i|H|u_j\rangle$$

と表される．これらから，(12.68) で定義される I は，

$$I = \sum_i \sum_j c_i^* c_j \langle u_i|H|u_j\rangle - \lambda\left(\sum_i |c_i|^2 - 1\right) \tag{12.73}$$

と表すことができる.

$|\phi\rangle$ の変分 $|\phi\rangle \to |\phi\rangle + |\delta\phi\rangle$ とは，$|\phi\rangle$ の $\{|u_n\rangle\}$ による展開係数 $\{c_n\}$ を変化させることに対応する．すなわち，I の停留条件 (12.69) は，各 c_n の変化に対して I が変化しないという条件になる．ここで，各 c_n は複素数であり，独立な 2 つの実数で与えられるので，c_n と c_n^* も独立に変化させる必要があることに注意しよう．すべての c_n と c_n^* の変化に対して I が変化しないという条件は，c_n と c_n^* についての I の偏導関数について，すべての n で

$$\frac{\partial I}{\partial c_n} = 0$$

$$\frac{\partial I}{\partial c_n^*} = 0$$

が成り立つことである.

(12.73) を用いて，これらを具体的に計算すれば，

$$\frac{\partial I}{\partial c_n} = \frac{\partial}{\partial c_n} \left\{ \sum_i \sum_j c_i^* c_j \langle u_i | H | u_j \rangle - \lambda \left(\sum_i |c_i|^2 - 1 \right) \right\}$$

$$= \sum_i c_i^* \langle u_i | H | u_n \rangle - \lambda c_n^* = 0 \tag{12.74}$$

$$\frac{\partial I}{\partial c_n^*} = \frac{\partial}{\partial c_n^*} \left\{ \sum_i \sum_j c_i^* c_j \langle u_i | H | u_j \rangle - \lambda \left(\sum_i |c_i|^2 - 1 \right) \right\}$$

$$= \sum_j c_j \langle u_n | H | u_j \rangle - \lambda c_n = 0 \tag{12.75}$$

となる（$|c_i|^2 = c_i^* c_i$ に注意せよ）.

(12.75) を整理すれば，

$$\sum_j c_j \langle u_n | H | u_j \rangle = \lambda c_n \tag{12.76}$$

となるが，(12.76) の右辺について，$\{|u_n\rangle\}$ の正規直交性を用いて

$$c_n = \sum_j c_j \delta_{nj} = \sum_j c_j \langle u_n | u_j \rangle$$

と表せば，(12.76) は

$$\sum_j c_j \langle u_n | H | u_j \rangle = \lambda \sum_j c_j \langle u_n | u_j \rangle$$

すなわち，

$$\langle u_n | \sum_j c_j H | u_j \rangle = \lambda \langle u_n | \sum_j c_j | u_j \rangle \tag{12.77}$$

となる. (12.70) から，

$$|\phi\rangle = \sum_j c_j |u_j\rangle$$

であったから，(12.77) は，

$$\langle u_n | H | \phi \rangle = \lambda \langle u_n | \phi \rangle$$

となり，すべての n について，上式が成り立つことは，すなわち，

$$H\,|\phi\rangle = \lambda\,|\phi\rangle \tag{12.78}$$

と等価である．(12.78) は，時間に依らない Schrödinger 方程式そのものであり，ハミルトニアンの固有状態が，I の停留条件 (12.69) を満たす $|\phi\rangle$ であること，および，Lagrange の未定係数 λ が，$|\phi\rangle$ に対応する固有値 E を与えることを表している．

一方，(12.74) からは，

$$\langle\phi|\,H = \lambda\,\langle\phi| \tag{12.79}$$

が得られる．(12.79) は，ハミルトニアン H が Hermite 演算子であること：$H^{\dagger} = H$，および，Hermite 演算子の固有値 (今の場合はエネルギー固有値) が実数であることを思い出せば，まさに，時間に依らない Schrödinger 方程式 (12.78) の両辺の Hermite 共役の等式となっている（$(12.78) \overset{\text{H.c.}}{\Longleftrightarrow} (12.79)$）．　□

問題 12.2　(12.74) と (12.75) を確かめよ．

問題 12.3　(12.78) の導出に倣って，(12.74) から (12.79) を導け．

この変分原理は，I の停留値問題を解くことが，時間に依らない Schrödinger 方程式を解くことと等価であることを主張しているので，停留値問題のほうが厳密に解くのに有利であるという場合でなければ，変分原理を直接用いる利点はない．量子力学では，変分原理に基づいた近似法として，以下のような変分法を考える（ここでは，特に基底状態についての変分法を紹介するが，変分法を用いて励起状態のエネルギーを近似的に求めることもできる）．

── 変分法の原理 ──────────────────

　ハミルトニアン H の真の基底状態に近いと考えられる状態（**変分状態**または**試行状態**）として，あるパラメータ（**変分パラメータ**）α を含んだ $|\chi_\alpha\rangle$ を考えて，$|\chi_\alpha\rangle$ によるハミルトニアンの期待値 $\langle\chi_\alpha|H|\chi_\alpha\rangle$ を α について最小化することで，真の基底エネルギー E_0 の近似値が得られる．このとき，$\langle\chi_\alpha|H|\chi_\alpha\rangle$ の最小値は，E_0 より小さくなることはない．

$$\langle \chi_\alpha | H | \chi_\alpha \rangle \geq E_0 \tag{12.80}$$

すなわち，$\langle \chi_\alpha | H | \chi_\alpha \rangle$ の最小値は E_0 の上限値を与える.

（証明） ハミルトニアン H の真の固有状態と対応するエネルギー固有値を，各々 $|u_n\rangle$ と E_n とする.

$$H |u_n\rangle = E_n |u_n\rangle \tag{12.81}$$

ただし，エネルギー固有値は

$$E_0 \leq E_1 \leq E_2 \leq E_3 \leq \cdots$$

の順に並べるものとする. 変分状態 $|\chi_\alpha\rangle$ を，$\{|u_n\rangle\}$ で展開して

$$|\chi_\alpha\rangle = \sum_n c_n |u_n\rangle$$

$$\langle \chi_\alpha | = \sum_n c_n^* \langle u_n |$$

と表し，$|\chi_\alpha\rangle$ によるハミルトニアンの期待値 $\langle \chi_\alpha | H | \chi_\alpha \rangle$ に代入する. $\{|u_n\rangle\}$ が H の固有状態であることを用いれば，次のように，(12.80) の不等式を示すことができる.

$$\langle \chi_\alpha | H | \chi_\alpha \rangle = \sum_m c_m^* \langle u_m | H \sum_n c_n |u_n\rangle = \sum_m \sum_n c_m^* c_n \langle u_m | H | u_n \rangle$$

$$\overset{(12.81)}{=} \sum_m \sum_n c_m^* c_n E_n \langle u_m | u_n \rangle$$

$$= \sum_m c_m^* c_m E_m = \sum_m |c_m|^2 E_m$$

$$\geq E_0 \sum_m |c_m|^2$$

$$= E_0 \tag{12.82}$$

$$\square$$

なお，(12.82) の第 4 等号では $\{|u_n\rangle\}$ の正規直交性 $\langle u_m|u_n\rangle = \delta_{mn}$ を用い，最終等号で $|\chi_\alpha\rangle$ の規格化条件

$$\langle\chi_\alpha|\chi_\alpha\rangle = \sum_m c_m^* \langle u_m| \sum_n c_n |u_n\rangle = \sum_m \sum_n c_m^* c_n \langle u_m|u_n\rangle = \sum_m |c_m|^2 = 1$$

を用いている．$|\chi_\alpha\rangle$ が規格化されていない場合には，そのノルムで割った状態

$$\frac{1}{\sqrt{\langle\chi_\alpha|\chi_\alpha\rangle}} |\chi_\alpha\rangle$$

を用いた期待値

$$\frac{\langle\chi_\alpha|H|\chi_\alpha\rangle}{\langle\chi_\alpha|\chi_\alpha\rangle}$$

の最小値を考えればよい．

一般に，規格化されていない変分状態 $|\chi_\alpha\rangle$ によるハミルトニアンの期待値を

$$\langle H\rangle_\alpha \equiv \frac{\langle\chi_\alpha|H|\chi_\alpha\rangle}{\langle\chi_\alpha|\chi_\alpha\rangle}$$

とおいて，変分パラメータ α について $\langle H\rangle_\alpha$ を最小化するとき，

$$\left.\frac{\partial\langle H\rangle_\alpha}{\partial\alpha}\right|_{\alpha=\bar{\alpha}} = 0$$

となる $\bar{\alpha}$ について，$\langle H\rangle_{\bar{\alpha}}$ が真の基底エネルギー E_0 の近似値を与える（$\langle H\rangle_{\bar{\alpha}} \geq E_0$）．

本節の冒頭にも書いたように，変分法は変分状態の選び方が近似の良し悪しを左右する．変分法の原理からわかるように，変分状態 $|\chi_\alpha\rangle$ によるハミルトニアンの期待値の最小値 $\langle H\rangle_{\bar{\alpha}}$ が，たとえ真の基底エネルギーの良い近似値であっても，$\langle H\rangle_{\bar{\alpha}}$ を与える $\bar{\alpha}$ での変分状態 $|\chi_{\bar{\alpha}}\rangle$ が真の基底状態に近い状態となっているとは限らない．実際には，解くべき問題に応じて，どのような変分状態を選ぶのが適切かを考える必要がある[10]．

---

[10] ここで「物理のセンス」が問われることになる．適切な変分状態を選ぶことができれば，変

12.3.2　変分法を用いた 1 次元調和振動子の基底エネルギーの解析

6 章では 1 次元調和振動子の固有状態を厳密に構成した．ここでは，変分法の実際の適用方法を学ぶため，1 次元調和振動子の基底エネルギーを変分法を用いて調べてみよう．系の基底エネルギーの近似値を求めるための変分状態の波動関数（変分関数または試行関数）として，

$$\chi_\alpha(x) \equiv C e^{-\alpha x^2} \tag{12.83}$$

を考える．C は規格化定数であり，α が変分パラメータである．

系のハミルトニアン H(6.2) を，運動エネルギーのハミルトニアン $H_{\rm K}$ とポテンシャルエネルギーのハミルトニアン $H_{\rm P}$ の和

$$H = H_{\rm K} + H_{\rm P}$$

$$H_{\rm K} = -\frac{\hbar^2}{2m}\frac{d^2}{dx^2}$$

$$H_{\rm P} = \frac{1}{2}m\omega^2 x^2$$

として表しておくと，$\chi_\alpha(x)$ による H の期待値は，

$$\langle H \rangle_\alpha = \langle H_{\rm K} \rangle_\alpha + \langle H_{\rm P} \rangle_\alpha$$

$$= \frac{1}{\langle \chi_\alpha | \chi_\alpha \rangle} \left(\langle \chi_\alpha | H_{\rm K} | \chi_\alpha \rangle + \langle \chi_\alpha | H_{\rm P} | \chi_\alpha \rangle \right)$$

$$\langle \chi_\alpha | \chi_\alpha \rangle = \int_{-\infty}^{\infty} \chi_\alpha^*(x) \chi_\alpha(x) dx$$

$$= |C|^2 \int_{-\infty}^{\infty} e^{-2\alpha x^2} dx \tag{12.84}$$

$$\langle \chi_\alpha | H_{\rm K} | \chi_\alpha \rangle = \int_{-\infty}^{\infty} \chi_\alpha^*(x) H_{\rm K} \chi_\alpha(x) dx$$

分法は大変有用な近似法となる．超伝導に関する Bardeen-Cooper-Schrieffer（バーディーン-クーパー-シュリーファー：BCS）理論と呼ばれる理論では，BCS 状態と呼ばれる変分状態が，超伝導状態の本質を的確に記述することがわかっている．変分法が大変有効となった好例である．

$$= |C|^2 \int_{-\infty}^{\infty} e^{-\alpha x^2} \left(-\frac{\hbar^2}{2m} \frac{d^2}{dx^2} \right) e^{-\alpha x^2} dx \tag{12.85}$$

$$\langle \chi_\alpha | H_P | \chi_\alpha \rangle = \int_{-\infty}^{\infty} \chi_\alpha^*(x) H_P \chi_\alpha(x) dx$$

$$= |C|^2 \int_{-\infty}^{\infty} e^{-\alpha x^2} \left(\frac{1}{2} m\omega^2 x^2 \right) e^{-\alpha x^2} dx \tag{12.86}$$

となる.

$|\chi_\alpha\rangle$ のノルムの 2 乗 $\langle \chi_\alpha | \chi_\alpha \rangle$ については,Gauss 積分

$$I_A \equiv \int_{-\infty}^{\infty} e^{-Ax^2} dx = \sqrt{\frac{\pi}{A}}$$

から,

$$\int_{-\infty}^{\infty} e^{-2\alpha x^2} dx = I_{2\alpha} = \sqrt{\frac{\pi}{2\alpha}} \tag{12.87}$$

であるので,(12.84) は,

$$\langle \chi_\alpha | \chi_\alpha \rangle = |C|^2 \sqrt{\frac{\pi}{2\alpha}} \tag{12.88}$$

となる.

運動エネルギーの項については,

$$\frac{d}{dx} e^{-\alpha x^2} = -2\alpha x e^{-\alpha x^2}$$

さらに,

$$\frac{d^2}{dx^2} e^{-\alpha x^2} = \frac{d}{dx} \left(\frac{d}{dx} e^{-\alpha x^2} \right) = \frac{d}{dx} \left(-2\alpha x e^{-\alpha x^2} \right) = -2\alpha(1 - 2\alpha x^2) e^{-\alpha x^2}$$

であるので,

$$\int_{-\infty}^{\infty} e^{-\alpha x^2} \frac{d^2}{dx^2} e^{-\alpha x^2} dx = -2\alpha \int_{-\infty}^{\infty} e^{-\alpha x^2} (1 - 2\alpha x^2) e^{-\alpha x^2} dx$$

$$= -2\alpha \int_{-\infty}^{\infty} (1 - 2\alpha x^2) e^{-2\alpha x^2} dx$$

となることを用いれば，

$$\langle \chi_\alpha | H_K | \chi_\alpha \rangle = -\frac{\hbar^2}{2m} |C|^2 \int_{-\infty}^{\infty} e^{-\alpha x^2} \frac{d^2}{dx^2} e^{-\alpha x^2} dx$$

$$= -\frac{\hbar^2}{2m} |C|^2 (-2\alpha) \int_{-\infty}^{\infty} (1 - 2\alpha x^2) e^{-2\alpha x^2} dx \qquad (12.89)$$

となる．ここで，(12.87) の Gauss 積分 I_A から導かれる積分値

$$\int_{-\infty}^{\infty} x^2 e^{-Ax^2} dx = -\frac{d}{dA} \int_{-\infty}^{\infty} e^{-Ax^2} dx = -\frac{d}{dA} I_A = \frac{1}{2} \sqrt{\frac{\pi}{A^3}} = \frac{1}{2A} \sqrt{\frac{\pi}{A}}$$

から得られる

$$\int_{-\infty}^{\infty} x^2 e^{-2\alpha x^2} dx = \frac{1}{2} \frac{1}{2\alpha} \sqrt{\frac{\pi}{2\alpha}} \qquad (12.90)$$

と (12.87) を (12.89) に代入すれば，

$$\int_{-\infty}^{\infty} (1 - 2\alpha x^2) e^{-2\alpha x^2} dx = \sqrt{\frac{\pi}{2\alpha}} - 2\alpha \frac{1}{2} \frac{1}{2\alpha} \sqrt{\frac{\pi}{2\alpha}} = \frac{1}{2} \sqrt{\frac{\pi}{2\alpha}}$$

より，

$$\langle \chi_\alpha | H_K | \chi_\alpha \rangle = -\frac{\hbar^2}{2m} |C|^2 (-2\alpha) \frac{1}{2} \sqrt{\frac{\pi}{2\alpha}} = \frac{\hbar^2}{2m} \alpha |C|^2 \sqrt{\frac{\pi}{2\alpha}} \qquad (12.91)$$

を得る．(12.88) と (12.91) から，運動エネルギーの期待値 $\langle H_K \rangle_\alpha$ は，

$$\langle H_K \rangle_\alpha = \frac{\langle \chi_\alpha | H_K | \chi_\alpha \rangle}{\langle \chi_\alpha | \chi_\alpha \rangle} = \frac{\hbar^2}{2m} \alpha \qquad (12.92)$$

となる．

ポテンシャルエネルギーの項については，(12.90) より，

$$\langle \chi_\alpha | H_P | \chi_\alpha \rangle = \frac{1}{2} m \omega^2 |C|^2 \int_{-\infty}^{\infty} x^2 e^{-2\alpha x^2} dx \stackrel{(12.90)}{=} \frac{1}{2} m \omega^2 |C|^2 \frac{1}{2} \frac{1}{2\alpha} \sqrt{\frac{\pi}{2\alpha}}$$

$$(12.93)$$

となるので，(12.88) と (12.93) から，ポテンシャルエネルギーの期待値 $\langle H_\mathrm{P} \rangle_\alpha$ は，

$$\langle H_\mathrm{P} \rangle_\alpha = \frac{\langle \chi_\alpha | H_\mathrm{P} | \chi_\alpha \rangle}{\langle \chi_\alpha | \chi_\alpha \rangle} = \frac{m\omega^2}{8\alpha} \tag{12.94}$$

となる．

(12.92) と (12.94) から，

$$\langle H \rangle_\alpha = \langle H_\mathrm{K} \rangle_\alpha + \langle H_\mathrm{P} \rangle_\alpha = \frac{\hbar^2}{2m}\alpha + \frac{m\omega^2}{8\alpha} \tag{12.95}$$

を得るので，その極小値を与える α を $\bar{\alpha}$ とすれば，

$$\left.\frac{\partial \langle H \rangle_\alpha}{\partial \alpha}\right|_{\alpha=\bar{\alpha}} = \left.\left(\frac{\hbar^2}{2m} - \frac{m\omega^2}{8\alpha^2}\right)\right|_{\alpha=\bar{\alpha}} = 0 \tag{12.96}$$

が，$\bar{\alpha}$ を定める式となる．(12.96) を $\bar{\alpha}$ について解けば，

$$\bar{\alpha} = \frac{m\omega}{2\hbar}$$

となり，この $\bar{\alpha}$ を (12.95) に代入することで，変分法に基づく基底エネルギーとして，

$$\langle H \rangle_{\bar{\alpha}} = \frac{\hbar^2}{2m}\bar{\alpha} + \frac{m\omega^2}{8\bar{\alpha}} = \frac{\hbar^2}{2m}\frac{m\omega}{2\hbar} + \frac{m\omega^2}{8}\frac{2\hbar}{m\omega} = \frac{\hbar\omega}{2} \tag{12.97}$$

を得ることができる．

(12.97) の結果は，6.2 節で導いた厳密な基底エネルギー (6.41) と完全に一致する．これは，仮定した変分関数 (12.83) が，実は，1 次元調和振動子の厳密な基底状態の固有関数と同じ関数系であったためであり，(12.96) で定まる $\bar{\alpha}$ で与えられる変分関数

$$\chi_{\bar{\alpha}}(x) \propto e^{-\bar{\alpha}x^2} = \exp\left(-\frac{m\omega}{2\hbar}x^2\right) \tag{12.98}$$

は厳密な基底状態の固有関数となっている[11]．

問題 12.4　(12.98) が，6.2 節で得た (6.42) において $n = 0$ とした基底状態の固有関数に（規格化定数を除いて）一致することを確かめよ．

---

[11] もちろん，規格化定数については別途定める必要がある．

参考文献

「まえがき」に述べたように，量子力学の教科書には，古今東西の多くの良書がある．ここでは，本書を執筆するに際して直接参考にした教科書，また，読者の今後のより発展的な学習の参考になると思われる教科書を挙げる．

[1]「量子力学 (I)・(II)」小出昭一郎 著，裳華房，(1969)
　　国内の多くの教員が挙げると思われる標準的教科書．内容は広範囲にわたるが，記述は平易で読みやすい．

[2]「新版 量子力学（上）・（下）」L. I. Schiff 著／井上健 訳，吉岡書店，(1970)
　　[1] を国内の標準的な教科書とすれば，[2] の原著は世界的にも標準的な教科書といえる．内容も幅広く，離散的な和と連続的な積分を共通に表す記法を導入するなどの試みもあり，記述のレベルもやや高い．

[3]「量子力学」小形正男 著，裳華房，(2007)
　　コンパクトながら基本的な内容を丁寧に扱っている教科書．対称性と保存則について，本質を簡潔にまとめている．本文だけでなく，コラムにも著者ならではの表現があり，面白い．

[4]「よくわかる量子力学」前野昌弘 著，東京図書，(2011)
　　抽象的な概念や数式を，著者がわかりやすく喩えたり，図を用いて説明したりして，初学者にも親しみやすい教科書．

[5]「量子力学 I・II」高田健次郎 著，朝倉書店，(1983)
　　筆者自身が大学時代に学んだ教科書．用いる数学についても比較的詳細に記述されている．散乱問題の解説が詳しい．

[6]「基礎量子力学」町田茂 著，丸善，(1990)
　　量子力学の一般的な定式化，特に物理量の測定における作業仮説を丁寧に説明し，最後に測定の作業仮設を導くという形で量子力学の観測理論についても言及している教科書．

[7]「量子力学」戸嶋信幸 著，理工図書，(2011)
　　多くの教科書が分冊にしている内容を 1 冊にまとめていてボリュームがあるが，その分，必要な計算や数学的補遺も充実している教科書．

[8] 「量子力学 I・II」 朝永振一郎 著, みすず書房, (1952)
ここに挙げる必要のないほどに著名な古典的名著. 現代では特に意識しなくなって
いるようなことが, 歴史的には先人達が思慮深く議論を重ねて理解されてきたとい
う事実を実感できる. 用いられている言葉の端々に著者の熟慮や誠実さを感じる.

[9] "The Principles of Quantum Mechanics" P. A. M. Dirac 著, Oxford at the
Clarendon Press, (1958)

[10] 「量子力学 原書第 4 版」P. A. M. Dirac 著／朝永・玉木・木庭・大塚・伊藤 共訳,
岩波書店, (1968)
[9] は, 著者自身が量子力学の立役者の一人であり,「量子力学を学問の形に整える」
という作業を実際に行った人だからこそ書ける文章だと感じる部分が多々ある. 朝
永振一郎らが訳した [10] の訳書も興味深い. 本書の 1.2.1 節の脚注に挙げた「光子
の裁判 — ある日の夢 —」(「鏡の中の物理学」朝永振一郎著, 講談社, (1976) 収録)
に, 主人公が「ディラックの量子力学」を読んでうたた寝していたという旨の記述
がある.

[11] "Modern Quantum Mechanics" J. J. Sakurai 著, The Benjamin/Cummings
Publishing Company, Inc., (1985)
冒頭から, 古典力学的な対応物がない電子のスピンを対象にして, 量子力学の特徴
が最も顕著に現れる重ね合わせの原理の不思議な帰結を解説するという構成の教科
書. 最初からブラ-ケット表示を提示する点でも他に類を見ないが, 内容的にもか
なり発展的な内容を含んでいる.

[12] 「詳解 理論・応用量子力学演習」後藤憲一・西山敏之・山本邦夫・望月和子・神吉
健・興地斐男 共編, 共立出版, (1982)
本書の内容を大きく越えて, 量子力学の広範囲の内容を扱い, さらに量子化学など
への応用も含んだ演習書. 発展的な内容についても演習形式で独習できるように工
夫されている.

本書で扱った典型的な系の固有関数に現れる各種の多項式（直交多項式）や関数
の性質については, たとえば, 以下に詳しい.

[13] 「岩波数学公式 III 特殊関数」森口繁一・宇田川銈久・一松信 共著, 岩波書店,
(1987)

[14] 「物理数学 量子力学のためのフーリエ解析・特殊関数」柴田尚和・是常隆 共著, 共
立出版, (2021)

[15] 「詳解 物理・応用 数学演習」後藤憲一・山本邦夫・神吉健 共編, 共立出版, (1979)
[14] は, 本書で扱った Fourier 変換やデルタ関数の表現について, 数学的により詳
しい解説がある. 量子力学で扱う各種多項式の数学的性質を含めて, コンパクトに
まとめてあり, 本書で扱うことのできなかった部分を補うことができる.

索　引

【著者紹介】

武藤哲也（むとう　てつや）

1997 年　筑波大学大学院 博士課程 物理学研究科 物理学専攻 修了
現　　在　島根大学大学院 自然科学研究科 准教授・博士（理学）
専　　門　物性理論

解きながら学ぶ量子力学
Quantum Mechanics:
With Problems and Exercises

2022 年 11 月 10 日　初版 1 刷発行

著　者　武藤哲也　© 2022
発行者　南條光章
発行所　共立出版株式会社
〒112-0006
東京都文京区小日向4-6-19
電話番号 03-3947-2511（代表）
振替口座 00110-2-57035
www.kyoritsu-pub.co.jp

印　刷　啓文堂
製　本　ブロケード

検印廃止
NDC 421.3
ISBN 978-4-320-03621-5

一般社団法人
自然科学書協会
会員

Printed in Japan

物理数学

量子力学のための
フーリエ解析・特殊関数

柴田尚和・是常 隆著

A5判・定価2530円（税込）ISBN978-4-320-03616-1

フーリエ解析から特殊関数まで，量子力学の理解に必要な物理数学の知識をまとめた教科書。

予備知識がなくても理解できるよう工夫をしており，最後までつまずかないよう途中の式変形を丁寧に記述してわかりやすく解説する。解答，解説付きの演習問題がセットになり，理解度を確認できる。

目 次

---

www.kyoritsu-pub.co.jp

共立出版

（価格は変更される場合がございます）

基本法則から読み解く 物理学最前線

須藤彰三・岡 真 [監修]

【各巻：A5判・並製・税込価格】
（価格は変更される場合がございます）

■物理学関連書

www.kyoritsu-pub.co.jp **共立出版**